普通高等教育"十三五"规划教材

大气污染治理技术与设备

江晶 编著

U0342589

北 京

冶 金 工 业 出 版 社

2023

内 容 提 要

本书在简要介绍国内外大气污染治理技术与设备发展现状、趋势以及大气污染治理技术知识的基础上，较系统地介绍了粉尘污染物治理技术及设备、气态污染物吸收净化技术与设备、气态污染物吸附净化技术与设备、气态污染物催化净化技术与设备、气态污染物生物净化技术与设备、气态污染物的其他净化技术与设备等，每章后附有相应的思考题。

本书可作为高等学校环境学、环境工程及化工机械类专业的本科生教材或研究生参考书，也可供从事环境学、环境工程与大气污染控制工作的科技人员参考。

图书在版编目 (CIP) 数据

大气污染治理技术与设备/江晶编著. —北京：冶金工业出版社，2018.3 (2023.1 重印)

普通高等教育"十三五"规划教材

ISBN 978-7-5024-7696-0

Ⅰ.①大… Ⅱ.①江… Ⅲ.①空气污染控制—高等学校—教材 Ⅳ.①X510.6

中国版本图书馆 CIP 数据核字 (2018) 第 012901 号

大气污染治理技术与设备

出版发行	冶金工业出版社	电 话	(010) 64027926
地 址	北京市东城区嵩祝院北巷 39 号	邮 编	100009
网 址	www.mip1953.com	电子信箱	service@ mip1953.com

责任编辑 郭冬艳 宋 良 美术编辑 吕欣童 版式设计 禹 蕊
责任校对 卿文春 责任印制 窦 唯
北京虎彩文化传播有限公司印刷
2018 年 3 月第 1 版，2023 年 1 月第 4 次印刷
787mm×1092mm 1/16；18.25 印张；441 千字；280 页
定价 40.00 元

投稿电话 (010) 64027932 投稿信箱 tougao@cnmip.com.cn
营销中心电话 (010) 64044283
冶金工业出版社天猫旗舰店 yjgycbs.tmall.com
(本书如有印装质量问题，本社营销中心负责退换)

前　言

现代工农业的迅速发展，给人类带来许多物质利益与社会利益，也带来了很多问题，其中之一就是环境污染。由于现代城市的崛起和发展，人类的社会活动和日常生活越来越多地使用能源和利用各种资源，如燃烧装置的排放，各类车辆尾气、餐饮酒店烟囱的烟气，这些活动将会产生越来越严重的空气污染。

空气是自然界中最宝贵的资源，是人类生存最重要的环境因素之一。空气的正常化学组成是保证人体生理机能和健康的必要条件。人生活在空气里，洁净的空气对于生命来说，比任何东西都重要。人需要呼吸新鲜洁净的空气来维持生命，生命的新陈代谢一时一刻也离不开空气。有资料表明，一个人5周不吃食物、5天不喝水，仍能维持生命，而5min不呼吸就会死亡。空气特别是洁净空气，对于人类的生存和动植物的生长起着十分关键的作用。事实表明，在空气污染严重的地方，人体健康、动植物的生长发育和环境生态都会受到危害。空气污染的防治普遍受到各国的极大重视。我国政府早在1987年就颁布了《中华人民共和国大气污染防治法》，并经多次修订。2013年9月国务院发布《大气污染防治行动计划》，简称"大气十条"。"大气十条"是当前和今后一个时期全国大气污染防治工作的行动指南。为了适应我国环保事业的发展和培养环保人才的需要，特编写了本书。

全书共分9章。第1章介绍了大气的组成与大气层的结构、大气污染物及污染源、大气污染的危害及治理措施、我国大气污染的现状、大气污染治理设备及大气污染防治的法规与标准、国内外大气污染治理技术与设备的发展现状；第2章介绍了燃料燃烧的基本条件、过程、燃烧过程污染物排放量的计算和燃烧过程中主要污染物的形成与控制；第3章介绍了大气污染治理技术的基础知识，包括：粉尘、气体的基本性质、烟气的理化性质和净化装置的性能；

第 4 章介绍了粉尘污染物治理技术及设备，其中包括：机械式除尘技术与设备、过滤式除尘技术与设备、电除尘技术与设备、湿式除尘技术与设备和除尘设备的选择；第 5 章介绍了气态污染物吸收净化技术（物理吸收、化学吸收的气液相平衡，吸收传质机理、吸收速率方程式、吸收塔的物料平衡）、设备及应用；第 6 章介绍了气态污染物吸附净化技术与设备，包括：吸附的基本理论、吸附及吸附剂、吸附工艺及吸附设备结构、吸附净化机械设备的设计及应用；第 7 章介绍了气态污染物催化净化技术与设备，其中包括：催化净化技术及其分类、催化作用及催化剂、气固相催化反应及速率方程、气固相催化反应器结构及其设计计算、影响催化净化的因素和催化净化技术的应用；第 8 章介绍了气态污染物生物净化技术与设备，包括：微生物净化气态污染物的原理、生物净化气态污染物的工艺与反应器结构、影响生物净化气态污染物的主要因素、生物净化设备的设计计算及应用；第 9 章介绍了气态污染物的其他净化技术与设备，包括：冷凝净化技术、原理、冷却方式、冷凝设备与应用，气体分离膜的特性参数、气体膜分离机理、膜材料及分类、气体膜分离的流程和气体膜分离设备及应用，气态污染物的燃烧净化技术、燃烧转化原理、燃烧过程与设备设计及燃烧净化法的工业应用。每章后都附有帮助消化相关内容的思考题。

本书由东北大学刘树英教授主审；本书的出版，得到了东北大学机械工程与自动化学院的资助；在编写过程中，得到同行专家们的大力帮助，也得到东北大学过程装备与环境工程研究所等单位的大力支持，在此一并表示衷心的感谢。

由于作者水平有限，书中难免有不妥之处，诚请广大读者批评、指正。

作　者

2017 年 10 月

目　　录

1 概　　论

【学习指南】

本章主要了解大气的组成及结构，大气的重要性，大气污染的概念，特点及分类；重点掌握大气污染物和污染源，大气污染的危害及治理措施，我国大气污染特点和污染现状，大气污染治理设备的分类、特点，国内外大气污染治理技术与设备的发展现状；熟悉大气污染防治法，制定环境空气质量标准的原则，我国的大气环境质量标准和大气污染物排放标准等内容。

包围在地球周围的大气是环境的组成要素，并参与地球表面的各种过程，提供地球上一切生命赖以生存的气体环境。整个大气层的质量约 5.3×10^{15} t，其中 99.9%以上都集中在 50km 以下的范围。大气层越往上空气越稀薄。人类活动的主要范围限于近地球表面的 20km 以下的大气层，风、云、雨、雪等天气现象多发生在该大气层中。由此可见，"大气"和"空气"是作为同义词使用的，他们的区别仅在于"大气"指的范围更大，而"空气"指的范围相对小些。大气质量的优劣，对整个生态系统和人类健康有着直接的影响。某些自然过程不断地与大气之间进行着物质和能量的交换，直接影响着大气的质量，尤其是人类活动的加剧，对大气环境质量产生长期不良的影响。推动大气污染防治，是当前面临的重要问题之一。

1.1　空气（大气）的组成及结构

大气是指地球环境周围所有空气的总和，是自然环境的重要组成部分，是人类及一切生物赖以生存的物质。人离开空气，5min 就会死亡。同时，人们也通过生产活动和生活活动影响着周围大气的质量。人与大气环境之间的这种连续不断的物质和能量的交换，决定了大气环境的重要性。

1.1.1　空气（大气）的组成

空气（大气）是多种气体的混合物，空气的组成分为恒定的、可变的和不定的组分。恒定的组分是指空气中氮（N_2）、氧（O_2）和氩（Ar），以及微量的氖（Ne）、氪（Kr）、氦（He）、氙（Xe）、氢（H_2）等稀有气体。可变的组分是指空气中的 CO_2 和水蒸气。大气中的不定组分有煤烟、粉尘、硫氧化物、氮氧化物等。含有上述恒定组分和可变组分的空气认为是洁净空气。空气（大气）由洁净空气、水蒸气和悬浮微粒三部分组成。洁净空气的主要成分是氮（N_2）、氧（O_2）和氩（Ar），三者共占大气总体积的 99.96%，其他次要成分仅占 0.04% 左右。洁净空气的组成见表 1-1。

表 1-1　洁净空气的组成

气体成分	相对分子质量	体积分数/%	气体成分	相对分子质量	体积分数/%
氮（N_2）	28.01	78.084	氪（Kr）	83.80	1.0×10^{-4}
氧（O_2）	32.00	20.948	氢（H_2）	2.016	0.5×10^{-4}
氩（Ar）	39.94	0.934	氧化二氮（N_2O）	44.01	0.3×10^{-4}
二氧化碳（CO_2）	44.01	0.033	氙（Xe）	131.30	0.08×10^{-4}
氖（Ne）	20.18	18×10^{-4}	臭氧（O_3）	48.00	0.02×10^{-4}
氦（He）	4.003	5.2×10^{-4}	甲烷（CH_4）	16.04	1.5×10^{-4}

空气中不定组分的来源主要有两个：一是自然界火山爆发、森林火灾、海啸、地震等暂时性的灾难所产生的大量尘埃、硫、硫化氢、硫氧化物、氮氧化物和盐类等悬浮颗粒引起的；二是由于人类生产工业化、人口密集、城市工业布局不合理和环境设施不完善等人为因素造成的，如煤烟、粉尘、硫氧化物、氮氧化物、碳氧化物等。这些物质是造成当前大气污染的主要原因。

1.1.2　大气层结构

受地心引力而随地球旋转的大气称为大气圈。虽然在几千米的高空中仍有微量气体存在，但通常把地球表面到 1200~1400km 的气层视为大气圈的厚度，1400km 以外被看作宇宙空间。

大气圈具有层状结构。大气层状结构是指气象要素的垂直分布情况，如气温、气压、大气密度和大气成分的垂直分布等。根据气温在垂直于地球表面方向上的分布，一般将大气分为对流层、平流层、中间层、暖层和散逸层等 5 层，见图 1-1。

（1）对流层。对流层是大气圈最低的一层，其特征是：1）层内气温随高度增加而降低，每升高 100m 平均降低 0.65℃，因而大气易形成强烈的对流（升降）运动；2）因热带气流的对流强度比寒带强，故对流层厚度随纬度增加而降低，赤道处约 16~17km，中纬度地区约 10~12km，两极附近约 8~9km，对同一地区，其厚度夏季大于冬季；3）对流层虽较薄，但却集中了大气总量的 75% 和几乎全部的水蒸气，主要天气现象和通常所说的大气污染都发生在这一层，对人类活动影响最大；4）层内温度和湿度的水平分布不均匀，在热带海洋上空，空气温暖潮湿，在高纬度内陆上空，空气寒冷干燥，因此，也常发生大规模的空气水平运动。对流层下层（地面至 1~2km）的大气运动受地面阻滞和摩擦的影响很大，因此称对流层下层为大气边界层或摩擦层。由于受地面冷热的直接影响，层内气温的日变化很大。气流由于受地面摩擦力的影响，风速随高度增加而增大；加上气流的对流作用，层内大气的运动总是表现为湍流形式，从而直接影响着大气污染物的输送、扩散和转化。

大气边界层以上的大气运动，几乎不受地面摩擦力的影响，大气可看作没有黏性的理想气体，因此称大气边界层以上为自由大气层。

（2）平流层。对流层顶到 50~55km 高度的一层称为平流层，层内几乎没有大气的对

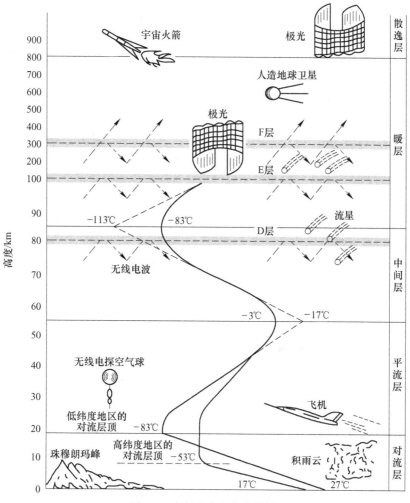

图 1-1　大气垂直方向的分层

流运动。从对流层顶到 22km 左右的一层，气温几乎不随高度而变化，保持在-55℃左右，称为同温层；同温层之上气温随高度增加而上升，到平流层顶升至-3℃左右，称为逆温层。平流层集中了大气中大部分臭氧，在 20~25km 高度内形成臭氧层。

（3）中间层。中间层离地表 55~85km。由于该层中没有臭氧这一类可直接吸收太阳辐射能量的组分，因此这一层气温随高度增加而降低，层顶气温可降至-83℃。大气具有强烈的对流运动。

（4）暖层。中间层顶到 800km 高度为暖层。由于强烈的太阳紫外线和宇宙射线的作用，气温随高度增加而增高，层顶温度可达 500~2000K，极为稀薄的气体分子被高度电离，存在着大量的离子和电子，所以又称该层为电离层。

（5）散逸层。暖层以上的大气层统称为散逸层。它是大气的外层，气温很高，空气极为稀薄，气体离子的运动速度很高，可以摆脱地球的引力而散逸到太空中。

对流层和平流层大气质量占大气总质量的 99.9%，中间层大气质量占大气总质量的 0.099%，暖层及其以上层大气质量仅占大气总质量的 0.001%。

1.2　大气污染的概念和分类

我国是一个占世界总人口20%以上的发展中大国，在工业化持续快速推进过程中，能源消费量持续增长，以煤为主的能源消费排放出大量的烟尘、二氧化硫、氮氧化物等大气污染物，大气环境形势十分严峻；同时，伴随着居民收入水平的提高和城市化进程的加快，城市机动车流量迅猛增加，机动车尾气排放进一步加剧了大气污染。我国大气污染比较严重地集中在经济发达的城市地区，城市也是人口最密集的地方，我国城市严重的大气污染对居民健康造成了巨大的危害，已经成为广泛关注的热点问题之一。

近年来，随着城市工业的发展，大气污染日益严重，空气质量进一步恶化，不仅危害到人们的正常生活，而且威胁着人们的身心健康。我国11个最大城市中，空气中的烟尘和细颗粒物每年使40万人感染上慢性支气管炎。在一定程度上，城市生活正在背离人们所追求的健康目标。呼吸道疾病，温室效应，臭氧层破坏，酸雨，PM2.5等等，在这些名词频繁地出现在当下我们的日常生活中，对大气污染治理刻不容缓。

1.2.1　大气的重要性

空气是自然界中最宝贵的资源，是人类生存最重要的环境因素之一，空气的正常化学组成是保证人体生理机能和健康的必要条件。人生活在空气里，洁净的空气对于生命来说，比任何东西都重要。人需要呼吸新鲜洁净的空气来维持生命，一个成年人每天呼吸新鲜空气大约两万多次，吸入的空气量达 $15\sim20m^3$。生命的新陈代谢一时一刻也离不开空气，有资料表明，一个人5周不吃食物、5天不喝水仍能维持生命，而5min不呼吸就会死亡。空气特别是洁净空气，对于人类的生存和动植物的生长起着十分关键的作用。

然而，受污染的大气中，常含有一氧化碳（CO）、二氧化硫（SO_2）、氮氧化物（NO_x）、硫化氢（H_2S）、过氧乙酰基硝酸酯（PAN）、氨（NH_3）、氯（Cl）、氯化氢（HCl）、各种碳氢化合物，如甲烷（CH_4）等，这些有害气体常与排放到大气中的颗粒物（气溶胶）共同悬浮于大气中。悬浮于大气中的污染物，不仅对太阳与地球间热量收支平衡有影响，造成局部地区或全球性气候和气象变化，而且能直接对动植物的生长和生存造成危害，甚至夺取其生命，由此可见空气（大气）对人类和动植物的重要性。

1.2.2　大气污染的概念及特点

大气污染就是对空气的污染，大气污染通常是指由于人类活动和自然过程引起某些物质进入大气中，呈现出足够的浓度，达到了足够的时间，并因此而危害了人体的舒适、健康、福利和生态环境。所谓人类活动不仅包括生产活动、而且还包括生活活动，如做饭、取暖、交通等；自然过程包括火山喷发、森林火灾、海啸、土壤和岩石的风化及大气圈中的空气运动等。由自然过程引起的大气污染，一般通过自然环境的自净化作用，如稀释、沉降、雨水冲洗、地面吸收、植物吸收等物理、化学及生物技能，经过一段时间后会自动消除，能维持生态系统的平衡。可以说，大气污染主要是由于人类在生产活动和生活活动中向大气排放的污染物，在大气中积累，超过了环境的自净能力而造成的。所谓人体舒适、健康的危害，包括对人体的正常生活环境和生理机能的影响，引起急性病、慢性病，甚至死亡等；而所谓福利，是指与人类协调并共存的生物、自然资源及财产、器物等。

大气污染区别于其他污染形式，其特点主要有以下几方面：第一，大气中的悬浮颗粒物过多，严重超出了大气本身的净化能力；第二，由于城市人口密集以及城市绿化面积的缺乏，导致无法对大气中的细菌进行有效分解，进而使空气中的细菌含量超标；第三，我国很多区域都为工业城市，火力发电厂、冶炼厂、居民取暖、做饭等都需要煤，煤燃烧向空中排放大量的二氧化碳、二氧化硫、一氧化碳和烟尘等，导致了大气中煤炭污染严重，环境进一步恶化。

1.2.3 大气污染的分类

按照污染所涉及的范围，大气污染大致可分为如下四类：

（1）局部地区污染。局部地区污染指的是由某个污染源造成的较小范围内的污染。

（2）地区性污染。地区性污染，如工矿区及附近地区或整个城市的大气污染。

（3）广域污染。广域污染，即超过行政区划的广大地域的大气污染，涉及的地区更加广泛。

（4）全球性污染或国际性污染。如大气中硫氧化物、氮氧化物、二氧化碳和飘尘的不断增加和输送所造成酸雨污染和大气的暖化效应，已成为全球性的大气污染。

按能源性质和污染物的种类，大气污染可分为如下四类：

（1）煤烟型（又称还原型）。由煤炭燃烧放出的烟尘、二氧化硫等造成的污染，以及由这些污染物发生化学反应而生成的硫酸及其硫酸盐类所构成的气溶胶污染物。20世纪中叶以前和目前仍以煤炭作为主要能源的国家和地区的大气污染属此类污染。

（2）石油型（又称汽车尾气型、氧化型）。由石油开采、炼制和石油化工厂的排气以及汽车尾气的碳氢化合物、氮氧化物等造成的污染，以及这些物质经过光化学反应形成的光化学烟雾污染。

（3）混合型。具有煤烟型和石油型的污染特点。在大气混合污染物中，多种污染物都以高浓度同时存在，它们之间相互耦合，发生复杂的化学反应，形成新的二次污染物。目前我国的一些城市空气中也存在较大量的煤炭和石油燃烧的污染物并存的现象。

（4）特殊型。特殊型指的是由工厂排放某些特定的污染物所造成的局部污染或地区性污染，其污染特征由所排污染物决定。例如，磷肥厂排出的特殊气体所造成的污染，氯碱厂周围易形成氯气污染等。

煤烟型和石油型为两种最基本最主要的大气污染类型，它们的主要特点如表1-2所示。

表1-2 大气主要污染类型及特点

项　　目	煤烟型（还原型）	石油型（氧化型）
主要污染源	工厂、家庭取暖、燃烧煤炭装置的排放，主要有 SO_2、NO_x、C_xH_y	汽车排气为主，主要有 SO_2、C_xH_y
主要污染物	一次污染物和二次污染物混合体，如 SO_2、CO_2、颗粒物、硫酸雾、硫酸类气溶胶	以二次污染物为主，如臭氧、过氧乙酰基硝酸酯、甲醛、乙醛、烯醛、硝酸物、硫酸雾

续表 1-2

项　目		煤烟型（还原型）	石油型（氧化型）
发生地区		湿度较大的温带、亚热带地区	光照强烈的热带、亚热带地区
发生地区使用的主要燃料		以煤为主，辅以石油燃料	石油燃料
反应类型		热反应	光化学反应及热反应
化学作用		催化作用	光化学氧化反应
大气状况	温度/℃	-1~4	24~32
	湿度	85%以上	70%以下
	逆温类型	上层逆温	接地逆温
	风速	静风	22m/s 以下
一天中发生的时间		早晨	中午或午后阳光最强时
发生季节		12月~次年1月（冬季）	8~9月（早秋）
烟雾最大时的视觉		0.8~1.6 m 以下	<100 m
对人体的影响		刺激呼吸系统，使患呼吸道疾病者加速死亡	刺激眼黏膜等

1.3　大气污染物及污染源

1.3.1　大气污染物

按照 ISO 定义，"空气污染物是指由于人类活动或自然过程排入大气的并对人或环境产生有害影响的那些物质"。

大气污染物的种类很多，按其存在状态，大气污染物可分为气溶胶态污染物和气态污染物两类。按形成过程，分为一次污染物和二次污染物。

1.3.1.1　气溶胶态污染物

气溶胶是指悬浮在气体介质中的固态或液态微小颗粒所组成的气体分散体系。从大气污染控制的角度，按照气溶胶颗粒的来源和物理性质，可将其分为以下几种：

（1）粉尘（dust）。粉尘是指固体物质的破碎、分级、研磨等机械过程或土壤、岩石风化等自然过程形成的悬浮微小固体粒子。通常，又将粒径大于 $10\mu m$ 的悬浮固体粒子称为落尘，它们在空气中能靠重力在较短时间内沉降到地面；将粒径小于 $10\mu m$ 的悬浮固体粒子称为飘尘，它们能长期飘浮在空气中；粒径小于 $1\mu m$ 的粉尘又称为亚微粉尘（submicron dust）。属于粉尘类大气污染物的种类很多，如黏土粉尘、石英粉尘、煤粉、水泥粉尘、各种金属粉尘等。

（2）烟（fume）。烟一般是指由冶金过程形成的固体粒子的气溶胶，烟的粒子尺寸一般为 $0.01~1.0\mu m$ 左右。它是由熔融物质挥发后而生成的气态物质的冷凝物，在生成过程中总是伴有诸如氧化之类的化学反应，如有色金属冶炼过程中产生的氧化铅烟、氧化锌烟，在核燃料后处理厂中的氧化钙烟等。

（3）飞灰（fly ash）。飞灰是指由固体燃料燃烧产生的烟气带走的灰分中的较细粒子。

（4）烟（smoke）。通常指燃料燃烧过程产生的不完全燃烧产物，又称炭黑，是能见气溶胶。

（5）雾（fog）。雾是气体中液滴悬浮体的总称。在气象中指造成能见度小于1km的小水滴悬浮体。在工程中，雾一般泛指小液滴粒子的悬浮体，它可能是由于液体蒸气的凝结、液体的雾化及化学反应等过程形成的，如水雾、酸雾、碱雾、油雾等。

（6）霾（haze）。霾天气是大气中悬浮的大量微小尘粒使空气混浊、能见度减低到10km以下的天气现象，易出现在逆温、静风、相对湿度较大等气象条件下。大气中的霾，大部分会被人体呼吸道吸入，引起鼻炎、支气管炎等症状，影响人们的心理健康，使人们情绪不稳定，容易引起交通堵塞和交通事故。目前霾的污染已发展为区域性污染，真正威胁到人类的生存环境和身体健康。我国霾的高发地区为京津冀、长三角、珠三角和四川盆地。

（7）化学烟雾（smog）。如硫酸烟雾、光化学烟雾等。大气中的氮氧化物、碳氢化合物等一次性污染物在太阳紫外线的作用下发生光化学反应，生成浅蓝色的烟雾型混合物，称为光化学烟雾。光化学烟雾一般发生在大气相对湿度较低、气温为 $24 \sim 32℃$ 的夏季晴天，与大气中的 NO、CO、C_xH_y 等污染物的存在分不开。所以，以石油为动力燃料的工厂、汽车等污染源的存在是光化学烟雾形成的前提条件。光化学烟雾粒径细小，可归入 PM2.5 细颗粒。它能刺激人眼和上呼吸道，诱发各种炎症，导致哮喘发作；伤害植物，使叶片出现褐色斑点而病变坏死。

在我国的环境空气质量标准中，还根据颗粒物的大小，将其分为总悬浮颗粒物（Total Suspended Particles，TSP）、可吸入颗粒物（Inhalable Particles，PM10）和微细颗粒物（Fine Particles，PM2.5）。

1）总悬浮颗粒（TSP）。能悬浮在空气中，空气动力学当量直径 $\leqslant 100\mu m$ 的所有固体颗粒。

2）可吸入颗粒（PM10）。能悬浮在空气中，空气动力学当量直径 $\leqslant 10\mu m$ 的所有固体颗粒。

3）细微颗粒（PM2.5）。能悬浮在空气中，空气动力学当量直径 $\leqslant 2.5\mu m$ 的所有固体颗粒。

就颗粒物的危害而言，小颗粒比大颗粒的危害要大得多。

1.3.1.2　气态污染物

气体状态污染物是指以分子状态存在的污染物，简称气态污染物。气态污染物可分为无机气态污染物和有机气态污染物两类。

（1）无机气态污染物。无机气态污染物有硫化物（SO_2、SO_3、H_2S 等）、含氮化合物（NO、NO_2、NH_3等）、卤化物（Cl_2、HCl、HF、SiF_4等）、碳氧化物（CO、CO_2）及臭氧、过氧化物等。

（2）有机气态污染物。有机气态污染物则有碳氢化合物（烃、芳烃、稠环芳烃等）、含氧有机物（醛、酮、酚等）、含氮有机物（芳香胺类化合物、腈等）、含硫有机物（硫醇、噻吩、二硫化碳等）、含氯有机物（氯化烃、氯醇、有机氯农药等）等。挥发性有机物（Volatile Organic Compounds，VOCs）是易挥发的一类含碳有机物的总称，近年来挥发性有机物引起的大气污染已受到广泛的关注。

1.3.1.3　一次污染物和二次污染物

（1）一次污染物。一次污染物是指直接从各种污染源排出的污染物称为一次污染物。主要的一次污染物是含硫化合物（SO_2、SO_3、H_2S 等）、含氮化合物（NO、NO_2、NH_3 等）、碳氢化合物（C_mH_n）、碳氧化物（CO、CO_2）、卤素化合物（Cl_2、HCl、HF、SiF_4）及臭氧、过氧化物等。

（2）二次污染物。二次污染物是指一次污染物与空气中原有成分或几种污染物之间发生一系列化学或光化学反应而生成的、与一次污染物性质完全不同的新污染物，称为二次污染物。这类物质颗粒小，粒径一般在 $0.01 \sim 1.0 \mu m$，其毒性比一次污染物还强。在大气污染中受到普遍重视的二次污染物主要有硫酸烟雾（sulfurous smog）、光化学烟雾（photochemical smog）和酸雨。

硫酸烟雾是空气中的二氧化硫等含硫化合物在水雾、重金属飘尘存在时，发生一系列化学反应而生成的硫酸雾和硫酸盐气溶胶。光化学烟雾则是在太阳光照射下，空气中的氮氧化物、碳氢化合物和氧化剂之间发生一系列光化学反应而生成的淡蓝色烟雾，其主要成分是臭氧、过氧乙酰基硝酸酯（FAN）、醛类及酮类等。硫酸烟雾和光化学烟雾引起的刺激作用和生理反应等危害要比一次污染物强烈得多。

监测表明在我国大气环境中，影响普遍的广域污染物为悬浮颗粒物、二氧化硫、氮氧化物、一氧化碳和臭氧等。

1.3.2　大气污染物的来源

大气污染源通常是指向大气排放足以对环境产生有害影响的或有毒有害物质的生产过程、设备和场所等。大气污染物的来源可分为自然污染源和人为污染源两大类。自然污染源是指自然原因向环境释放污染物的地点或地区，如火山喷发、森林火灾、飓风、海啸、土壤和岩石风化及生物腐烂等自然现象；人为污染源是指人类生活活动和生产活动形成的污染源。

1.3.2.1　自然污染源

自然污染源是由自然灾害造成的，如火山爆发喷出大量火山灰和二氧化硫，有机物分解产生的碳、氮和硫的化合物，森林火灾产生大量的二氧化硫、二氧化氮、二氧化碳和碳氢化合物，土壤和岩石风化被大风刮起的沙土及散布于大气中的细菌、花粉等。自然污染源目前还不能控制，但是它所造成的污染是局部的、暂时的，在大气的污染中只起次要作用。

1.3.2.2　人为污染源

人为污染源是指由于人类生产活动和生活活动所造成的污染。由人类所造成的污染通常延续时间长、范围广。在人为污染源中，又可分为固定的污染源和移动的污染源两种。固定的污染源，如烟囱、工业排气筒等；移动的污染源，如汽车、火车、飞机、轮船等。由于人为污染源普通和经常地存在，所以比起自然污染源来更为人们所密切关注。大气主要污染源有：

（1）生活污染源。城市居民、机关和服务性行业，由于烧饭、供暖锅炉、沐浴和餐饮等生活上的需要耗用大量的煤炭，特别在冬季采暖时间，向大气排放大量煤烟、油烟、废气等造成大气污染。城市生活垃圾焚烧过程产生的废气，以及垃圾在堆放过程中厌氧分解所排出的二次污染物，都是大气主要污染源。

（2）工业污染源。如各钢铁厂、冶炼厂、火力发电厂等工业企业燃料燃烧排放的污染物，以及工艺生产过程中排放的废气和生产过程中排放的各类金属与非金属粉尘，都是大气污染的最主要来源，也是大气污染防治工作的重点之一。随着工业的迅速发展，大气污染物的种类和数量日益增多。由于工业企业的性质、规模、工艺过程、原料和产品等种类不同，其对大气污染的程度也不同。

（3）交通运输污染源。由于行驶中的汽车、火车、飞机、船舶等交通工具，排放出含有一氧化碳、碳氢化合物、铅等污染物的尾气造成大气污染。近年来，由于我国的公路交通运输事业的发展，城市行驶的汽车日益增多，汽车排放的尾气在一些大城市也已成为重要的大气污染源。

（4）农业污染源。农业机械运行排放的尾气，农田施用化学农药、化肥、有机肥时，有害物质直接逸散到大气中，或从土壤中经分解后向大气排放的有毒、有害及恶臭气态污染物等。露天焚烧秸秆、树叶和废弃物等，向大气排放大量烟尘、粉尘和污染物，造成大气污染。

（5）沙尘污染源。由于农村和城市的过度开发，植被和水面遭受破坏而减少或消失，地表裸露，地面沙尘被风力或交通工具扬起，可吸入的粉尘颗粒悬浮于大气中，造成大气污染。

（6）建筑施工污染源。由于城市在快速地建设中，旧房的拆迁、高楼不断崛起，城市里散布着一个个工地，所产生的工地扬尘成为了加剧空气污染的一个重担，建筑施工水泥、钢铁和各种装饰材料、涂料等，是城市高楼大厦崛起的必需用品，每一层楼，都需要钢筋水泥，但是，水泥和钢筋的大量生产会威胁着空气质量。建筑垃圾的裸露堆放和运输的扬尘，也是大气重要的污染源。

1.4 大气污染的危害及治理措施

1.4.1 大气污染的危害

大气污染会造成多方面的危害，其危害程度取决于大气污染物的性质、数量和滞留时间。大气污染对人类造成的危害包括以下几个方面：

（1）对人体健康的危害。大气污染对人体健康的危害包括急性和慢性两个方面。急性危害一般出现在污染物浓度较高的工业区及其附近。慢性危害是在大气污染物直接或间接的长期作用下，对人体健康造成的危害。这种危害短期表现不明显，也不易觉察。据我国 10 个城市统计，呼吸道疾病的患病率和检出率，在工业重污染区为 30% ~ 70%，而在轻污染区只有其 1/2。

人需要呼吸空气以维持生命。一个成年人每天呼吸大约 2 万多次，吸入空气达 15 ~ 20m³。因此，被污染了的空气对人体健康有直接的影响。大气污染物对人体的危害主要表现是呼吸道疾病与生理机能障碍，以及眼鼻等黏膜组织受到刺激而患病。大气中污染物的浓度很高时，会造成急性污染中毒，或使病状恶化，甚至在几天内夺去人的生命。其实，即使大气中污染物浓度不高，但人体成年累月呼吸这种污染了的空气，也会引起慢性支气管炎、支气管哮喘、肺气肿及肺癌等疾病。

（2）对动植物的危害。大气污染物危害动植物的生存、发育和对病虫害的抵抗能力。对植物危害较大的大气污染物主要有二氧化硫、氟化物、二氧化氮、臭氧、氯气和氯化氢等。大气污染物对植物的主要伤害是植物的叶面，植物长期处在高浓度污染物的影响下，会使植物叶表面产生伤斑或坏死斑，甚至直接使植物叶面枯萎脱落；植物长期处在低浓度污染物的影响下，使植物的叶、茎褪绿，减弱光合作用，影响植物的生长，使植物生长减弱，抵抗病虫害的能力减弱，发病率提高。

大气污染物对动物的伤害主要是呼吸道感染和摄入被污染的食物和水，最终使动物体质变弱，危害动物的正常生长，以至死亡。

（3）对器物和材料的损害。大气污染物对金属制品、油漆涂料、皮革制品、纸制品、纺织品、橡胶制品和建筑材料等的损害也十分严重。这些损害包括沾污性损害和化学性损害两方面。沾污性损害是大气中的尘、烟等粒子落在器物上等造成的，有的可以清扫冲洗去除，有的就很难去除。化学性损害是污染物与器物发生化学作用，使器物腐蚀变质，如硫酸雾、盐酸雾、碱雾等使金属产生严重腐蚀，使纺织品、皮革制品等腐蚀破碎，使金属涂料变质。

（4）对农林水产的危害。大气污染物对我国农业、林业和水产业造成严重的危害，特别是农业和林业受害最大，由 SO_2、NO_x 造成的酸雨导致农业减产、林木衰败、水生生物不能正常生长。

（5）对能见度的影响。大气污染最常见的后果是大气能见度下降。对大气能见度或清晰度影响的污染物，一般是气溶胶粒子，以及能通过大气反应生成气溶胶粒子的气体或有色气体等。能见度降低不仅使人感到郁闷，造成极大的心理影响，而且还会造成安全方面的公害。

（6）对气候的影响。大气污染物不仅污染低层大气，而且能对上层大气产生影响，形成酸雨、破坏臭氧层、气温升高等全球性环境问题，给人类带来更严重的危害。

酸雨通常指 pH 低于 5.6 的降水，但现在泛指酸性物质以湿沉降或干沉降的形式从大气转移到地面上。湿沉降是指酸性物质随雨、雪等降落到地面，干沉降是指酸性颗粒物以重力沉降、微粒碰撞和气体吸收等形式由大气转移到地面，酸雨的危害主要表现在土壤、河流湖泊酸化，农作物减产，森林衰亡，水生生物不能正常生长，严重腐蚀材料、建筑物和文化古迹，造成巨大损失。

在高度 10~50km 的大气圈平流层中，由于强紫外线的作用，O_2 分解生成的原子氧（O）与 O_2 反应生成 O_3；而 O_3 吸收紫外线分解，这种生成与分解达到平衡，在平流层形成臭氧层。臭氧能吸收 99%以上来自太阳的紫外线辐射，保护地球上的生命。臭氧层的破坏将对地球上的生命系统构成极大的威胁。臭氧层的破坏，大量紫外线辐射将到达地面，危害人类健康。据科学家的预测，如果平流层的臭氧总量减少 1%，则到达地面的太阳紫外线辐射量将增加 2%，皮肤癌的发病率增加 2%~5%，白内障患者将增加 0.2%~1.6%。另外，紫外线辐射增大，也会对动植物产生影响，危机生态平衡。臭氧层的破坏还会导致地球气候出现异常，由此带来灾难。

随着人类生产和生活活动的规模越来越大，向大气中排放的温室气体，远远超过了自然所能消纳的能力，结果使全球气温也不断上升，形成所谓的"温室效应"。温室效应的结果，使地球上的冰川大部分后退，海平面上升，影响自然生态系统，加剧洪涝、干旱及其他气象灾害加大人类疾病危害的概率。

1.4.2　大气污染的综合治理措施

1.4.2.1　大气污染综合治理的含义

大气污染治理的基本点是防治结合，以防为主，是立足于环境问题的区域性、系统性和整体性之上的综合。基本思想是采取法律、行政、经济和工程技术相结合的措施，合理利用资源，减少污染物的产生和排放，充分利用环境的自净能力，实现发展经济和保护环境相结合。

大气污染一般是由多种污染源所造成的，其污染程度受该地区的地形、气象、植被面积、能源构成、工业结构和布局、交通管理和人口密集等自然因素和社会因素所影响。因此，大气污染治理具有区域性、整体性和综合性的特点。在制定大气污染治理措施时，要充分考虑地区的环境特征，从地区的生态系统出发，对影响大气质量的多种因素进行系统的综合分析，统一规划，合理布局，综合应用各种治理大气污染的措施，充分利用环境的自净能力，才能有效地控制大气污染。

1.4.2.2　大气污染综合治理措施

（1）全面规划，合理布局。为了控制城市和工业区的大气污染，必须在制定区域性经济和社会发展规划的同时，做好环境规划，采取区域性综合防治措施。

环境规划是经济规划和社会规划的重要组成部分，是体现环境污染综合防治、以防为主的重要手段。环境规划的任务，一是针对区域性经济发展将给环境带来的影响提出区域可持续发展和保护区域环境质量的最佳规划方案；二是对已经造成的环境污染提出改善环境的具有指令性的最佳实施方案。我国规定，对新建和改、扩建工程项目，必须先作环境影响评价，论证该项目可能造成的影响及应采取的措施等。

（2）严格的环境管理。环境管理的目的是应用法律、经济、行政、教育等手段，对损害和破坏环境质量的活动加以限制，实现保护自然资源、控制环境污染和发展经济、社会的目的。

立法、监测、执法三者构成了完整的环境管理体制。

建立环境管理的法律、法令和条例是国家控制环境质量的基本方针和依据。我国相继制定或修订了一系列环境法律，如《中华人民共和国环境保护法》（1979 年公布试行，1989 年修订实施）、《大气污染防治法》（1987 年 9 月公布，1995 年 8 月和 2000 年 9 月两次修订）及各种保护环境的条例、规定和标准等。由于环境污染的区域性、综合性强，各地区各部门还可以有自己的法令和规定。国家及地方的立法管理对大气环境的改善起着至关重要的作用。修订后的《大气污染防治法》将我国的大气污染控制从浓度控制转变到总量控制，并明确了总量控制制度、排污许可证制度和按排污总量收费的制度。

为保证环境法规的实施，我国建立了完整的环境监测系统，并采用各种先进的手段监测大气污染，为科学的环境管理积累了大量的数据资料和经验。

为保证国家各种环境保护法令和条例的执行，我国已建立起从中央到地方的各级环境管理机构，加强对环境污染的控制管理和组织领导。

（3）控制环境污染的经济政策。控制环境污染的经济政策如下：

1）保证必要的环境保护投资。目前世界上用于环境保护的投资占国民生产总值的比例，发展中国家为 0.5%~1.0%，发达国家为 1.0%~2.0%。我国目前的比例仅为 0.7%~0.8%，有必要随着国民经济的发展逐渐增加环保投资。

2）对大气污染治理从经济上给以优待，如低息长期贷款、对综合利用产品实行免税或减税政策等。

3）实行排污收费制度、排污许可证制度、排污总量市场交易制度和责任制度，如对环境污染事故的损失进行赔偿和罚款，追究行政、法律责任等。对污染严重、短时间内又不能解决的企业实行关、停、并、转的政策。

（4）控制大气污染的技术措施。大气中的污染物，一般是不可能集中进行统一处理的，通常是在充分利用大气自净作用和植物净化能力的前提下，采取污染控制的办法，把污染物控制在排放之前以保证大气环境质量。控制污染的技术措施主要有如下几种：

1）实施可持续发展的能源战略。实施可持续发展的能源战略包括：① 改善能源供应结构，提高清洁能源和降低污染能源供应比例；② 提高能源利用率，节约能源；③ 对燃料进行预处理，推广洁净煤技术；④ 积极开展新能源和可再生能源，如风电、核电、水电、太阳能等。

2）对烟（废）气进行净化处理。就目前看，即使是最发达的国家也不能做到无污染物排放。当污染源的排放浓度和排放总量达不到排放标准时，必须安装废气净化装置，以减少污染物的排放。新建和改、扩建项目必须按国家排放标准的规定，建设废气的综合利用和净化处理设施，并与主体工程同时设计、同时施工、同时投产。

3）实行清洁生产，推广循环经济。很多污染是生产工艺不能充分利用资源引起的。改进生产工艺是减少污染物产生的最经济而有效的措施。生产中应从清洁生产工艺方面考虑，优先采用无污染或少污染的原材料和工艺路线、清洁燃料、采用闭路循环工艺、提高原材料的利用率。加强生产管理，减少跑、冒、滴、漏等，容易扬尘的生产过程要采用湿式作业、密闭运转。粉状物料的加工应减少层动、高差跌落和气流扰动。液体和粉状物料要采用管道输送，并防止泄漏。

（5）强化对机动车污染的控制。对机动车污染的控制有以下几种：

1）从源头上控制汽车尾气污染。对排放水平不能达到国家标准的汽车产品禁止生产、销售和使用，大力开发使用清洁能源的新型汽车，如电动汽车、液化石油气汽车、压缩天然气汽车等。

2）严格控制在用车尾气的排放。建立在用车的排污检测系统，实施在用车的检查、维护制度，对经修理、调整或采用排气控制技术后，排污仍超过国家排放标准的在用车坚决予以淘汰；提高车用燃油的质量，淘汰 90 号以下低标号汽油，禁止使用含铅汽油等。

3）加强规划、优先发展城市公交事业。加强城市车辆规划，控制城市汽车总量，宣传鼓励人们出行乘坐地铁和公交车，减轻汽车尾气排放，降低汽车尾气对大气的污染。

（6）绿化造林，发展植物净化。植物不仅能美化环境，调节气候，还能吸收大气中的有害气体，吸附和拦截粉尘，净化大气，并能降低噪声。植物不但能吸收 CO_2、放出 O_2，有的树木还可以吸收 SO_2、Cl_2 和光化学烟雾等有害气体。在城市和工业区有计划、有选择地扩大绿化面积是大气污染综合防治具有长效能和多功能的措施。

（7）高烟囱稀释扩散。设计合理的烟囱高度，充分利用大气的稀释扩散和自净能力，是有效控制所排污染物污染大气环境的一项可行的环境工程措施。

1.5 我国大气污染的现状

1.5.1 我国大气污染的特点

我国的大气污染是以颗粒污染物和 SO_2 为主要污染物的煤烟型污染，北方城市的污染程度高于南方，冬季高于夏季，早晚高于中午。北方城市的突出问题是冬季采暖期的颗粒污染物污染和 SO_2 污染，虽然非供暖期，由于建筑施工、风沙、汽车尾气等因素，大气中的颗粒物和废气浓度也较高，南方城市则是 SO_2 和酸雨的污染。

我国大气污染的特点是由于我国能源以煤为主，且大部分是直接燃烧，能源利用方式比较落后，利用率低，能耗高，排污大，烟气净化水平不高等造成的。此外，南方气候湿润，土质偏酸，大气中碱性物质少，对酸的缓冲能力弱，加上大气中 SO_2 浓度高，有利于酸雨的形成。

随着城市化进程的快速发展，城市人口增多，人民的生活水平的提高，机动车数量年年增多，机动车现已成为北京、上海、深圳、广州等大城市中大气污染的重要来源。我国特大城市的空气特征正由煤炭型向混合型转变。

1.5.2 我国大气污染的现状

我国是一个占世界总人口 20% 以上的发展中大国，在工业化持续快速发展的过程中，能源消费量持续增长，大约 78% 的电力、60% 的民用商品能源以及 70% 的化工原料均靠煤。煤的直接燃烧是中国最重要的人为大气污染源，大气环境形势十分严峻；同时伴随居民生活水平的提高和城市化进程的加快，城市机动车流量迅速增加，机动车尾气排放进一步加剧了大气污染。中国摩托车的生产占世界第一，汽车生产占世界第 11 位。尽管用车的数量远远低于发达国家，但国产车单位里程排放的大气污染物却是欧洲车的 3~5 倍。我国大气污染比较严重地集中在经济发达的城市地区，城市也是人口密集的地方。我国城市严重的大气污染，对居民健康造成了巨大的危害。已成为广泛关注的热点问题之一。

随着城市建筑业和工业的发展，大气污染日益严重，空气质量进一步恶化，不仅危害人们的正常活动，而且还威胁着人们的身心健康，我国 11 个大城市中，空气中的烟尘和细颗粒每年使 40 万人染上慢性支气管炎。

1997 年，中国工业烟尘排放量达 684.6 万吨，工业粉尘排放量为 548.4 万吨，其中乡镇企业占了很大比例。建筑工地和拆迁工地以及机动车夹带的道路扬尘是逸散尘的重要来源。中国北方由于植被被破坏，如毁林、垦荒、草原过度放牧等，形成的沙尘暴也是不可忽视的污染源，尤其是冬季。城市垃圾和郊区农业废弃物的焚烧也是大气污染的一个潜在污染源，会散发出二噁英、多环芳烃等致癌物。

近年来，虽然我国大气污染防治工作取得了很大的成效，但由于种种原因，我国大气环境面临的形势仍然非常严峻，大气污染物排放总量居高不下。全国大多数城市的大气环境质量超过国家规定的标准。当前，我国大气污染状况仍十分严峻，主要呈现为煤烟型污染特征。以京津冀及周边地区为例，该区域国土面积占全国 7.2%，却消耗了全国 33% 的煤炭，主要大气污染物排放量占全国排放总量的 30% 左右，单位国土面积排放强度是全国平均水平的 4 倍左右。高污染、高能耗产业大量聚集和燃煤、燃油集中排放是造成该区域大气污染的直接原因。总体看，城市大气环境中总悬浮颗粒物浓度普遍超标；二氧化硫污染物保持在较高水平；机动车尾气污染物排放总量迅速增加；氮氧化物污染呈加重趋势；全国形成华中、西南、华东、华南多个酸雨区。

根据相关调查，我国的二氧化硫排放量处于世界第一位，二氧化碳排放量处于世界第二位，在全球大气污染最严重的三十个城市中，我国就占了二十个。伴随着我国第二产业的发展和其快速带动中国 GDP 增长的背景下，是以大气污染为代价来换取的发展。我国每年的燃煤量处于世界第一位，进而导致每年向大气中排放的二氧化硫与粉尘严重影响到大气，再加上我国汽车的增多，更是加剧了大气污染的程度。

大气污染有自然因素和人为因素，但目前世界各地的大气污染主要是人为因素造成的，如产业结构、能源结构及社会生活方方面面的不合理、不科学等等。随着人类社会活动和生产的高速发展，各行业在生产过程中散发出的多种粉尘和有害气体也随之增加，使大气受到严重的污染，对人和动植物都会造成危害，尤其是在人口密集的城市和工业区域，这种危害更加严重。因此，大气污染已成为当前突出的环境污染问题之一。

根据环保部领导讲，2017 年是国家"大气十条"第一阶段的收官之年，实施三年多来，大气环境质量得到改善。2016 年北京市 PM2.5 平均浓度为 73μg/m³，与往年比均有下降，为三年来改善最大的一年。京津冀、长三角、珠三角区域 PM2.5 平均浓度分别为 71μg/m³、46μg/m³、32μg/m³，数据较往年明显下降。全国 338 个地级及以上城市空气质量也在持续改进。与发达国家同期相比，我们的环境质量改善速度并不慢，这说明我国大气治理的方向是正确的。但由于我国经济结构更加偏重、能源结构更加依赖煤为主的化石燃料、单位面积人类活动强度和污染排放强度也更高，所以，治理大气污染的工作仍任重道远。

1.6　大气污染治理设备

1.6.1　大气污染治理设备的分类

大气污染治理设备主要包括构筑物、机械设备和电气、自控设备等。大气污染治理设备主要分为通用机械设备和专用机械设备两大类，其中大气污染治理专用机械设备有各种规格形式的除尘设备、除雾设备和有害气体治理设备，分别用于治理固态、液态和气态三种大气污染物质。大气污染治理设备的分类，如图 1-2 所示。

大气污染治理专用机械设备又分为单元治理机械设备和组合治理机械设备两大类：

（1）单元治理机械设备。单元治理机械设备分为除尘设备、除雾设备和气态净化设备。除尘设备有机械式除尘器、电除尘器、过滤式除尘器、湿式除尘器等；除雾设备有折板式除雾器、旋流板式除雾器、网式除雾器、填料除雾器、管式静电除雾器、板式静电除

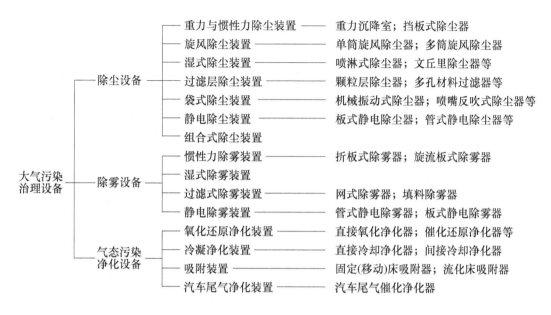

图 1-2 大气污染治理设备的分类

雾器等；气态净化设备有填料吸收塔、喷淋塔、超重力吸收塔、直接氧化净化器、催化还原净化器、直接冷却净化器、间接冷却净化器、固定床吸附器、移动床吸附器、流化床吸附器、Prism 气体分离器、平板旋卷式膜分离器、生物洗涤塔、生物池、尾气催化净化器等。

（2）组合治理机械设备。组合治理机械设备是有两种或两种以上单元治理机械设备组合在一起而构成的，用于治理某种特定的大气污染物，具有设备紧凑，功能齐全的特点。例如小型家用空气净化器、汽车尾气净化器、烟尘一体化治理装置等。

1.6.2 大气污染治理设备的特点

（1）大气污染治理设备体系庞大。由于环境污染物形态和种类的多样性，为了适应治理污染大气的各种污染物，如粉尘、飞灰、烟、雾、霾、化学烟雾等气溶胶态污染物和含硫化合物、含氮化合物、卤化物、碳氧化物、臭氧、过氧化物等气态污染物污染的需要，大气污染治理设备已形成了庞大的产品体系，拥有几千个品种和几万种型号规格。大多数产品之间结构差异很大，专用性强，标准化难度大，很难形成批量生产的规模。

（2）大气污染治理设备与治理工艺之间的配套性强。由于污染源不同，污染物的成分、状态及排放量等都存在较大差异，因此必须结合现场实际数据进行专门的工艺设计，采用最经济合理的工艺方法和选用相应的治理设备，否则难以达到预期的目的，所以大气污染治理设备与污染治理工艺之间配套一定要强。

（3）大气污染治理设备工作条件差异较大。由于不同污染源的具体情况不同，大气污染治理设备在污染源中的工作条件有较大的差异。多数的大气污染治理设备运行条件比较恶劣，长期连续地处理含硫化合物、含氮化合物、卤化物、碳氧化物、臭氧、过氧化物、粉尘和烟雾等污染物，这就要求设备应具有良好的工作稳定性和可靠的控制系统，还有些治理设备长期在高温、强腐蚀、重磨损、大载荷条件下运行，这就要求设备应具有耐高温、耐腐蚀、抗磨损和高强度等技术性能，如大型除尘设备、大型除硫脱氮装置等大型成套设备，系统庞大，结构复杂，某一个环节出问题就会影响整个系统的正常运行，所以对系统的综合技术水平要求较高。

（4）某些大气污染治理设备具有兼用性。有些大气污染治理设备与其他行业的机械设备机构类似，具有相互兼用性，既可以用来治理大气污染，又可以用于其他行业，其他行业的有关机械设备也可用于大气污染治理，这类设备称为通用设备，如矿山、石油、化工等行业中用的各种形式的除尘器、吸收塔、填料塔、除雾器、吸附净化设备、直接氧化净化器、催化还原净化器、冷凝设备、气膜分离设备、净化设备等，都可以与大气污染治理设备中的同类设备兼用。

1.7　大气污染防治的法规与标准

1.7.1　大气污染防治法

《中华人民共和国大气污染防治法》最初于1987年9月5日第六届全国人民代表大会常务委员会第20次会议通过，同日发布，并于1988年6月1日起施行。为了适应大气环境保护的需要，根据1995年8月29日第八届全国人民代表大会常务委员会第十五次会议《关于修改〈中华人民共和国大气污染防治法〉的决定》修正，2000年4月29修订通过，同日以中华人民共和国主席令（第三十二号）公布，自2000年9月1日起施行。2014年进行了第三次修订，也是首次大规模修订，修订草案于2014年12月提请第十二届全国人民代表大会第十二次会议审议。2014年的修订草案从原7章66条增加至100条。

2014年的修订草案体现出以下亮点：

（1）加强污染源头治理。为了加强污染源头治理，对重点大气污染物排放实行总量控制，并将总量控制和排污许可，由"两控区"扩至全国。

（2）建立区域大气污染联防联控机制。修订草案中设立了重点区域大气污染联合防治专章，规定了由国家建立重点区域大气污染联防联控机制，统筹协调区域内大气污染防治工作，对大气污染防治工作实施统一规划、统一标准，明确协同控制目标。

（3）促进科技成果转化，发挥科学技术在大气污染防治中的支撑作用。

现行《中华人民共和国大气污染防治法》分别对大气污染防治的总则，大气污染防治的监督管理，防治燃煤产生的大气污染，防治机动车船排放污染，防治废气、尘和恶臭污染，及其法律责任做出了具体规定。

2013年9月国务院发布《大气污染防治行动计划》，简称"大气十条"。"大气十条"是当前和今后一个时期全国大气污染防治工作的行动指南。

"大气十条"提出，经过5年努力，使全国空气质量总体改善，重污染天气较大幅度减少；京津冀、长三角、珠三角等区域空气质量明显好转。力争再用5年或更长时间，逐步消除污染天气，全国空气质量明显改善。具体指标是：到2017年，全国地级及以上城市可吸入颗粒物浓度比2012年下降10%以上，优良天数逐年提高；京津冀、长三角、珠三角等区域细颗粒物浓度分别下降25%、20%、15%左右，其中北京市细颗粒物年均浓度控制在$60\mu g/m^3$左右。

1.7.2 环境空气质量标准

环境空气质量标准是以保障人体健康和防止生态系统破坏为目标，对环境空气中各种污染物最高允许浓度的限制。它是进行环境空气质量管理、大气环境质量评价、制定大气污染物排放标准和大气污染防治规划、计算环境容量、实行总量控制的依据。

1.7.2.1 制定环境空气质量标准的原则

（1）要保证人体健康和维护生态系统不被破坏。要对污染物浓度与人体健康和生态系统之间的关系进行综合研究与试验，并进行定量的相关分析，来确定环境空气质量标准中允许的污染物浓度。目前世界上的一些主要国家在判断空气质量时，多依据世界卫生组织（World Health Organization，WHO）于1963年提出的四级标准为基本依据。

第一级：对人和动植物观察不到什么直接或间接影响的浓度和接触时间。

第二级：开始对人体感觉器官有刺激，对植物有害，对人的视距有影响的浓度和接触时间。

第三级：开始对人能引起慢性疾病，使人的生理机能发生障碍或衰退而导致寿命缩短的浓度和接触时间。

第四级：开始对污染敏感的人引起急性症状或导致死亡的浓度和接触时间。

（2）要合理协调与平衡实现标准的经济代价和所取得的环境效益之间的关系，以确定社会可以负担得起并有较大收益的环境质量标准。

（3）要遵循区域的差异性。各地区的环境功能、技术水平和经济能力有很大的差异，应制定或执行不同的浓度限制。

1.7.2.2 我国的大气环境质量标准

（1）环境空气质量标准。《环境空气质量标准》（GB 3095—2012）规定了二氧化硫（SO_2）、二氧化氮（NO_2）、一氧化碳（CO）、臭氧（O_3）、颗粒物（粒径≤10μm）、颗粒物（粒径≤25μm）、总悬浮颗粒物（TSP）、氮氧化物（NO_x）、铅（Pb）、苯并[a]芘（B[a]P）10种污染物的浓度限值和它们的监测分析方法。

该标准还根据我国各地区的地理、气候、生态、政治、经济和空气污染程度，将环境空气功能分为两类：一类区为自然保护区、风景名胜区和其他需要特殊保护的地区；二类区为居住区、商业交通居民混合区、文化区、工业区和农村地区。一类区适用一级浓度限值，二类区适用二级浓度限值。

（2）工业企业设计卫生标准。《环境空气质量标准》（GB 3095—2012）中只有10种污染物的标准，在实际工作中会碰到更多的大气污染物，在国家没有制定他们的环境质量标准前，可以参考执行《工业企业设计卫生标准》（GBZ 1—2010）。

（3）室内空气质量标准。室内空调的普遍使用、室内装潢的流行及其他原因的存在，使室内空气质量问题日趋严重。为了保护人体健康，预防和控制室内空气污染，我国于2002年11月首次发布《室内空气质量标准》（GB/T 18883—2002）。该标准对室内空气中19项与人体健康有关的物理、化学、生物和放射性参数的标准值作了规定。

1.7.2.3 大气污染物排放标准

大气污染排放标准是以实现环境空气质量标准为目标，对污染源规定所允许的排放量或排放浓度，以便直接控制污染源，防止污染。因此，我国已制定、修订了多项污染物的排放标准，如《大气污染物综合排放标准》（GB 16297—1996）规定了 33 种大气污染物的排放限值。其指标体系为最高允许排放浓度、最高允许排放速率和无组织排放监控浓度限值。任何一个排气筒必须同时达到最高允许排放浓度和最高允许排放速率两项指标，否则为超标排放。表 1-3 列出了各项污染物的浓度限值。

表 1-3　环境空气污染物的浓度限值

污染物名称	平均时间	浓度限值		单位
		一级标准	二级标准	
二氧化硫（SO_2）	年平均	20	60	$\mu g/m^3$
	24h 平均	50	150	
	1h 平均	150	500	
二氧化氮（NO_2）	年平均	40	40	
	24h 平均	80	80	
	1h 平均	200	200	
一氧化碳（CO）	24h 平均	4	4	mg/m^3
	1h 平均	10	10	
臭氧（O_3）	日最大 8h 平均	100	160	
	1h 平均	160	200	
颗粒物（粒径≤10μm）	年平均	40	70	
	24h 平均	50	150	
颗粒物（粒径≤2.5μm）	年平均	15	35	
	24h 平均	35	75	
总悬浮颗粒物（TSP）	年平均	80	200	
	24h 平均	120	300	
氮氧化物（NO_x）	年平均	50	50	$\mu g/m^3$
	24h 平均	100	100	
	1h 平均	250	250	
铅（Pb）	年平均	0.5	0.5	
	季平均	1	1	
苯并［a］芘（O_3）	年平均	0.001	0.001	
	24h 平均	0.0025	0.0025	

　　目前，仍继续执行的行业标准由《火电厂大气污染物排放标准》（GB 13223—2011）、《锅炉大气污染物排放标准》（GB 13271—2014）、《水泥工业大气污染物排放标准》（GB 4915—2013）、《炼焦化学工业大气污染物排放标准》（GB 16171—2012）、《钢铁烧结、球团工业大气污染物排放标准》（GB 28662—2012）、《煤炭工业污染物排放标准》（GB

20426—2006）、《砖瓦工业大气污染物排放标准》（GB 29620—2013）、《炼钢工业大气污染物排放标准》（GB 28664—2012）、《恶臭污染物排放放标准》（GB 14554—1993）、《保护农作物的大气污染物最高允许浓度》（GB 9137—88）及各类机动车、船舶、医疗废弃物焚烧污染物排放标准等。

1.8　国内外大气污染治理技术与设备的发展现状

1.8.1　国外大气污染治理技术与设备的发展现状

在空气污染治理设备方面，美国已研究开发出高效的旋风除尘器，以提高细小尘粒的捕集率，达到低排放、保护透平的目的，在实际生产过程中得到广泛的应用。瑞典 SF 公司生产的斜面多管旋风除尘器，处理烟气量可达 $60000m^3/h$，在燃煤锅炉上应用得到了较好的效果；丹麦生产的 $10\sim35t/h$ 抛煤机倒转链条炉排锅炉，采用多管旋风除尘器后的烟尘排放浓度可小于 $300mg/m^3$。为了减少对环境的污染，国外许多大城市都在努力实现集中供热，从而使中小型锅炉的烟气除尘效果很好的旋风防尘器的发展受到了一定的限制。由于旋风除尘器的除尘效率及对除尘粒径的局限性，目前国外大部分国家只用于初级除尘和生产中的气固两相分离。

在美国、瑞士、挪威、法国、德国、英国等国家的电业及冶炼、水泥等行业中，大型袋式除尘器得到了广泛的应用。美国采用袋式除尘器的电站总装机容量达 21047MW，最小机组为 6MW，最大机组为 860MW，大多燃烧低硫煤，最多袋数超过 20000 条。近年来美国还成功地开发出了使用袋滤器的干法烟道气脱硫技术，从而进一步扩大了袋滤器的使用范围。由此可见，它的应用已不再限于除尘，而是进入气态污染物治理领域。如德国英吞西芙（Intensive）、美国空气过滤器公司（AAF）和乔埃制造公司等生产的反吹风清灰袋式除尘器，被广泛应用到钢铁、有色冶炼、化工、水泥、铁合金行业中。宾夕法尼亚的霍尔伍德（Holwood）电站首次在它的袋滤器上安装了发声装置。此后布鲁纳埃丝里德（Brunnerlstand）电站、科罗拉多州的阿拉巴哈（Arapahoh）电站的袋滤器上也安装了发声装置，使用结果表明，处理低硫煤烟道气能使袋滤器压降降低 $50\%\sim60\%$，处理高硫煤烟道气能使袋滤器压降降低 $20\%\sim30\%$。近年来国外在不断改进袋滤器主体的同时，还十分注重研究与之配套的清灰自动化控制仪器，目前最常用的有（1）开环控制（即定时式）；（2）闭环控制（即定压差式）。显然，后者较前者先进得多，它使除尘器运行更加经济、合理。美国、瑞典等国家现已对除尘器的清灰系统采用微机进行程序控制，从而使除尘器的运行更加科学化。日本住友金属矿山公司的 DLM 箱式脉冲袋式除尘器，法国维莱尔工业气体净化公司的蜂窝状袋式除尘器均采用扁袋。美国目前扁袋除尘器占其总量的30%，欧洲对扁袋更为欣赏，使用的普及率也很高。袋式除尘器除尘效率高，运行可靠，特别是能高效地捕集粒径 $0.5\mu m$ 以下的颗粒，因而被各工业部门广泛采用，产品产量增加很快，并在结构、滤料、清灰方式和应用范围等方面都得到迅速发展。西欧、美国和日本多采用耐高温合成纤维滤料，大部分是针刺毡。近几年，美国（Gore-tex）公司推出微孔薄膜复合滤料作为新一代的滤料，受到市场青睐。在清灰技术上，美国空气过滤器公司生产的顺气流脉冲喷吹除尘器不仅可使除尘器工作和清灰同时连续进行，而且还可大大增加过滤风速，缩小除尘器体积。脱硫技术与袋式除尘技术结合，在锅炉烟气脱硫除尘方面，有了突破，开辟了袋式除尘器新的应用领域。英国 AM -LEGG 公司的 PHR 型低压头、大风量脉冲清灰全玻纤针刺毡袋滤器与国内反吹风袋滤器性能比较，见表1-4。

表1-4　PHR 型与反吹风袋滤器性能

项　　目	反吹风袋滤器	PHR 型袋滤器
袋滤器出口含炭黑/mg·m^{-3}	50~60	29.3
过滤效率/%	98.8	99.4
占地面积/m^2	200~300	25
布置方式	建筑物内	露天
功率/kW	>10	<5

湿式除尘器是一种高效除尘装置，主要用于采矿及水泥行业，利用液体的液滴、液膜或液帘去除烟气中的尘粒，它具有结构简单，操作简便、造价低，净化效率高、可净化有害气体，不产生粉尘扬散，管道易腐蚀和堵塞等特点。最近20多年来，国外十分重视新型湿式除尘器的研究，已在降低能耗，提高湿式除尘器性能方面做了大量工作，研制出一些新产品，例如美国的湿润床湿式除尘器，旋转床湿式除尘器，湿刷式除尘器等。其中多数是集数种除尘器机理于一体的除尘设备，旨在强化湿式除尘器的性能。近几年，又把静电除尘技术移植到湿式除尘器上，发展了一种湿式静电除尘器，使粉尘捕集率大大提高，与文丘里高能洗涤器相比毫不逊色，而且能耗不高，还可捕集高比电阻粉尘，除尘效率比干式除尘器高。

电除尘器以其动力消耗少，除尘效率不因设备的长期运行而降低等特点，被广泛地运用在冶金、水泥、化工、造纸、工业锅炉等行业。日本在处理燃烧烟尘污染中，主要采用电除尘器，目前常用的电除尘器有低温静电除尘器、高温静电除尘器和湿式静电除尘器等。除外，日本还研究开发出半湿式静电除尘器、前置荷电式静电除尘器、三电板型静电除尘器、二级静电除尘器和带静电的陶瓷球除去细尘等。美国的蒸气除尘器、三电极电除尘器、带屏蔽网电除尘器和日本的超高压宽间距电除尘器等，都对提高微粒的控制、捕集高比电阻的粉尘有极佳的效果。美国的电晕电极采用的是在上部框架上自由吊袋的圆线，下部用重锤绷紧。欧洲多用刚性框架型，在框架上固定各种不同形状的电极，这种结构形式的机械强度、放电强度、可靠性比美国的要好。收尘极板无论欧洲还是美国都过渡到采用冷轧成型钢板。在振打方式上美国主张采用低强度连续振打，而欧洲则采用旋转轴或脱钩锤击振打。从工作的可靠性和实用性来看，欧洲的电除尘器处于领先地位。在电除尘器领域，欧洲有代表性的公司是原联邦德国的鲁奇公司和瑞士的 ELEx 公司。为适应市场需要，美国进一步改进电除尘器结构，开发了新技术，例如，美国 RC 公司的高可靠性电吸尘器的本体部分，采用了高可靠沉淀和刚性电晕板。沉淀板（阳极板）采用宽板面一体结构，以提高其刚度和稳定性，电晕线采用了独特的大截面尺寸，实现了高强度和刚度，同时有良好的供电特性。此外，本体部分还采用了顶部电磁振打机构，使之完全置于烟气之外；电场内可以维修，能处理腐蚀性烟气，可在不超过450℃烟气条件下正常运行。加上微机控制电源的使用，使整机性能和除尘效率进一步提高。今后电除尘器主要发展方向是采用脉冲充电、电子束射线电离、高强度电离等手段增高粉尘粒子荷电，以提高除尘效率，改进电除尘器结构形式，提高高比电阻粉尘捕集率，实现除尘、脱硫脱氮一体化。

汽车尾气控制技术方面，发达国家和许多发展中国家普遍采用机外净化装置，这种方法是通过催化转换器将有害气体转化为无害物质的有效方法，能有效地将汽车尾气中一氧化碳、碳氢化合物和氮氧化物转化为水、二氧化碳和氮气，所用的贵金属三效催化剂（TWC）具有机械强度高、比表面积大、阻力小、贵金属含量低、活性高等优点，能在高速下、300~700℃范围内行车5万千米而不明显失活，对三种污染物的转化率均在80%以上。使用这种催化剂必须在一定空燃比（14.6±0.3）的条件下操作，为此，美国、日本等发达国家普遍装备了排气管中有氧探头的燃料喷射电子控制系统，控制空燃比。

1.8.2　国内大气污染治理技术与设备的发展现状

我国是煤炭产销大国，煤炭在全国一次能源生产和消费中占70%以上，每年向大气中排放大量的烟尘和SO_2，严重地污染了空气，并导致巨额的经济损失。为降低污染、改善空气质量，2013年9月，国务院发布《大气污染防治行动计划》力求促进空气质量改善，这是当前和今后一个时期全国大气污染防治工作的行动指南。为了实现到2017年全国地级以上城市可吸入颗粒物浓度比2012年下降10%以上，优良天数逐年提高，京津冀、长三角、珠三角等区域细颗粒物浓度分别下降25%、20%、15%左右，其中北京市细颗粒物年均浓度控制在60μg/m³左右的目标。加大空气污染治理力度，减少污染物排放。全面整治燃煤小锅炉，加快淘汰落后产能，综合整治城市扬尘和餐饮油烟污染，淘汰黄标车和旧车辆，推广新能源汽车等。《大气污染防治行动计划》的实施，对产业结构有明显的作用，如火电、钢铁、水泥、化工等重点工业行业比重显著下降，涉及治理大气污染的新技术及装备有很大发展。在颗粒物治理方面，发展了静电除尘、袋式除尘和电-袋复合除尘等除尘技术，其中现有近75%的火电机组安装了静电除尘器，湿式静电除尘（WESP）、移动极板电除尘、低低温电除尘、高效凝并、烟气调质、高效供电电源等多种高效除尘技术也得到了完善开发和应用；通过在湿法脱硫塔后采用新型湿式静电除尘技术，形成脱硫塔前除尘、脱硫塔内除尘及脱硫塔后除尘的多级PM2.5控制系统，PM2.5总捕集效率可达99%以上，烟尘排放浓度小于5mg/m³（标准状态）；某2×1000MW机组采用湿式静电除尘技术实现了粉尘排放浓度2mg/m³水平。电-袋复合除尘技术已在1000MW规模燃煤机组获得应用，出口粉尘浓度小于20mg/m³，压力损失低于1000Pa。袋式除尘器在水泥行业使用比例已达80%以上，在钢铁、有色金属行业使用比例已达95%左右。

在二氧化硫治理方面也有新的突破，开发了一系列脱硫增效关键技术，并在50~1000MW燃煤机组上获得应用，脱硫效率突破了99%，SO_2排放浓度低于20mg/m³。在烟气循环流化床脱硫技术方面，研究开发了多级增湿强化污染物脱除新技术及多污染物协同净化技术，并在燃煤电厂、工业锅炉、钢铁烧结机、污泥焚烧等行业实现了规模化、产业化应用，该技术并出口国外；某6×100MW燃煤机组循环流化床半干法烟气脱硫装置改造后，脱硫系统出口SO_2排放浓度小于200mg/m³（标准状态）；某800t/d玻璃熔窑采用半干法脱硫工艺，出口二氧化硫从1000mg/m³（标准状态）降到50mg/m³（标准状态）以下。

在氮氧化物治理技术方面，发展了低NO_x燃烧技术、选择性非催化还原法（SNCR）烟气脱硝技术、选择性催化还原法（SCR）烟气脱硝技术和SNCR—SCR耦合脱硝技术等。挥发性有机物治理技术得到了快速发展，冷凝技术常作为预处理技术与其他技术联用，如冷凝与变压吸附联用技术已应用于 $500m^3$ 石油储运行业油气回收，使系统出口尾气指标满足排放标准要求。还发展了蓄热式热力焚烧技术，可提高系统热效率，降低系统的运行成本，主要用于高浓度有机废气的净化等。

我国大气污染防治设备主要以防治煤烟型污染设备为主。目前，燃煤电站锅炉烟气脱硫技术及装备发展水平与国外技术与装备发展水平相比差距较大。通过自行开发和对国外技术的消化移植而国产化，其总体水平有较大幅度的提高，电除尘设备、袋式除尘器产品的门类基本齐全，产品及其性能基本能满足国内环境污染治理的需要，电除尘和袋式除尘技术已位居世界先进水平行列。袋式除尘器产品有五个小类 180 多个品种，制定了有关袋式除尘器的国家标准 20 多个，在技术原理、结构形式、清灰技术、控制系统以及滤料和滤袋等方面均取得了可喜的进步，多数品种已达到国外 20 世纪 80 年代水平。旋风除尘器大多数用于燃煤工业锅炉除尘系统，其中，以多管旋风除尘器的除尘效率最高，除尘效率稳定达到85%以上，烟气出口浓度达到200mg/L以下。

我国研制出 DMBFC 系列袋滤器，其性能参数见表1-5，全部采用国产原料。全玻纤针刺毡也用国产材料制成，但其部分性能低于进口产品。

表 1-5　我国 DMBFC 袋滤器技术参数

名　称	单　位	范　围
袋滤器运行方式	—	连续、间歇
含尘气体性质	—	还原性、氧化性
含尘气体温度	℃	常温~260（280）
袋滤器规格	mm×mm	$\phi 200 \times 3200$
滤袋材质	—	玻璃纤维
滤袋使用寿命	月	12 以上
袋滤器过滤负荷	$m^3/(m^2 \cdot min)$	0.3~0.9
袋滤器清洗压力	MPa	~0.4
每次脉冲喷吹耗压缩空气量	$m^3/$次	0.08~0.1
袋滤器操作压力	Pa	约 5880
袋滤器过滤压差	Pa	490~1960
袋滤器漏风率	%	<3
袋滤器出口含尘量	mg/m^3	<50
袋滤器过滤效率	%	99.4

国内生产的湿式除尘器主要有冲击式除尘器、旋风式水膜除尘器、泡沫除尘器、湿式静电除尘器、文丘里洗涤器以及以石料如麻石、花岗岩等为原料的各种石料除尘器，另外还有少量的填料式除尘器和填充式除尘器。这些产品由于存在着水的二次污染，所以只在必须采用或有条件的情况下才予以选用。

我国静电除尘器大致可分为立管式和板式静电除尘器两类。通过引进技术和消化吸收，我国产品的水平和国际先进水平的距离已大大缩短，如：配套于 300MW 和 600MW

燃煤锅炉的 SF、F 型系列静电除尘器；用于水泥工业的干预热窑层、熟料冷却机、水泥磨机和煤磨的 BS780 系列静电除尘器；专用于大型火电厂燃煤锅炉的 KFH 静电除尘器；适用于冶金、电子、化工、铸造、水泥、电子等行业的 GD、GTD 型电除尘器；用于大型烧结机主排风系统的 ESCS 型超高压宽极距电除尘器以及 GP 系列电除尘器等。有毒有害气体净化设备主要有气体净化塔、气体吸附净化装置、有机废气直接燃烧净化或催化燃烧装置等 40 余种产品。其中有的催化燃烧净化装置产品还配备微机控制系统。

1.9 本 章 小 结

本章介绍了大气的组成及结构、大气的重要性、大气污染的概念、特点和分类，大气污染物和污染源，大气污染的危害及治理措施；叙述了我国大气污染特点和污染现状、大气污染治理设备的分类、特点及国内外大气污染治理技术与设备的发展现状；介绍了大气污染防治法、制定环境空气质量标准的原则、我国的大气环境质量标准和大气污染物排放标准等内容。

思 考 题

1-1 说明大气的组成、结构及大气的重要性。大气污染的概念、特点。

1-2 按照污染所涉及的范围，大气污染大致可分为哪四类？

1-3 按能源性质和污染物的种类，大气污染可分为哪四类？

1-4 按其存在状态，大气污染可分为哪两类；按形成过程，大气污染可分为哪两种？

1-5 气溶胶态污染物包括哪几种，气态污染物包括哪几种？

1-6 大气污染物来源于_____和_____两方面。详细说明人为污染源的几个方面。

1-7 详细说明大气污染 6 方面的危害？

1-8 说明大气污染综合治理的含义。详述大气污染物综合治理 7 个方面的措施。

1-9 简述我国大气污染的特点和污染现状。

1-10 说明大气污染治理设备分类、特点及国内外大气污染治理技术与设备发展现状。

1-11 说明制定环境空气质量标准的原则。环境空气质量标准规定了哪 10 种污染物的浓度限值和它们的监测分析方法？

1-12 环境空气功能分为哪两类？

2 燃烧与大气污染

【学习指南】

本章主要了解燃料分类及组成，固体燃料煤的种类、性质及化学组成，液体燃料的种类及组成，气体燃料的种类及人造煤气的种类。重点掌握固体、液体和气体燃料燃烧的过程，燃料燃烧基本条件，燃料燃烧所需理论空气量和实际空气量的计算，发热量、空燃比和过剩空气系数的计算，固体、液体和气体燃料燃烧过程所排烟气量的计算，燃料燃烧污染物排放量的衡算方法，燃烧过程中硫氧化物、氮氧化物、颗粒污染物等主要污染物的形成与控制等内容。

燃料的燃烧及其利用在人类生产活动与生活活动中有着极为重要的作用，但是，燃料在燃烧过程中向空中排放大量的有害物质，如 SO_2、CO_2、NO_x、烟尘和一些碳氢化合物等，这些有害物质已成为主要的大气污染物。

2.1 燃　料

2.1.1 燃料的分类

燃料是指能在空气中燃烧，其燃烧热可经济利用的物质。用于工业生产和日常生活的燃料种类很多，按燃料来源分为天然燃料和加工燃料；按使用多少分为常规燃料和非常规燃料；按其物理状态分为固体燃料、液体燃料和气体燃料三种。燃料的分类见表2-1。

表 2-1　燃料的分类

燃料类型	天然燃料（一次能源）	人工燃料（二次能源）
固体燃料	煤、油页岩、生物质燃料	木炭、焦炭、煤粉等
液体燃料	石油	汽油、煤油、柴油、重油、焦油、合成液体燃料等
气体燃料	天然气	石油气、高炉煤气、焦炉煤气、发生炉煤气等

2.1.2 燃料的组成

2.1.2.1 固体燃料

固体燃料一般没有液体和气体燃料燃烧容易，且容易发生不完全燃烧，产生的污染物量大。

A　煤的种类

固体燃料以煤为代表，煤是一种不均匀的有机燃料，主要是由于植物的部分分解和变质而形成的。煤中除了所含的水分和矿物杂质成分外，其可燃成分主要是碳和氢，并含有少量的氧、氮、硫。煤就是由很多个不同结构的微小的 C、H、O、N、S 的有机聚合物粒子和矿物杂质、水分等混合而结合成整体的混合物。按国家标准，煤分为三类：褐煤、烟煤和无烟煤。各类煤的性质见表 2-2。

表 2-2　煤的种类和性质

煤的种类	主　要　性　质
褐煤	形成年代最短，呈黑色、褐色或泥土色，结构类似木材，挥发分较高且析出温度较低。干燥后无灰的褐煤中碳的含量为 60%~75%，氧含量为 20%~25%。褐煤的水分和灰分含量都较高，燃烧热值较低，化学反应强，极易氧化自燃，常作为加压气化燃料、锅炉燃料，不能用于制焦炭，易于破裂
烟煤	形成历史较褐煤长，呈黑色，外形有可见条纹，挥发分含量为 20%~45%，碳含量为 75%~90%。烟煤的成焦性较强，且含氧量低，灰分及水分含量较少，发热量高，又可划分为贫煤、焦煤、气煤。烟煤的挥发分含量低，燃点较高，燃烧时没有黏结性，适宜工业上的一般应用
无烟煤	煤化时间最长，具有明亮的黑色光泽，机械强度高。碳含量一般高于 93%，无机物含量低于 10%，燃点较高，储存时稳定，不易自燃，成焦性极差，发热量大，挥发分含量低，含硫量低，燃烧后污染轻，多用于民用燃料，也可作为制气燃料

B　煤的化学组成

煤的化学组成极其复杂，其主要组成是有机化合物，其分子结构的核心部分是沥青或树脂类的高分子化合物。根据煤的元素分析结果可知，煤的主要可燃质是碳元素，其次是氢以及氧、氯、硫与碳和氢构成的少量可燃性化合物。此外煤中还含有一些非可燃性矿物质，如灰分和水分等。煤的化学组成通常用 C、H、O、N、S 等元素及灰分和水分的质量分数来表示。

燃料的组成测定常用两种表示方法，即元素分析法和工业分析法。

（1）煤的元素分析。煤的元素分析是用化学方法测定去掉外部水分的煤中主要组分碳、氢、氮、硫和氧等的含量。

1）碳（C）。碳是煤组成中主要的可燃元素，碳化程度越高，含碳量越大，燃烧时放出的热量也就越多。常见的几种煤含碳量，如表 2-3 所示。

表 2-3　常见的几种煤含碳量

煤的种类	含碳量/%	煤的种类	含碳量/%
泥煤	约 70	黏结性煤	83~85
褐煤	70~78	强黏结性煤	85~90
非黏结性煤	78~80	无烟煤	>90
弱黏结性煤	80~83		

2）氢（H）。氢也是煤的主要可燃元素，含量远小于碳，发热量为碳的 3.5 倍。氢在煤中存在的形式有两种：一种是碳、硫和氢结合在一起，可以燃烧和放热称为可燃氢（有效氢）；另一种是氢和氧组合起来，不可燃烧称为化合氢。煤中碳、氢含量存在一定

的关联，当煤中碳含量达到 85% 时，有效氢的含量最大，其他情况下的含氢量均小于此值。

3）氧（O）。氧是煤中一种有害物质，它常和碳、氢等可燃元素构成非可燃性的氧化物。煤中的含氧量一般不采用直接测定法测定，而是应用其他易测成分的测定值，用下式间接算出：

$$w(O) = 1 - \left[w(C) + w(H) + w(S) + w(N) + w(A)\right] \frac{1}{1 - w(W)}$$

4）氮（N）。氮在煤中是以无机或有机含氮化合物形式存在的。无机含氮化合物在燃烧过程中，一般不参加反应，煤中少量有机氮化物（吡啶、咔唑、氨基化合物）参加燃烧反应，参与反应的有机含氮化合物在高温下分解形成污染大气的氮氧化合物 NO_x。

5）硫（S）。硫在煤中的形态可分为有机硫和无机硫两大类。有机硫（$C_xH_yS_z$）以各种官能团形式存在，如噻吩、芳香基硫化物、硫醇等。无机硫包括黄铁矿硫（FeS_2）、硫酸盐硫（$MeSO_4$）和元素硫（S），其中硫化铁硫（FeS_2）是主要的含硫成分（主要代表是黄铁矿硫），而无机硫中的硫酸盐硫在燃烧时不参加燃烧，留在灰渣里，是灰分的部分，其他的能燃烧放出热量。

煤中的可燃硫是极为有害的，随着煤的燃烧，可生成 SO_2 及 SO_3 等有害气体污染大气。

（2）煤的工业分析。煤的工业分析主要测定煤中水分、灰分、挥发分、固定碳及估测硫含量和热值，这是评价工业用煤的主要指标。

1）灰分（A）。灰分是煤的一种有害成分，主要包括矿物杂质（碳酸盐、黏土矿物质和微量稀土元素等）在燃烧过程中经过高温分解和氧化作用后生成一些固体残留物。灰分可以降低煤的发热量，影响高炉冶炼的技术经济指标。在工业生产过程中，应注意灰分的成分和熔点。熔点太低时，灰分容易结渣，有碍于空气流通和气流均匀分布，使燃烧过程遭到破坏。

2）水分（W）。水分也是燃料中的有害成分，在燃烧过程中降低燃料的可燃值，而且消耗热量使其蒸发和将蒸发的水蒸气加热。煤中的水分有外部水分和内部水分两种形式。煤中的外部水分附着于煤表面，可自然干燥、风干除掉，内部水分是吸附或凝聚在煤粒内的毛细孔中的水，内部水只有在高温分解时才能去掉。

3）挥发分。煤的挥发分指的是煤在一定温度下隔绝空气加热，逸出物质（气体或液体）中减掉水分后的含量。剩下的残渣称为焦渣。因为挥发分不是煤中固有的，而是在特定温度下热解的产物，所以，确切的说应称为挥发分产率。挥发分主要有氢气、碳氢化合物、一氧化碳及少量硫化氢等组成。在相同的热值下，煤中挥发分越高，越容易燃着，越容易完全燃烧，但挥发分含量过高，容易造成煤的不充分燃烧，释放出大量积炭粒子和烟气，造成环境污染。挥发分是煤分类的重要指标。煤的挥发分反映了煤的变质程度，挥发分由大到小，煤的变质程度由小到大。如泥炭的挥发分高达 70%，褐煤一般为 40%～60%，烟煤一般为 10%～50%，高变质的无烟煤则小于 10%。煤的挥发分与煤岩组成有关，角质类的挥发分最高，镜煤、亮煤次之，丝碳最低。所以我国和世界各国都以煤的挥发分作为煤分类最重要的指标。

4）固定碳。从煤中扣除水分、灰分及挥发分后剩下的部分就是固定碳，是煤中的主要可燃物质。

2.1.2.2　液体燃料

液体燃料分为天然液体燃料和人工液体燃料两类，前者是指石油（原油），后者是指石油加工后的产品、合成的液体燃料以及煤经过高压加氢所获得的液体燃料等。液体燃料属于比较清洁的燃料，发热值高且稳定，燃烧产生的污染物较少。

液体燃料主要是石油类。原油是天然存在的，由链烷烃、环烷烃和芳香烃等碳氢化合物组成的混合液体，这些化合物主要含碳和氢，也有少量的氧、氮、硫等元素，还含有微量金属，如镍、钒等，也可能受氯、砷和铅的污染。原油经蒸馏、裂解、改质、加氢、溶剂处理等过程组合制成石油制品燃料，如液化石油气、汽油、煤油、柴油、重油，工业用量最多的是重油。

根据原油中所含碳氢化合物种类比例的多少，可将原油分为石蜡基原油、烯烃原油、中间基原油和芳香基原油等。

（1）石蜡基原油。石蜡基原油含烷烃（C_nH_{2n+2}）较多，其所含烷烃是链状结构的饱和碳氢化合物，高沸点馏分中含有大量的石蜡。从这种原油中可以得到黏度指数较高的润滑油和燃料性能良好的煤油。

（2）烯烃原油。这种原油中含烯烃较多，其化学稳定性和热稳定性比较差。经过炼制加工可得辛烷值较高的汽油和优质沥青。它的优点是含蜡少，便于炼制柴油和润滑油。这种原油中提炼出的汽油量较少，炼制出的煤油燃烧时黑烟较重。

（3）中间基原油。在中间基原油中，烷烃和烯烃的含量大体相等，经过炼制后可得到大量直馏汽油和优质煤油，直馏汽油的辛烷值不高。

（4）芳香基原油。芳香基原油含芳香烃化合物较高，在自然界中储藏量很少。由这种原油炼制的汽油具有较强的溶剂性，而由此炼制的煤油燃烧时容易冒黑烟。原油中均含有多种极其宝贵的化工原料，虽然可直接作为燃料燃烧，但很不经济，因此通常将原油进行热加工处理，炼制各种不同用途的燃料和化工原料后，再加以利用。原油通过裂化、重整和蒸馏过程生产出各种产品，按照馏分沸点的高低，可分为汽油、煤油、柴油、重油等。

1）汽油。汽油分为航空汽油和车用汽油，航空汽油的沸点为 40~150℃，相对密度为 0.71~0.74。车用汽油的沸点为 50~200℃，相对密度为 0.73~0.76。汽油除用作航空发动机和内燃机的燃料外，近年来还用作化工原料。

2）煤油。煤油馏分沸点为 150~280℃，相对密度为 0.78~0.82。煤油分为白煤油和茶色煤油，白煤油可用作民用燃料和小型石油发动机的燃料，茶色煤油多用作动力柴油机的燃料。

3）柴油。柴油馏分的沸点为 200~350℃，相对密度为 0.80~0.85。柴油主要用作柴油客车、柴油载重机以及高速柴油车的燃料。用于柴油机的柴油燃料要具有着火性能好、引燃点高、黏度适当、尽可能少或不含灰分和水分等特性。

4）重油。重油是原油加工后各种残渣油的总称。根据原油的加工方法的不同，重油可分为直馏重油和裂化重油。重油的性能参数主要有相对密度、黏度、着火点、灰分及夹杂物、水分和含硫量等。相对密度大的重油发热值低，燃烧性能不好；含低沸点碳氢化合物越多，黏度就越低，黏度低的重油有利于燃烧，但单位体积的发热量减小；重油的灰分及夹杂物含量较少；重油中的硫含量为 0.5%~5%，但对环境危害甚大；重油中水分含量过大时，应设法去掉，保证重油的发热量和燃烧温度等。

2.1.2.3　气体燃料

工业生产过程中所用的气体燃料主要是天然气和人造煤气等。

A　天然气

天然气是典型的气体燃料，它是一种由碳氢化合物、硫化氢、二氧化碳和氮等组成的混合气体。它是在具有油气地质构造的地层里，经钻机钻井而采掘出的。主要成分为甲烷约 85%、乙烷约 10% 和丙烷约 3%，还有少量的 CO_2、N_2、O_2、H_2S、和 CO 等。天然气是工业、交通、民用燃料和化工燃料。

天然气分湿性天然气和干性天然气，湿性天然气是在油田附近开采的天然气。干性天然气产于天然气田，其中不含有石油气。天然气的主要成分如表 2-4 所示。

表 2-4　天然气的主要成分

名　称	含量/%	名　称	含量/%
CO_2、SO_2	0.5~1.5	CH_4	85~95
O_2	0.2~0.3	C_nH_m	3.5~7.3
CO	0.1~0.3	N_2	1.5~5.0
H_2	0.4~0.8	H_2S	0~0.9

B　人造煤气

人造气体燃料是指工业生产过程中的副产物，不可燃组分较多，可达 60% 左右，此外还有水蒸气、煤粒和灰粒等杂质。人造气体燃料有高炉煤气、炼焦炉煤气、水煤气、发生炉煤气、液化煤气、地下气化煤气以及其他煤炭气化的煤气。

（1）高炉煤气。高炉煤气是高炉炼铁过程中所得到的一种副产品，其主要可燃成分是 CO。高炉煤气的化学组成情况及其热工特性与高炉燃料的种类、所炼生铁的品种以及高炉炼铁的工艺特点等因素有关。通常情况下，高炉煤气中 N_2 和 CO_2 含量高（63%~70%），发热量为 3762~4180kJ/m³，理论燃烧温度为 1400~1500℃，含有大量粉尘，为 60~80g/m³。由于高炉煤气中有大量的 CO，在使用过程中应注意防止煤气中毒事故。

（2）焦炉煤气。焦炉煤气是炼焦生产过程的副产品，主要可燃成分是 H_2、CH_4、CO，惰性气体主要是 N_2 和 CO_2，因此焦炉煤气的发热量很高，为 15890~17140kJ/m³。其主要组分如表 2-5 所示。

表 2-5　焦炉煤气组分

组　分	含量/%	组　分	含量/%
H_2	55~60	CH_4	24~28
C_mH_n	2~4	CO	6~8
CO_2	2~4	N_2	4~7

（3）液化煤气。液化煤气是炼油厂在石油炼制过程中的副产品，以及在开采石油和

天然气时获得的气体燃料，主要是丙、丁烷（烯）的混合物，发热量极大，气态时热值为 87900~108900kJ/m³，液态时为 45200~46100kJ/kg。

（4）地下气化煤气。地下气化煤气是对技术上不宜开采的薄煤层或混杂大量硫和矿物杂质的煤层利用地下气化的方法获得的可燃气体。它的组分变化很大，属于低热值煤气，发热量为 3350~4190kJ/m³。

（5）沼气。各种有机物质，如蛋白质、纤维素、脂肪、淀粉等，在隔绝空气的条件下发酵，并在微生物作用下产生的可燃气体叫作沼气。发酵的原料可以是粪便、垃圾、杂草、落叶等各种有机物质，沼气的组分中 CH_4 含量约为 60%，CO_2 约为 35%，此外还有少量的 H_2、CO 等气体，发热量约为 21700kJ/m³。

2.2 燃料的燃烧

2.2.1 燃烧过程

燃烧是指可燃混合物的快速氧化过程，并伴随着能量的释放，同时使燃料的组成元素转化为相应的氧化物。根据燃烧的程度，可将其分为完全燃烧和不完全燃烧。完全燃烧是指燃料中可燃物质全部和氧气充分燃烧，最终生成 SO_2、CO_2、H_2O 等物质；不完全燃烧是指燃料中部分可燃物质未能和氧气充分燃烧，不完全燃烧过程中将产生黑烟、CO、CH_4 等，若燃料中含 S、N 会生成气体污染物 SO_2、NO_x。

2.2.1.1 固体燃料煤的燃烧

煤可通过各种方式进行燃烧，但其燃烧过程是相同的。煤的燃烧需要经历干燥、挥发组分析出及着火燃烧和焦炭着火燃烧等过程。当煤在受热时，其内部和表面的水分蒸发出来。温度继续升高时，煤中所含有的易分解的碳氢化合物和部分不能燃烧的化合物析出，剩余部分为焦炭，由固定碳和一些矿物杂质组成。当温度足够高又有空气存在时，挥发组分先于焦炭燃烧。

2.2.1.2 液体燃料的燃烧

液体燃料燃烧时，一般不发生液相反应，它往往是先蒸发成为燃料蒸气，然后和气态氧化剂混合。液体燃料的燃烧属于扩散燃烧，很大程度上与液体燃料的蒸发表面积有关，如果将油滴破碎成细小油滴，可大大增加其蒸发表面积，提高燃烧效率。将液体燃料粉碎成细滴，并在空气中弥散成燃料雾化炬的过程称为雾化。

2.2.1.3 气体燃料的燃烧

气体燃料的燃烧过程，由于燃料与氧化剂（空气或氧气）同为气相，所以这是一种均相燃烧。首先是空气和燃料气体混合，根据混合方式的不同，可分为预混合燃烧、扩散燃烧和部分预混合燃烧，然后是氧和可燃分子在气相扩散并反应。气体燃料燃烧迅速，反应也比较完全，过程受混合和扩散控制。如果燃烧过程受扩散控制，则称为扩散燃烧；如果受化学动力学控制，则称为动力燃烧。

2.2.2 燃烧的基本条件

燃料完全燃烧的基本条件有：空气、温度、时间、燃料-空气混合等四方面的条件。

2.2.2.1　空气条件

燃料燃烧时，必须按燃烧不同阶段供给适当的空气量。如果空气量过小，燃烧不完全，空气量过大，会导致炉温下降，排烟增加。氧气过多过少，都将影响燃烧产物的种类。

2.2.2.2　温度条件

燃料只有达到着火温度，才能与氧化合而燃烧。着火温度指的是在氧存在下可燃物质开始燃烧所必须达到的最低温度，不同燃料的着火温度各不相同。在燃烧过程中必须保持足够高的温度，如果温度较低，则燃烧速率较缓慢，最终导致灭火。另外，在燃烧过程中，不同的温度下生成的燃烧产物也各异。因此，温度不仅对燃烧速度起着重要作用，同时也影响着燃烧过程中生成的燃烧产物的成分和数量。常见燃料的着火温度见表2-6。

表 2-6　常见燃料的着火温度

燃料名称	着火温度/ K	燃料名称	着火温度/ K
木炭	593~643	发生炉煤气	973~1073
无烟煤	713~773	氢气	853~873
重油	803~853	甲烷	923~1023

2.2.2.3　时间条件

燃料在燃烧室中停留的时间是影响燃烧完全程度的另一基本因素，燃料在高温区的停留时间应超过燃料燃烧所需时间。因此，在所要求的燃烧反应速度下，停留时间将决定于燃烧室的大小和形状。温度越高，反应速度越快，燃烧所需要的时间较短。

2.2.2.4　燃料与空气的混合条件

燃料只有在与空气中氧的充分混合的情况下才能完全燃烧，且混合越快，燃烧越快。若混合不均匀，将导致烟黑、一氧化碳等污染物的形成。为此，对参与燃烧过程的空气加以搅动，使气流为湍流运动，有助于固体、液体和气体燃料的充分燃烧。

适当控制空气与燃料之比、温度、时间和湍流这四个因素，是在大气污染物排放量最低条件下实现有效燃烧所必需的，评价燃烧过程和燃烧设备时，必须认真考虑这些因素。通常把时间（Time）、温度（Temperature）和湍流（Turbulence）称为燃烧过程的"三 T"。当温度、时间、湍流都处于理想状态，即完全燃烧。

2.2.3　燃料燃烧的计算

2.2.3.1　理论空气量的计算

根据燃料燃烧过程中的物质平衡，可计算出燃料燃烧所需要的空气（氧气）量和燃烧产物的生成量，以及与此有关的燃烧产物的成分和密度等，根据这些参数可以进行燃烧装置的设计和燃烧过程的控制。

理论空气量是指单位燃料（气体燃料一般以 $1m^3$ 为基准，固体和液体燃料一般以 $1kg$ 为基准）按燃烧反应方程式计算完全燃烧所需要的空气量称为理论空气量。燃料燃烧所需的氧气一般来自于空气。在建立燃烧化学方程式时，通常假定：（1）空气仅是由氮和氧组成，其两者体积比为 $79/21 = 3.762$；（2）燃料中的固态氧可用于燃烧；（3）燃料中

的硫主要被氧化为 SO_2；（4）热力型 NO_x 的生成量较小，燃料中含氮量也较低，在计算理论空气量时可以忽略；（5）空气和氧气均可看作理想气体。除特别指明温度、压力外，一般按标准状态（$T = 273K$，$p = 1.013 \times 10^5 Pa$）处理，因此 1kmol 气体的体积为 $22.4m^3$。

燃料的化学式为 $C_x H_y S_z O_w$，其中下标 x、y、z、w 分别代表 C、H、S、O 的原子数。完全燃烧的化学反应方程式为：

$$C_x H_y S_z O_w + \left(x + \frac{y}{4} + z - \frac{w}{2}\right)O_2 + 3.76 \times \left(x + \frac{y}{4} + z - \frac{w}{2}\right)N_2$$

$$=== x\,CO_2 + \frac{y}{2}H_2O + z\,SO_2 + 3.76 \times \left(x + \frac{y}{4} + z - \frac{w}{2}\right)N_2 + Q \tag{2-1}$$

式中，Q 代表燃烧热。按照上式，可得出理论空气量的计算式。

对气体燃料燃烧所需的理论空气量 V_a^0，按化学组分（共 n 种）计算：

$$V_a^0 = 4.762 \sum_{i=1}^{n} \varphi_i \left(x + \frac{y}{4} + z - \frac{w}{2}\right) \tag{2-2}$$

式中　V_a^0 ——气体燃料燃烧的理论空气量，$m^3/(m^3\,\text{干燃气})$；

　　φ_i —— i 成分的体积分数。

对固体和液体燃料，按元素组成计算：

$$V_a^0 = 8.881 w_{C,y} + 3.329 w_{S,y} + 26.457 w_{H,y} - 3.333 w_{O,y} \tag{2-3}$$

式中，V_a^0 为固体或液体燃料燃烧的理论空气量，$m^3/(kg\,\text{燃气})$；$w_{C,y}$、$w_{S,y}$、$w_{H,y}$、$w_{O,y}$ 分别为燃料中碳、硫、氢、氧的质量分数。

2.2.3.2　实际空气量的计算

为了保证燃料完全燃烧，实际供给的空气量必须大于理论空气量，实际供给的空气量 V_a 与理论空气量 V_a^0 之比，称为空气过剩系数 α，即

$$\alpha = \frac{V_a}{V_a^0} \tag{2-4}$$

在工业设备中，过剩系数 α 通常控制在 $1.05 \sim 1.2$；在民用燃具中，过剩系数 α 通常控制在 $1.3 \sim 1.8$。α 值的大小决定于燃料的种类、燃烧方法、燃烧设备的构造、燃料与助燃空气的接触以及混合难易程度等因素，α 过小或过大都将导致不良后果。前者使燃料的化学热不能充分发挥，后者使烟气体积增大，炉腔温度降低，增加排烟热损失，其结果都将使热设备的热效率下降。因此，先进的燃烧设备应在保证完全燃烧的情况下，尽量使 α 值趋近于 1。炉子的空气过剩系数见表 2-7。

表 2-7　炉子的空气过剩系数 α 值

燃烧方式	烟煤	无烟煤	重油	煤气
手烧煤	$1.3 \sim 1.5$	$1.3 \sim 2.0$	—	—
链条炉	$1.3 \sim 1.4$	$1.3 \sim 1.5$	—	—
燃炉	1.2	1.25	$1.15 \sim 1.2$	$1.05 \sim 1.1$

由式（2-4）可计算出燃烧所需的实际空气量 V_a 为：

$$V_a = \alpha V_a^0 \tag{2-5}$$

式中，α 为炉膛出口处的空气过剩系数，它的最佳值与燃料种类、燃烧方式及燃烧设备结构的完善程度有关。空气过剩系数 α 是燃料在锅炉中燃烧及锅炉运行中非常重要的指标之一，它对大气污染影响较大，空气过剩系数 α 太大，将使烟气量增加，热损耗也增加；空气过剩系数 α 太小，则不能保证燃烧完全，就会增加黑烟和一氧化碳的排放量。一般 α 取为 $1.03 \sim 1.05$。

2.2.3.3 发热量

燃烧过程是放热反应，释放的能量（光和热）产生于化学键的重新排列。单位燃料完全燃烧时发生的热量变化，即在反应物开始状态和反应产物终了状态相同的情况下（298K，1atm）的热量变化，称为燃料的发热量，单位是 kJ/kg（固体燃料、液体燃料）或 kJ/m^3（气体燃料）。

燃料的发热量有高、低位之分，高位发热量（Q_H）指的是燃料完全燃烧，并当燃烧产物中的水蒸气（包括燃料中所含水分生成的水蒸气和燃料中氢燃烧生成的水蒸气）凝结为水时的反应热。低位发热量（Q_L）是指燃烧产物中的水蒸气仍以气态存在时完全燃烧过程所释放的热量。因为当前各种燃烧设备中的排烟温度均远远超过水蒸气的凝结温度，所以，对燃烧设备大都按低位发热量计算。

实际使用的气体燃料是含有多种组分的混合气体。混合气体的发热量可直接用量热计测定，也可由各单一气体的发热量按式（2-6）计算：

$$Q = \sum_{i=1}^{n} Q_i \varphi_i \tag{2-6}$$

式中 Q——标准状态下的高位发热量或低位发热量，kJ/m^3；

        Q_i——n 种可燃气体中任一组分 i 标准状态下的高位发热量或低位发热量，kJ/m^3；

        φ_i——组分 i 的体积分数。

某些气体燃料的发热量，如表 2-8 所示。

表 2-8   几种气体燃料的发热量

燃料名称	天然气	油田气	焦炉气	高炉气	转炉气	发生炉煤气
标准状态下低位发热量 /kJ·m^{-3}	35530~39710	约 41800	17138~18810	3511~4180	8360~8778	4180~6270

2.2.3.4 空燃比

空燃比（AF）是指单位质量燃料燃烧所需要的空气质量，它可由燃烧方程直接求得。例如，甲烷在理论空气下的完全燃烧：

$$CH_4 + 2O_2 + 7.56N_2 \longrightarrow CO_2 + 2H_2O + 7.56N_2$$

$$空燃比 (AF) = \frac{2 \times 32 + 7.56 \times 28}{1 \times 16} \approx 17.2$$

随着燃料中氢相对含量减少，碳相对含量增加，理论空燃比随之减小。例如，汽油（按 C_8H_{18} 计）的理论空燃比为 15，纯碳的理论空燃比约为 11.5。同时也可根据燃烧方程计算燃烧产物的量，即燃料燃烧产生的烟气量。

2.2.4 燃料燃烧产生的主要污染物

燃料的燃烧过程伴随分解和其他的氧化、聚合等过程。燃烧烟气主要由悬浮的少量颗粒物、燃烧产物、未燃烧和部分燃烧的燃料、氧化剂以及惰性气体（主要为 N_2）等组成。燃烧可能释放出的污染物有硫的氧化物、氮的氧化物、一氧化碳、二氧化碳、金属及其氧化物、金属盐类、酮、醛和稠环碳氢化合物等。这些都是有害物质，如粉尘含有致癌重金属；二氧化硫是酸雨源；超氧化氢 HO_2 具有强烈的刺激作用，毒性比 SO_2、NO 都强，体积分数达到 10^{-4} 时，人就会中毒死亡；二氧化碳和氮氧化物引起温室效应。

气体燃料因含硫量、含尘量低，相对而言是一种清洁的优质燃料。气体燃料不完全燃烧时，除生成 H_2S 外，还会发生脱氢、缩合、环化和芳香化等一系列化学反应，形成芳香族类化合物，再缩合为炭黑类物质。气体燃料燃烧中出现大气污染物由少到多的顺序是：天然气→液化石油气→发生炉煤气→焦炉煤气→高炉煤气。

液体燃料燃烧产生的主要污染物是 CO、NO_x 和 HC（包括未燃的碳氢化合物和燃烧过程生成炭黑类碳氢化合物）。重油燃烧时，除上述三种污染物外，还有 SO_2。液体燃料产生炭黑由少到多的顺序是：柴油→中油→重油→煤焦油。

煤燃烧生成的大气污染物有 CO_2、CO、NO_x、SO_2、炭黑和飞灰。CO_2 是煤中碳完全燃烧的产物，CO 则是不完全燃烧的产物。炭黑是在不完全燃烧时，因热解而生成的炭粒以及生成由碳、氢、氧、硫等组成的有机化合物，其中有苯并 [a] 芘等致癌物质。此外，煤燃烧还会带来汞、砷等微量重金属污染，氟、氯卤素污染和低水平的放射性污染。

由于燃料的组成不同，燃烧条件不同，燃烧方式不一样，燃烧生成的产物也有差异。温度对各种燃烧产物的绝对量和相对量都有影响。

2.3 燃烧过程污染物排放量的计算

2.3.1 烟气量的计算

2.3.1.1 理论烟气量的计算

理论烟气量是指供给理论空气量的情况下，燃料完全燃烧产生的烟气量。以 $C_xH_yS_zO_w$ 为燃料，若不考虑氮的氧化，则理论烟气的组分是 CO_2、SO_2、N_2 和水蒸气。前三种组分合称为干烟气，包括水蒸气在内的组分称为湿烟气。理论烟气量可根据完全燃烧反应式进行计算。

A 气体燃料的理论烟气量的计算

（1）理论干烟气量的计算。$1m^3$ 燃料气（标准状态）产生的理论干烟气量 V_{df}^0（标准状态）为：

$$V_{df}^0 = \sum_{i=1}^{n} x_i \varphi_i + 0.79 V_a^0 + \varphi_{N_2} + \varphi_{H_2S} \tag{2-7}$$

式中　V_{df}^0——理论干烟气量，$m^3/(m^3$ 干燃气$)$；

　　　x_i——燃气中任一组分 i 的碳原子数；

　　　φ_i——燃气中任一组分 i 的体积分数；

　　　φ_{N_2}——燃气中氮的体积分数；

φ_{H_2S}——燃气中 H_2S 的体积分数。

（2）理论湿烟气量的计算。$1m^3$ 燃料气（标准状态）产生的理论湿烟气量 V_f^0（标准状态）为：

$$V_f^0 = V_{CO_2}^0 + V_{H_2O}^0 + V_{N_2}^0 + V_{SO_2}^0$$

即　　　$V_f^0 = \sum_{i=1}^{n} x_i\varphi_i + \sum_{i=1}^{n} y_i\varphi_i/2 + 1.24(\rho_g + V_a^0\rho_a) + 0.79V_a^0 + \varphi_{N_2} + \varphi_{H_2S}$ 　　（2-8）

式中　　V_f^0——理论湿烟气量，m^3/（m^3 干燃气）；

　　　　y_i——燃气中任一组分 i 的氢原子数；

　　　　ρ_g——干燃气的湿含量，kg(水蒸气)/m^3；

　　　　ρ_a——干空气的含湿量，kg(水蒸气)/m^3；

　　1.24——1kg 水蒸气在标准状态下的体积，m^3/kg；

　　其他物理量的意义同前。

B　固体和液体燃料的理论烟气量的计算

理论干烟气量为：

$$V_{df}^0 = 1.866w_{C,y} + 0.699w_{S,y} + 0.79V_a^0 + 0.799w_{N,y}$$　　（2-9）

式中　　$w_{C,y}$，$w_{S,y}$，$w_{N,y}$——燃料中碳、硫、氮的质量分数；

　　　　　　　　　　　　V_{df}^0——理论干烟气量，m^3/(kg 燃料)。

理论湿烟气量为：

$$V_f^0 = 1.866w_{C,y} + 11.111w_{H,y} + 1.24(V_a^0\rho_a + w_{W,y}) +$$
$$0.699w_{S,y} + 0.79V_a^0 + 0.799w_{N,y}$$　　（2-10）

式中　　V_a^0——理论湿烟气量（标态），m^3/kg；

$w_{H,y}$，$w_{W,y}$——燃料中氢、水的质量分数；

　　其他物理量的意义同前。

2.3.1.2　实际烟气量的计算

因为实际燃烧过程是有过剩空气的，所以燃烧过程中的实际烟气量应为理论烟气量与过剩空气量之和。

$$V_f = V_f^0 + 0.21(\alpha - 1)V_a^0 + 0.79(\alpha - 1)V_a^0 + 0.0161(\alpha - 1)V_a^0$$
$$= V_f^0 + 1.0161(\alpha - 1)V_a^0$$　　（2-11）

式中　　V_f——实际烟气量，m^3/kg。

2.3.2　污染物排放量的计算

污染物排放量的计算一般有实测法和预测法两种方法。实测法是通过测定烟气中污染物的浓度、操作条件及实际排烟量，来计算污染物的排放量，虽然计算容易，但是监测的工作量大，还必须有一定的仪器和条件。预测法简单方便，特别适用于燃烧设备建设之前，该方法需要根据同类燃烧设备的排污系数、燃料组成和燃烧状况，通过物料衡算来预测烟气量、污染物浓度和污染物排放量。下面通过例题说明相关计算过程。

例 2-1　已知重油的元素分析结果为碳 85.5%，氢 11.3%，氧 2.0%，氮 0.2%，硫 1.0%。若不考虑空气湿含量，试求 1kg 重油燃烧时：（1）理论空气量和理论烟气量；

（2）干烟气中 SO_2 的浓度和 CO_2 的最大浓度；（3）10%过剩空气量下燃烧时，所需的空气量、产生的烟气量及过剩空气系数。

解：（1）理论空气量可由式（2-3）得到：

$$V_a^0 = 8.881w_{C, y} + 3.329w_{S, y} + 26.457w_{H, y} - 3.333w_{O, y}$$
$$= 8.881 \times 0.855 + 3.329 \times 0.01 + 26.457 \times 0.113 - 3.333 \times 0.02$$
$$= 10.550 \text{m}^3/（\text{kg 燃料}）$$

理论烟气量可由式（2-10）得到：

$$V_f^0 = 1.866w_{C, y} + 11.111w_{H, y} + 0.699w_{S, y} + 0.79V_a^0 + 0.799w_{N, y}$$
$$= 1.866 \times 0.855 + 11.111 \times 0.113 + 0.699 \times 0.01 + 0.79 \times 10.550 +$$
$$0.799 \times 0.002 = 11.194 \text{m}^3/（\text{kg 燃料}）$$

$$V_{df}^0 = V_f^0 - 11.111w_{H, y}$$
$$= 11.194 - 11.111 \times 0.113 = 9.94 \text{m}^3/（\text{kg 燃料}）$$

（2）干烟气中 SO_2 的浓度及 CO_2 的最大浓度。干烟气中 SO_2 的浓度 c_{SO_2} 为：

$$c_{SO_2} = \frac{0.699 \times 0.01}{9.94} \times 100\% = 0.07\%$$

重油中碳与理论空气中的氧完全燃烧时，则烟气中的 CO_2 浓度最大。因此 CO_2 的最大浓度 c_{CO_2} 为：

$$c_{CO_2} = \frac{1.866 \times 0.855}{9.94} \times 100\% = 16.1\%$$

（3）10%过剩空气量下燃烧，所需的空气量、产生的烟气量及过剩空气系数。

过剩空气系数 α 为：

$$\alpha = 1.1$$

所需的空气量为 V_a 为：

$$V_a = \alpha V_a^0 = 1.1 \times 10.55 = 11.605 \text{m}^3/（\text{kg 燃料}）$$

产生的烟气量 V_f 为：

$$V_f = V_f^0 + 10\%V_a^0 = 11.194 + 0.1 \times 10.550 = 12.249 \text{m}^3/（\text{kg 燃料}）$$

2.3.3　燃料燃烧污染物排放量的衡算方法

按照国家环保总局有关排放污染物物料衡算的规定，可直接采用物料衡算法计算燃料燃烧过程中污染物的排放量。

燃料燃烧时产生的烟尘中包括黑烟和飞灰两部分，黑烟是未完全燃烧的物质，以游离态碳（即炭黑）和挥发物为主，绝大部分是可燃物质，黑烟的粒径一般在 $0.01 \sim 1\mu m$ 之间。它的排放量与炉型、燃烧状况有关，燃烧越不完全，烟气中的黑烟的浓度越大。飞灰是烟尘中不可燃矿物灰分的微粒，粒径一般在 $1\mu m$ 以上，它的产生量与燃料成分、设备、燃烧状况有关。

目前常采用物料衡算法计算燃料燃烧过程中污染物的排放量。

2.3.3.1　烟尘排放量的衡算法

对于无测试条件和数据的情况下，可以采用燃煤-烟尘计算法，计算公式如下：

$$m_{sd} = \frac{BAd_{fd}(1 - \eta)}{1 - C_{fh}}$$ (2-12)

式中　m_{sd}——烟尘排放量，kg；

　　　　B——耗煤量，kg；

　　　　A——煤中的灰分量，%；

　　　　d_{fd}——烟尘中灰分占灰分总量的份额，%，其值与燃烧方式有关，可参考表 2-9；

　　　　η——除尘系统的除尘效率，各种除尘器效率可参考表 2-10 选取，未装除尘器时，$\eta = 0$，若安装两台除尘装置，其除尘效率分别为 η_1 和 η_2，则除尘系统总除尘率为：$\eta = 1 - (1 - \eta_1)(1 - \eta_2)$；

　　　　C_{fh}——烟尘中可燃物的含量，%，C_{fh} 与煤种、燃烧状况、炉型相关，烟尘中可燃物的含量一般取 30%，煤粉炉可取 8%，沸腾炉可取 25%。

表 2-9　烟尘中的灰占煤灰分之百分比 d_{fd} 值

炉　型	d_{fd} /%	炉　型	d_{fd} /%
手烧炉	15~25	抛煤机炉	20~40
链条炉	15~25	沸腾炉	40~60
往复推饲炉	20	煤粉炉	75~85
振动炉	20~40	油炉、天然气炉	0

表 2-10　各类除尘器的除尘效率（η）

除尘方式	平均除尘效率/%	除尘方式	平均除尘效率/%
干式沉降	63.4	麻石水膜	88.4
湿法喷淋、冲击、降尘	76.1	静电	85.1
旋风	84.6	玻璃纤维布袋	96.2
扩散式	85.8	湿式文丘里水膜两级除尘	96.8
陶瓷多管	71.3	百叶窗加电除尘	95.2
金属多管	83.3	SW 型加钢管水膜	93.0
管式水膜	75.6	立式多管加灰斗抽风除尘	93.0

对于具有测试条件或具有测试数据的情况下，可利用下式计算烟尘的排放量：

$$m_{sd} = Q_y c_{ip} t \times 10^{-6}$$ (2-13)

式中　m_{sd}——烟尘排放量，kg/a；

　　　　Q_y——烟尘平均流量，m³/h；

　　　　c_{ip}——烟尘的平均排放浓度，mg/m³；

　　　　t——烟尘排放时间，h/a。

2.3.3.2　二氧化硫排放量的衡算法

（1）燃煤产生的 SO_2 排放量的计算。煤炭中硫的成分可分为可燃硫和非可燃硫，可燃硫约占全硫分的 80%。煤燃烧后，可燃硫氧化为二氧化硫，不可燃硫进入灰分。燃煤产生的二氧化硫排放量按下式计算：

$$m_{SO_2} = 1.6BS \tag{2-14}$$

式中　　m_{SO_2}——二氧化硫排放量，kg；

　　　　B——耗煤量，kg；

　　　　S——燃煤中全硫分含量，%。

水泥行业 SO_2 排放量，按下式计算：

$$m_{SO_2} = 2000 \times (BS - 0.4m_C n_1 - 0.4G_d n_2) \tag{2-15}$$

式中　　m_{SO_2}——二氧化硫排放量，kg；

　　　　B——烧成水泥熟料的耗煤量，t；

　　　　m_C——熟料产量，t；

　　　　n_1——水泥熟料中 SO_3^{2-} 含量，一般取 0.4%；

　　　　n_2——粉尘中 SO_3^{2-} 含量，一般取 4.38%；

　　　　G_d——水泥熟料生产中粉尘量，t。

（2）燃油燃烧产生的 SO_2 排放量的计算。燃油燃烧产生的 SO_2 排放量按下式计算：

$$m_{SO_2} = 2BS(1 - \eta) \tag{2-16}$$

式中　　m_{SO_2}——二氧化硫排放量，kg；

　　　　B——消耗的燃油量，kg；

　　　　S——燃硫中的全硫分含量，%；

　　　　η——脱硫装置的二氧化硫去除率，%，各种脱硫技术的平均效率，可查表 2-11。

表 2-11　各种脱硫技术的平均效率

技术类型	脱硫工艺	脱硫效率/%	备注
洗选	脱除黄铁矿	30	产生固体废物
干法选煤	风力选、空气中介流化床选、摩擦选、磁选、电选等	20	
燃烧过程脱硫	燃烧时加入固硫剂、加碳酸钙粉吸收剂注入等	50	
烟气脱硫	碱性烟气脱硫、加石灰浆干法涤气脱硫	60	适用于高硫煤

（3）天然气中硫化氢燃烧产生的 SO_2 排放量的计算。天然气中硫化氢燃烧产生的 SO_2 排放量可用下式计算：

$$m_{SO_2} = 2.857VA_{H_2S} \times 10^{-3} \tag{2-17}$$

式中　　m_{SO_2}——二氧化硫排放量，t；

　　　　V——气体燃料的消耗量，m^3；

　　2.857——每 1 标准立方米二氧化硫的质量，kg；

　　　　A_{H_2S}——气体燃烧中硫化氢的体积百分数，%。

煤中的硫分一般为 0.2%~5%，燃煤中硫分高于 1.5% 的为高硫煤，在城市中适用的燃煤含硫量高于 1% 的也视为高硫分煤。液体燃料主要包括原油、轻油（汽油、煤油、柴油）和重油。原油硫分为 0.3%，原油中的硫分常富集于釜底的重油中，重油的硫分为 3.5%，一般轻油中的硫分为 0.1%。天然气的硫化氢含量为 5.2%。

2.3.3.3　氮氧化物排放量的衡算法

天然化石燃料燃烧过程中生成的氮氧化物中，一氧化氮占 90%，其余为二氧化氮。燃料燃烧生成的 NO_x 主要来源于：一是燃料中含氮的有机物在一定温度下放出大量的氮原子，而生成大量的一氧化氮，通常称为燃料型一氧化氮；二是空气中氮在高温下氧化为氮氧化物，称为热力型氮氧化物。燃料含氮量的大小对烟气中氮氧化物浓度的高低影响很大，而温度是影响热力型氮氧化物生成量大小的主要因素。

燃料燃烧生成的氮氧化物量可用下式计算：

$$m_{NO_x} = 1.63B(N\beta + 0.000938) \tag{2-18}$$

式中　　m_{NO_x}——氮氧化物排放量，kg；

B——消耗的燃煤（油）量，kg；

N——燃料中的含氮量，%，见表 2-12；

β——燃料中氮的转化率，%，见表 2-13。

表 2-12　燃料中氮的含量

燃料名称	含氮质量分数/%	
	数　值	平均值
煤	0.5~2.5	1.5
劣质重油	0.2~0.4	0.2
一般重油	0.08~0.4	0.14
轻油	0.005~0.08	0.02

表 2-13　燃料中氮的 NO_x 转化率

炉　型	NO_x 的转化率/%
层燃煤	50
煤粉炉	25
燃油炉	40

2.3.3.4　燃料燃烧产生一氧化碳量的物料衡算法

燃料燃烧后产生的一氧化碳的排放量，按下式计算：

$$m_{CO} = 2330BCQ \tag{2-19}$$

式中　　m_{CO}——一氧化碳排放量，kg；

B——消耗的燃料量，t；

C——燃料（煤、油）中的含碳量，%，见表 2-14；

Q——燃料的燃烧不完全值，%，见表 2-14。

表 2-14 燃料的燃烧不完全值

燃料种类	燃烧不完全值/%	含碳量/%	燃料种类	燃烧不完全值/%	含碳量/%
木材	4	50	焦炭	3	85
泥煤	4	60	重油	2	90
褐煤	4	70	人造煤气	2	20
烟煤	3	80	天然气	2	75
无烟煤	3	90	轻油	1	90

燃气燃烧后产生的一氧化碳的排放量，按下式计算：

$$m_{CO} = 1.25VQ(V_{CO} + V_{CH_4} + 13V_{C_mH_n})$$ (2-20)

式中　m_{CO}——一氧化碳排放量，kg；

　　　V——燃气耗量，m^3；

　　　Q——燃气燃烧不完全值（哈依煤气、天然气均取2%），%；

　　　V_{CO}——燃气中一氧化碳体积含量，%；

　　　V_{CH_4}——燃气中 CH_4 体积含量，%；

　　　$V_{C_mH_n}$——燃气中其他烷烃类体积含量，%。

主要物质体积含量的取值：对于哈依煤气取 CO、CH_4、C_mH_n 分别为 10%、25%、1%；对于天然气取 CO、CH_4 分别为 5%、95%。

2.3.3.5　粉煤灰和炉渣排放量的衡算法

煤炭燃烧形成的固态物质，其中从除尘器收集下的称为粉煤灰，从炉膛中排出的称为炉渣。锅炉燃烧产生的灰渣量与煤的灰分含量和锅炉的机械不完全燃烧状况有关。

灰渣产生量常用灰渣平衡法计算，锅炉炉渣产生量，按下式计算：

$$m_z = \frac{d_z BA}{1 - C_z}$$ (2-21)

锅炉粉煤灰产生量，按下式计算：

$$m_f = \frac{d_{fh} BA\eta}{1 - C_f}$$ (2-22)

式中　m_z——炉渣排放量，kg；

　　　m_f——粉煤灰排放量，kg；

　　　B——耗煤量，kg；

　　　A——煤中灰分含量，%；

　　　η——除尘系统的除尘效率，%；

　C_z，C_f——分别为炉渣、粉煤灰中可燃物百分含量，%，一般 C_z 可取 25%，煤粉悬燃炉可取 5%；C_f 可取 45%；

　d_z，d_{fh}——分别为炉渣中的灰分，烟尘中的灰分各占燃煤总灰分的百分比，%，$d_z = 1 - d_{fh}$。

2.4　燃烧过程中主要污染物的形成与控制

燃烧可能产生的污染物有硫氧化物、氮氧化物、碳氧化物、烟尘、碳氢化合物及多环有机物等。

2.4.1　燃烧过程中硫氧化物的形成与控制

2.4.1.1　燃烧过程中硫氧化物的形成

硫氧化物指的是 SO_2 和 SO_3。燃料燃烧时，有机硫在 750℃ 以下析出，单质硫和硫铁矿硫在 800℃ 以上析出。析出的可燃性硫燃烧生成 SO_2，其中有 1%~5% 进一步氧化生成 SO_3。因此，硫氧化物控制主要指 SO_2 的控制。主要化学反应为：

有机硫的燃烧：

$$CH_3CH_2SCH_2CH_3 \longrightarrow H_2S + 2H_2 + 2C + C_2H_4$$

$$2H_2S + 3O_2 =\!=\!= 2SO_2 + 2H_2O$$

$$SO_2 + \frac{1}{2}O_2 =\!=\!= SO_3$$

单质硫的燃烧：

$$S + O_2 =\!=\!= SO_2$$

$$SO_2 + \frac{1}{2}O_2 =\!=\!= SO_3$$

硫铁矿的燃烧：

$$4FeS_2 + 11O_2 =\!=\!= 2Fe_2O_3 + 8SO_2$$

$$SO_2 + \frac{1}{2}O_2 =\!=\!= SO_3$$

2.4.1.2　燃烧过程中硫氧化物的控制

燃烧过程中硫氧化物控制主要有燃料脱硫、用低硫燃料、用清洁能源替代、燃烧中固硫等途径。

A　燃料脱硫

（1）煤脱硫。煤燃烧前脱硫方法分为物理法脱硫、化学法脱硫和生物法脱硫。

1）物理法脱硫。物理法脱硫是基于煤中的硫与煤的密度、导电性、悬浮性等物理化学性质不同来脱除煤中无机硫的方法。该工艺简单，投资少，但该法只能脱除煤中的无机硫，不能脱除有机硫，而且脱除效率不高，当黄铁矿硫在煤中呈细粉散状分布时，该法也不能脱除，尤其是对低煤化程度的煤。当前常用的物理脱硫法有重力脱硫法、浮选脱硫法和磁电脱硫法等。

2）化学法脱硫。化学法脱硫是通过氧化剂把硫氧化，或者是把硫置换来达到脱硫目的。该方法是在高温、高压、氧化剂的作用下进行，可脱除无机硫和大部分有机硫，但能耗大，成本高、设备复杂，试剂对设备有一定的腐蚀作用，对煤的结构性能有一定的破坏，成本较高。

3）生物法脱硫。生物法脱硫是利用微生物能够选择性地氧化有机或无机硫的特点，以除去煤中的硫元素，从而达到脱硫的目的。该方法具有投资少、能耗低、无污染、可将煤中硫转化为可溶性产品等优点。

（2）重油脱硫。原油中80%~90%的硫经过精馏后留在重油中，所以重油中硫含量很高。重油中的硫是有机硫，现在工业上通常采用加氢脱硫，一般分为直接脱硫法和间接脱硫法。

1）直接脱硫法。直接脱硫法是将常压精馏的残油引入装有催化剂的脱硫设备，在催化剂的作用下，碳硫键断裂，氢取而代之与硫生成H_2S，使硫从残油中脱除。脱硫的压力为70~210kg/cm^2，温度为370~480℃，所用催化剂载体是钴、钼、镍金属氧化物，或者将他们组合起来使用。直接法脱硫率可达到75%以上。

2）间接脱硫法。间接脱硫法是将常压残油先进行减压蒸馏，把沥青和金属含量少的轻油和含量多残油分开，只对轻油进行加压和加氢脱硫，再把这种脱硫油与减压的残油合并，而得含硫为2%~2.6%的最终产品。间接脱硫法的催化剂与直接脱硫法相同，但它可避免直接脱硫的催化剂中毒。

B　煤转化为清洁能源

煤的转化主要是煤的气化和煤的液化，即对煤进行脱碳或加氢来改变煤的碳氢比，把煤转化为清洁的二次燃料。

（1）煤的气化。煤的气化过程是一个热化学转化的过程，它以煤或煤焦为原料，以空气、富氧或纯氧、蒸汽或氢气为气化剂（又称气化介质），在高温的条件下，通过氧化反应将原料煤从固体转化为气体燃料（即气化煤气简称煤气）。煤气中的硫主要以H_2S形式存在，大型煤气厂是先用湿式法脱去大部分H_2S，再用吸附和催化转化法脱除其余部分。小型煤气厂通常采用氧化铁脱除H_2S。

（2）煤的液化。煤的液化简单地说就是将固体煤转化为液体的燃料（如汽油、柴油等）的工艺过程。煤液化的过程实质上就是提高H/C比，破碎大分子和提高纯净度的过程，即需要加氢、裂解、提质等工艺过程。煤的液化可分为直接液化和间接液化两类。直接液化就是对煤进行高温、高压、加氢直接得到液化产品的技术；间接液化就是先把煤转化为（CO+H$_2$）合成气，而后再在催化剂的作用下，合成液体燃料和其他化工产品的技术。

C　燃烧中固硫

在燃烧过程中加入白云石（$CaCO_3 \cdot MgCO_3$）或石灰石（$CaCO_3$），燃烧时$CaCO_3$、$MgCO_3$受热分解成CaO、MgO，与烟气中SO_2结合生成硫酸盐随灰分排掉。

石灰石脱硫反应为：

$$CaCO_3 \longrightarrow CaO + CO_2$$
$$CaO + SO_2 + 0.5O_2 \longrightarrow CaSO_4$$

若脱硫剂采用白云石，除有上面两个反应式外，还发生下列反应：

$$MgCO_3 \longrightarrow MgO + CO_2$$
$$MgO + SO_2 + 0.5O_2 \longrightarrow MgSO_4$$

影响脱硫效果的因素主要有固硫剂的添加量、固硫剂的粒度和停留时间等。以钙的化合物为固硫剂，其脱硫剂用量 β 通常用钙硫比（Ca/S）表示：

$$\beta = \frac{\text{脱硫剂消耗量(g)} \times \text{Ca 的质量分数(\%)}/40.1(\text{g/mol})}{\text{燃料消耗量(g)} \times \text{S 的质量分数(\%)}/32(\text{g/mol})} \tag{2-23}$$

2.4.2　燃烧过程中氮氧化物的形成与控制

2.4.2.1　燃烧过程中氮氧化物的形成

通常氮氧化物是指 NO 和 NO_2，主要来源于化石类燃料的燃烧。燃烧过程中产生的 NO_x 主要有三类：一类是在高温燃烧时空气中的 N_2 和 O_2 反应生成 NO_x，称为热力型 NO_x；另一类是通过燃料中有机氮经过化学反应生成的 NO_x，称为燃料型 NO_x；第三类是火焰边缘形成的快速性 NO_x，称为瞬时型 NO_x，由于产量少，一般不考虑。因此，燃烧产生的 NO_x 的总量就是热力型 NO_x 和燃料型 NO_x 生成量之和。

（1）热力型 NO_x 的生成。热力型 NO_x 的生成与燃烧温度、燃烧气氛中的氧气浓度及气体在高温区停留的时间长短有关。实验证明，在氧气浓度相同的条件下，NO 的生成速度随燃烧温度的升高而增加。当燃烧温度低于 300℃ 时，有少量的 NO 生成；当燃烧温度高于 1500℃ 时，NO 生成量显著增加。为了减少热力型 NO_x 的生成量，应设法降低燃烧温度，减少过量空气，缩短气体在高温区的停留时间。主要化学反应如下：

$$N_2 + O_2 \Longrightarrow 2NO$$
$$2NO + O_2 \Longrightarrow 2NO_2$$

（2）燃料型 NO_x 的生成。燃料中的氮经过燃烧约有 20%~70% 转化为燃料型 NO_x。燃料型 NO_x 的生成，一般认为，燃料中的氮氧化合物首先发生热解形成中间产物，然后再经氧化生成 NO_x，燃料型 NO_x 主要是 NO，在一般锅炉烟道气中只有不到 10% 的 NO 氧化成 NO_2。

由于炉排炉燃烧温度比较低，在 1024~1316℃，所以燃料中的氮只有 10%~20% 转化成 NO_x。而煤粉炉燃烧温度比较高，在 1538~1649℃，有 25%~40% 的燃料氮转化成 NO_x。旋风燃烧炉因炉温高，不仅使燃料中的氮大部分转化为 NO_x，而且会使热力型 NO_x 的生成量增加，因此限制了旋风炉的推广和使用。

2.4.2.2　燃烧过程中氮氧化物的控制

影响燃烧过程中 NO_x 生成的主要因素是燃烧温度、烟气在高温区的停留时间、烟气中各种组分的浓度及混合程度。要控制燃烧过程中 NO_x 生成，就要对燃烧过程中 NO_x 生成主要因素进行控制。控制燃烧过程中 NO_x 形成的因素包括：（1）空气-燃料比；（2）燃烧空气的预热温度；（3）燃烧区的冷却程度；（4）燃烧器的形状设计。两段燃烧法和排烟再循环法，就是在综合考虑了以上因素的基础上产生的。

（1）两段燃烧法。两段燃烧法是分两次供给空气，第一次供给的空气低于理想空气量，约为理想空气量的 85%~90%，燃烧在燃料过浓的条件下进行，造成第一级燃烧区的温度降低，同时氧气量不足，NO_x 的生成量很小，第二次供给的二段空气，约为理想空气量的 10%~15%，过量的空气与燃料过浓燃烧生成的烟气混合，完成整个燃烧过程，这时虽然氧气已剩余，但由于温度低，动力学上限制 NO 的生成。

（2）排烟再循环法。排烟再循环法是将一部分锅炉排烟与燃烧用空气混合送入炉内。

由于循环气送到燃烧区，使炉内温度水平和氧气浓度降低，从而 NO 的生成量下降。烟气再循环对热力型 NO_x 的降低有明显的效果。图 2-1 是天然气在供给 7.5% 过剩空气下燃烧时，烟气再循环对 NO_x 排放量的影响。从图 2-1 中可看出，再循环率从 0 增至 10%，NO_x 可降低到 60% 以上，再循环率在 10% 以上影响较小。一般情况下，再循环率增大，NO_x 降低；当再循环率再增大时，NO_x 降低的不多，而渐渐趋近于某一数值，这表明排烟再循环对热力型 NO_x 具有抑制作用，而对燃料型 NO_x 抑制效果不明显。

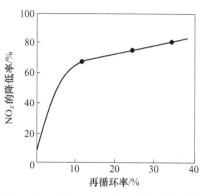

图 2-1 烟气再循环对 NO_x 排放的影响

2.4.3 燃烧过程中颗粒污染物的形成与控制

2.4.3.1 燃烧过程中颗粒污染物的形成

燃烧过程中产生的颗粒污染物主要是燃烧不完全形成的炭黑、结构复杂的有机物和烟尘。

（1）燃煤粉尘的形成。煤在非常理想的条件下，可以完全燃烧，即挥发分和固定碳都被氧化成 CO_2，余下的为灰分。若燃烧条件不理想，在高温时发生热解作用，形成多环化合物而产生黑烟。据测定在黑烟中含有苯并芘、苯并蒽等芳香族化合物，是极其有害的污染物。燃烧的装置不同，条件不同，产生的黑烟差别很大。试验证明，煤粉越细，挥发分及燃烧的火焰越高，燃烧的时间越短，如果其他燃烧条件满足时，燃烧就越完全，产生的黑烟等污染物就会越少。煤的种类和质量与黑烟的产生有很大关系。据研究出现黑烟由多到少的燃料顺序为：高挥发分烟煤→低挥发分烟煤→褐煤→焦炭→无烟煤。不同的燃煤锅炉出口烟尘浓度，见表 2-15。

表 2-15 不同的燃煤锅炉出口烟尘浓度

锅炉类型	链条炉	振动炉排炉	抛煤机炉	煤粉炉	流化床炉
烟尘浓度/g·m^{-3}	3~6.5	3~8	4~13	8~50	20~80

（2）气、液燃料燃烧炭黑的形成。气态燃料燃烧的颗粒物为积炭，液态燃料高温分解形成的颗粒污染物为结焦和煤胞。积炭是由大量粗糙的球形粒子结成，粒径在 10~20μm 之间，随火焰形式而改变。一般认为积炭的形成有三个阶段，即核化过程、核表面的非均质反应、凝聚过程。积炭的出现取决于核化步骤和中间体的氧化反应，燃料的分子结构也会影响积炭。实践证明，如果碳氢燃料与足够的氧化合，能够有效地防治积炭的生成。

在多数情况下，液态燃料的燃烧尾气不仅会有气相过程形成的积炭，还会有液态烃燃料本身生成的炭粒。燃料油雾滴在被充分氧化之前，与炽热的壁面接触会导致液相裂化，接着就发生高温分解，最后出现结焦，由此产生的炭粒称为石油焦，是一种比积炭更硬的物质。

2.4.3.2　燃烧过程中颗粒污染物的控制

（1）燃煤粉尘的控制。煤燃烧过程中，由于煤不完全燃烧产生了烟尘。煤不完全燃烧有两种情况：一种是化学情况不完全燃烧，主要是煤燃烧时空气量不足、炉膛尺寸不当、空气与煤混合不均匀、燃烧反应时间不够等原因造成的；另一种是机械情况不完全燃烧，主要是炉膛温度低、通风不均匀造成的。燃烧产生的烟尘量主要取决于燃用的燃料、燃烧方式和燃烧过程的组织情况。

煤的性质不同燃烧时产生的烟尘也不一样，细煤颗粒伴随气流飞起，烟气量就增加。对黏结性强的煤，细的烟尘粒子不易从煤层里飞出，烟尘量就可能少些。燃烧过程的组织对烟尘的产生影响很大。因此，煤在链条炉中燃烧时，在原煤中掺入一定的水分，细煤掺入的水分较多，这是减少燃煤粉尘的一项有效措施。在炉膛内加装二次通风，蒸气喷射等也是减少烟尘的重要措施。不同的燃烧方式产生的烟尘量是大不相同的，因此，煤燃烧应选择产生烟尘量少的燃烧方式。

（2）燃料燃烧炭黑的控制。气体燃料燃烧炭黑的形成与燃烧方式有关。预混合燃烧火焰面的温度相当高，燃料与空气接触也相当充分，氧化速率远远大于脱氢或凝聚生成炭黑的速率，所以几乎不生成炭黑。扩散燃烧指的是在扩散火焰中，氧化速率因空气的扩散而被限制，因此火焰温度不像预混合燃烧火焰那样高，有利于脱氢和凝聚反应，且中间生成物在火焰中停留时间长，故在扩散火焰中容易生成炭粒子和炭黑。无论是预混合燃烧还是扩散燃烧，过剩空气量控制在10%，气体燃料在燃烧室内几乎完全燃烧，不形成炭黑。如果在理论空气量以下，气体燃料燃烧会形成炭黑。若空气量过多，燃烧室内温度下降，燃烧不完全，也会形成炭黑。

锅炉燃油一般使用重油。各种锅炉的燃烧室几乎都是以水冷壁包围，空气过剩率约为10%~30%。特别是燃烧起始时燃烧室内温度较低，容易生成炭黑。因此，启动时使用A重油，可防止煤烟生成，燃烧室内的温度上升后，切换为B重油或C重油，可以防止煤烟生成。煤燃烧形成的炭黑与燃烧方式和煤的性质有关。因此，煤在手烧炉中燃烧需要投加冷煤时，应注意不要完全覆盖炉算，以保证煤充分燃烧所需的空气，防止炭黑的形成。有的燃烧设备是连续给煤的，空气供给要充分，煤粉与空气混合要充分，防止炭黑的形成。炭黑是煤中挥发分的碳氢化合物不完全燃烧形成的，所以是指煤的性质，即使挥发分很多，如果同时通入足够量的空气，也可以防止炭黑形成。

2.5　本章小结

本章介绍了燃料分类及组成，固体燃料煤的种类、性质及化学组成，液体燃料的种类及组成，气体燃料的种类及人造煤气的种类。详述了固体、液体和气体燃料燃烧的过程，燃料燃烧的空气、温度、时间和燃料与空气混合等基本条件。详细介绍了燃料燃烧所需理论空气量和实际空气量的计算，发热量、空燃比和过剩空气系数的计算；固体、液体和气体燃料燃烧过程所排烟气量的计算，其中包括：理论烟气量的计算、实际烟气量的计算及污染物排放量的计算示例。介绍了燃料燃烧污染物排放量的衡算方法，其中包括：烟尘排放量的衡算法、二氧化硫排放量的衡算法、氮氧化物排放量的衡算法、一氧化碳排放量的衡算法、粉煤灰和炉渣排放量的衡算法；燃烧过程中主要污染物的形成与控制，其中包括：燃烧过程中硫氧化物的形成与控制、燃烧过程中氮氧化物的形成与控制、燃烧过程中颗粒污染物的形成与控制等内容。

思 考 题

2-1 按物质存在的形态，燃料可分为_____燃料、_____燃料和_____燃料。

2-2 按国家标准，煤分为_____、_____、_____三种。并说明其性质。

2-3 燃料的组成测定常用两种表示方法，即_____和_____。

2-4 根据原油中所含碳氢化合物种类比例的多少，可将原油分为_____、_____、_____和_____等。

2-5 原油通过裂化、重整和蒸馏过程生产出各种产品，按照馏分沸点的高低，可分为_____、_____、_____和_____等。

2-6 气体燃料有_____和人造煤气，人造煤气包括_____、_____、_____和_____。

2-7 根据燃烧的程度，可将燃烧分为_____和_____。完全燃烧最终生成_____、_____、_____等物质；不完全燃烧过程中将产生_____、_____、_____等，若燃料中含 S、N 会生成气体污染物_____、_____。详述固体、液体、气体燃料的燃烧过程。

2-8 燃烧过程的"三 T"指的是什么？说明理论空气量、理论烟气量、过剩系数、发热量、空燃比的含义？

2-9 某燃烧装置采用重油作燃料，成分（按质量）分别为 C 88.3%、H 9.5%、S 1.6%、H_2O 0.5%、灰分 0.1%，试计算标准状态下（0℃，101kPa）1kg 重油所需的理论空气量。

2-10 试计算蒸发量为 15t/h 的燃煤锅炉（新建）烟气的除尘脱硫装置的污染物净化能力及污染物的去除量。锅炉热效率为 70%，空气过剩系数为 1.2，烟尘排放因子为 0.35。煤质组成：$c_C = 65.7\%$，$c_S = 1.7\%$，$c_H = 3.2\%$，$c_{H_2O} = 9.0\%$，$c_O = 2.3\%$（含氮量不计），灰分 18.1%。

2-11 对思考题 2-9 给定的重油，若燃料中硫会转化为 SO_x（其中 SO_2 占 97%）试计算空气过剩系数为 1.2 时烟气中 SO_2 及 SO_x 的浓度，以 ppm 表示，并计算此时烟气中 CO_2 的含量，以体积分数表示。

3 大气污染治理技术的基础知识

【学习指南】

本章主要了解粉尘的分类、单一颗粒的粒径和颗粒群的平均粒径及粒径的分布（包括：频率分布、频度分布、筛上累计频率分布和粒径分布函数）；掌握粉尘的真密度、堆积密度、比表面积、含水率及润湿性、黏附性、荷电性及导电性、爆炸性、安息角与滑动角等物理化学特性；重点掌握气体状态方程、气体的压力、气体的温度、气体的密度、气体的黏度、气体的湿度、气体的露点和气体的比热等气体的基本性质，粉尘浓度与含尘气体的湿度、温度、可燃性、爆炸性和腐蚀性等烟气的理化性质及含尘气体的预处理，净化装置的处理能力、净化装置的净化总效率、净化分级效率和压力损失等内容。

大气污染治理的对象是含气溶胶态污染物和气态污染物的气体，研究如何从气体中分离气溶胶态污染物和处理气态污染物。充分认识气体和粉尘的性质，是研究大气污染物的处理机理，以及设计、选择、使用大气污染治理技术和设备的基础。本章主要介绍气体和粉尘的性质，以及气溶胶态污染物和气态污染物控制和处理的基础理论。

3.1 粉尘的基本性质

3.1.1 粉尘的分类

3.1.1.1 按粉尘的组成分类

按粉尘的组成，粉尘可分为有机粉尘、无机粉尘和混合粉尘。有机粉尘有植物粉尘、动物粉尘、加工有机物的粉尘和细菌等；无机粉尘有矿尘、金属尘、加工无机物产生的粉尘等。粉尘所含的成分是确定粉尘回收价值和允许排放浓度的主要因素。干燥、焙烧、烧结过程的粉尘成分和原料相近；熔炼和吹炼过程的烟尘中富集有易挥发金属氧化物；烟化炉、挥发窑等产出的烟尘基本上是由易挥发性金属氧化物组成。

3.1.1.2 按粉尘的形状分类

粉尘的形状分为规则形和不规则形。通常，自然界形成的气溶胶微粒和高温燃烧过程生成物为规则形状粉尘；大多数工艺加工过程产生的粉尘为不规则形粉尘，如粉碎研磨工艺形成的粉尘，是最典型的不规则粉尘。规则形状粒子表面光滑，比表面积小，在经过滤料时不易被拦截、凝聚；不规则形粒子表面粗糙，比表面积大，在经过滤料时容易被拦截、凝聚。

不同形状的粉尘可分为：（1）三向等长粒子，即粒子的长、宽、高尺寸相同或接近相同；（2）片形粒子，即两方向的长度比第三方向长得多，如薄片状、鳞片状粒子；（3）纤维状粒子，即一个方向长得多的粒子，如柱状、针状、纤维粒子；（4）球形粒子，如外形呈球形或椭圆形的粒子。

机械粉尘通常为不规则的多棱立方体和片状，挥发尘通常是近似球状、纤维状。不规则和有棱角的机械尘，对旋风收尘器、管道和风机的磨损比较严重。球状烟尘不易放出电荷，易于沉降，所以不宜用电收尘器，而易用旋风收尘器。不规则状和纤维状烟尘不易穿透滤布，采用布袋式收尘器比较合适。

3.1.1.3 按粉尘的物理化学特性分类

通过粉尘的黏性、湿润性、导电性、流动性和燃烧爆炸性等特性，可以区分不同属性的粉尘。

3.1.1.4 按粉尘的粒径分类

按粉尘粒径的大小或在显微镜下的可见程度，粉尘可分为粗尘，粒径大于 $40\mu m$；细尘粒，粒径为 $10\sim40\mu m$，在明亮的光线下肉眼可以见到；显微尘，粒径为 $0.25\sim10\mu m$，用光学显微镜可以观察到；亚微尘，粒径小于 $0.25\mu m$，用电子显微镜才能观察到。机械尘通常大于 $10\mu m$；挥发尘一般小于 $1\mu m$，有的甚至小于 $0.01\mu m$。

3.1.2 粉尘颗粒粒径及粒径分布

3.1.2.1 粉尘的粒径

大气污染治理所涉及的颗粒通常是指所有大于分子的颗粒，而实际的最小粒径为 $0.01\mu m$ 左右。颗粒的大小不同，其物理化学特性各异，对人体和环境的危害也不相同，对处理设施的去除机制和效果影响也很大。若颗粒是大小均匀的球体，其直径可作为颗粒的代表尺寸，称为粒径。但在实际中，颗粒不仅大小不同，而且形状也各异，需要按一定的方法确定一个表示颗粒大小的最佳代表性尺寸，以作为颗粒的粒径。通常是将粒径分为反映单个颗粒大小的单一粒径和反映由不同颗粒组成的粒子群的平均粒径。

A 单一颗粒的粒径

粉尘粒径是表征粉尘最重要的参数，是选用除（收）尘流程和除（收）尘设备的基础条件。在实际中，由于颗粒大小不同，其形状各异，故粉尘粒径的表示方法也有所不同，归纳起来有投影径、几何当量直径和物理当量直径。

（1）投影径。投影径是指颗粒在显微镜下观察到的粒径。投影径又分为定向直径 d_F、面积等分径 d_M 和圆等直径 d_H。

1）定向直径 d_F。定向直径 d_F 是菲雷特于 1931 年提出的，故也称菲雷特（Feret）直径，为各颗粒在投影图同一方向上最大的投影长度，如图 3-1（a）所示。

2）面积等分径 d_M。面积等分径 d_M 也称马丁直径，是马丁（Martin）于 1924 年提出来的，是在平面投影图上，按同一方向将颗粒投影面积分割成两等分的直线的长度，如图 3-1（b）所示。

3）圆等直径 d_H。圆等直径 d_H 指的是与颗粒投影面积相等的圆的直径，也称黑乌得（Heywood）粒径，如图 3-1（c）所示。

一般情况下，对于同一颗粒有 $d_F >$ $d_H > d_M$。

（2）几何当量直径。几何当量直径是指取颗粒的某一几何量（面积、体积等）相同时的球形颗粒的直径。几何当量直径有等投影面积直径 d_A、等体积直径 d_V、等表面积直径 d_S 和体积表面积平均直径 d_e。

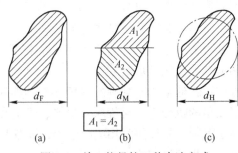

图 3-1　单一粒径的三种表达方式

(a) 定向直径；(b) 面积等分直径；(c) 圆等直径

1）等投影面积直径 d_A。等投影面积直径 d_A 是与颗粒投影面积相同的某一圆的直径。等投影面积直径 d_A，可按下式计算：

$$d_A = \sqrt{\frac{4A_p}{\pi}} = 1.128\sqrt{A_p} \qquad (3-1)$$

式中，颗粒投影面积 A_p 为：

$$A_p = \frac{\pi}{4}d_A^2 \qquad (3-2)$$

2）等体积直径 d_V。它是与颗粒具有相同体积的圆球体的直径，等体积直径 d_V 可按下式计算：

$$d_V = \sqrt[3]{\frac{6V_p}{\pi}} = 1.24\sqrt[3]{V_p} \qquad (3-3)$$

式中，颗粒的体积 V_p 为：

$$V_p = \frac{\pi}{6}d_V^3 \qquad (3-4)$$

3）等表面积直径 d_S。它是与颗粒具有相同表面积的圆球体直径，等表面积直径 d_S 可按下式计算：

$$d_S = \sqrt{\frac{S_p}{\pi}} \qquad (3-5)$$

式中，颗粒的外表面积 S_p 为：

$$S_p = \pi d_S^2 \qquad (3-6)$$

单位质量粉尘的总表面积称为粉尘的比表面积，用平方厘米每克表示（cm^2/g）。通常粉尘的比表面积为 $1000cm^2/g \sim 10000cm^2/g$。粉尘的粒径越小，则比表面积越大。比表面积增加时，表面能也随之增大，从而增强了表面活性，对粉尘的湿润、凝聚、附着、吸附、爆炸等性质都有直接影响。

4）体积表面积平均直径 d_e。体积表面积平均直径 d_e 是颗粒体积与外表面积相同的圆球的直径，可按下式计算：

$$d_e = \frac{6V_p}{S_p} \qquad (3-7)$$

（3）物理当量直径。物理当量直径是取颗粒某一物理量相同时的球形颗粒的直径，物理当量直径有自由沉降直径 d_t、空气动力直径 d_a、斯托克斯直径（stokes）d_{st} 和分割粒直径 d_{50}。

1）自由沉降直径 d_t。在重力作用下，密度相同的颗粒因自由沉降而到达的末速度与球形颗粒所达到的末速度相同时的球形颗粒的直径。

2）空气动力直径 d_a。在静止的空气中颗粒的沉降速度与密度为 $1\mathrm{g/cm^3}$ 的圆球的沉降速度相同时的圆球的直径。

3）斯托克斯直径 d_{st}。在层流区内（对颗粒的雷诺数 $Re < 2.0$）的空气动力直径，按下式计算：

$$d_{st} = \sqrt{\frac{18\mu v_t}{(\rho_p - \rho)g}} \tag{3-8}$$

式中　v_t——颗粒在流体中的终端沉降速度，m/s；

μ——流体的黏度，Pa·s；

ρ_p——颗粒的密度，$\mathrm{kg/m^3}$；

ρ——流体的密度，$\mathrm{kg/m^3}$；

g——重力加速度，$\mathrm{m/s^2}$。

4）分割粒直径 d_{50}。分割粒直径指除尘器分级效率 50% 的颗粒直径。这是一种表示除尘器性能代表性粒径。

B　颗粒群的平均粒径

确定一个由粒径大小不同的颗粒组成的颗粒群的平均粒径时，需先求出各个颗粒的单一直径，然后相加再平均；平均粒径的几种计算方法，见表 3-1。

表 3-1　颗粒群平均粒径的计算方法

名　称	计算公式	物理意义及应用
长度平均粒径 $\bar{d}_1$	$\bar{d}_1 = \dfrac{\sum n_i d_i}{\sum n_i}$	长度平均粒径为单一粒径的算术平均值
几何平均粒径	$d_g = (d_1 d_2 d_3 \cdots)^{\frac{1}{N}}$ 或 $d_g = (d_1^{n1} d_2^{n2} d_3^{n3} \cdots)^{\frac{1}{N}}$	几何平均粒径为各粒子粒径的几何平均值
面积长度平均粒径 $\bar{d}_2$	$\bar{d}_2 = \dfrac{\sum (n_i d_i^2)}{\sum (n_i d_i)}$	面积长度平均粒径为粒子群的总表面积除以其总长度。主要计算吸附现象时粒子群的代表性尺寸
体面积平均粒径 $\bar{d}_3$	$\bar{d}_3 = \dfrac{\sum (n_i d_i^3)}{\sum (n_i d_i^2)}$	体面积平均粒径为粒子群的总体积除以其总表面积，主要用于计算传质、反应、粒子填充层流体的阻力，填料的强度等物理化学现象
质量平均粒径 $\bar{d}_4$	$\bar{d}_4 = \dfrac{\sum (n_i d_i^4)}{\sum (n_i d_i^3)}$	如果粒子群的总质量及总个数与一均一粒子群的总质量及总个数分别相等，则此均一粒子群的粒径即为该粒子群的质量平均径。质量平均径主要用于研究计算气体输送、质量效率、燃烧、平衡等物理化学现象
表面积平均粒径 $\bar{d}_S$	$\bar{d}_S = \left[\dfrac{\sum (n_i d_i^2)}{\sum n_i} \right]^{\frac{1}{2}}$	表面积平均粒径为粒子群的总表面积除以其总个数之后取平方根。它主要用于研究计算吸收现象

名　称	计算公式	物理意义及应用
体积平均粒径 $\bar{d}_V$	$\bar{d}_V = \left(\dfrac{\sum (n_i d_i^3)}{\sum n_i} \right)^{\frac{1}{3}}$	体积平均粒径为粒子群的总体积除以其总个数之后取立方根。体积平均径主要用于光散射、喷雾的质量分布比较
中位粒径 d_{50}	d_{50}	粒径分布累计值为50%的颗粒直径，分离、分级装置性能的表示
众径	d_d	代表粒径分布中频率密度值为最大的粒径

注：n_i 代表粒子群中粒子的总个数，d_i 代表粒子群单个粒子的粒径。

3.1.2.2　粉尘的粒径分布

粒径分布是某种粉尘中，不同粒径的颗粒所占的比例，也称粉尘的分散度。粒径分布可以用颗粒的质量分数或个数百分数来表示，当用质量表示时称为质量分布，用个数表示时称为个数分布。除尘技术中常采用质量分布。下面介绍质量分布的表示方法。

测定某种粉尘的粒径分布，先取粉尘的试样，其质量 $m_0 = 4.28g$ ，再将粉尘试样按粒径大小分为若干组，通常分为 8~20 组，这里分为 9 组。经测定得到各粒径范围 $d_p \sim d_p + \Delta d_p$ 内的尘粒质量为 9 组。经测定得到各粒径范围 $d_p \sim d_p + \Delta d_p$ 内的尘粒质量为 $\Delta m(g)$ 。Δd_p 称为粒径的间隔或粒径宽度，在工业生产中也称为组距，把这一粉尘试样的测定结果及计算结果列入表 3-2 中。

表 3-2　尘粒分布测定和计算结果

序号	粒径范围 d_p /μm	粒径间隔 Δd_p /μm	平均粒径 /μm	粉尘质量 Δm/ g	频率分布 ΔD /%	频度分布 f/% · μm⁻¹	筛上累计频率 R /%	筛下累计频率 D /%
1	6~10	4	8	0.012	0.3	0.07	100.0	0.0
2	10~14	4	12	0.098	2.3	0.57	99.8	0.2
3	14~18	4	16	0.360	8.4	2.10	97.5	2.5
4	18~22	4	20	0.640	15.0	3.75	89.1	10.9
5	22~26	4	24	0.860	20.1	5.03	74.1	25.9
6	26~30	4	28	0.890	20.8	5.20	54.0	46.0
7	30~34	4	32	0.800	18.7	4.68	33.2	66.8
8	34~38	4	36	0.460	10.7	2.67	14.5	85.5
9	38~42	4	40	0.160	3.8	0.95	3.8	96.2

（1）频率分布（相对频数分布）ΔD 。是指粒径 $d_p \sim d_p + \Delta d_p$ 之间的粒子质量占粒子群的总质量的百分数，即

$$\Delta D = \frac{\Delta m}{m} \times 100\% \tag{3-9}$$

并有

$$\sum \Delta D = 1$$

式中　Δm ——粒径宽度为 Δd_p 内的粒子的质量，g；

　　　m ——粒子群的总质量，g。

（2）频率密度分布（简称频度分布）f。是指单位粒径间隔的宽度（ $\Delta d_p = 1\mu m$ ）时粒子质量占粉尘试样粒子群总质量的百分数，即

$$f = \frac{\Delta D}{\Delta d_p} \tag{3-10}$$

式中　f——频率密度分布，$\% \cdot \mu m^{-1}$。

（3）筛上累计频率分布 R（%）。筛上累计频率分布简称筛上累计分布，是指大于某一粒径 d_p 所有粒子质量占粉尘试样粒子群总质量的百分数，即

$$R = \sum_{d_p}^{d_{max}} \Delta D = \sum_{d_p}^{d_{max}} f(d_p) \Delta d_p \tag{3-11}$$

反之，将小于某一粒径 d_p 的所有粒子质量占粉尘试样粒子群总质量的百分数 D（%）定义为筛下累计频率分布，即

$$D = \sum_{d_{min}}^{d_p} \Delta D = \sum_{d_{min}}^{d_p} f(d_p) \Delta d_p \tag{3-12}$$

如果 $\Delta d_p \rightarrow 0$，可取极限形式，则式（3-11）和式（3-12）可改写成微分形式：

$$R = \int_{d_p}^{d_{max}} \mathrm{d}D = \int_{d_p}^{d_{max}} f(d_p) \mathrm{d}(d_p) \tag{3-13}$$

$$D = \int_{d_{min}}^{d_p} \mathrm{d}D = \int_{d_{min}}^{d_p} f(d_p) \mathrm{d}(d_p) \tag{3-14}$$

R 和 D 的关系为：

$$D + R = \int_{d_{min}}^{d_{max}} f(d_p) \mathrm{d}(d_p) = 100\%$$

即粒径频率分布曲线下的面积为 100%。当 $R = G = 50\%$ 时的 d_p 为中位径 d_{50}。

（4）粒径分布。粒径分布比较理想的表示方法是数学函数法。它可用较少特征参数确定的数学函数来表示粒径分布，应用更为方便。目前常用的粒径分布函数表示法是正态分布函数、对数正态分布函数和罗辛-拉姆勒（Rosin-Rammlet）分布函数，其中罗辛-拉姆勒分布函数又称为 R-R 分布函数。

A　正态分布

正态分布又称为高斯（Gauss）分布，是最简单的函数分布形式。正态分布图形为呈对称的钟形。对于粒径分布来说，其正态分布的频率密度 f 分布曲线是关于算术平均粒径 $\overline{d}_1$ 对称的钟形曲线，如图 3-2 所示。

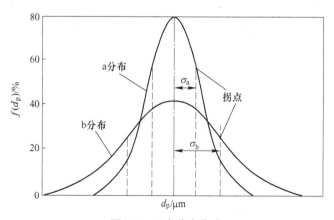

图 3-2　正态分布曲线

正态分布的频率密度函数为:

$$f(d_p) = \frac{1}{\sigma\sqrt{2\pi}}\exp\left[-\frac{(d_p - \bar{d_1})^2}{2\sigma^2}\right] \tag{3-15}$$

其中

$$\sigma^2 = \frac{\sum(d_p\bar{d_p})^2}{N-1} \tag{3-16}$$

式中 $\bar{d_1}$——粉尘的算术平均粒径;

       σ——几何标准差,是衡量 d_p 的测定值与均值 $\bar{d_1}$ 偏差的量度;

       N——粉尘粒子的总个数。

正态分布的频率密度曲线中,σ 和 $\bar{d_1}$ 是两个特征常数。σ 和 $\bar{d_1}$ 确定后,就可以确定函数 $f(d_p)$。几何标准差 σ 可以反映曲线的形状和特点,σ 越大,曲线越平缓,说明粒径分布比较分散;σ 越小,曲线越陡直,说明粒径分布比较集中,大多数集中在算术平均粒径附近。

根据式 (3-13) ~式 (3-15) 得出筛上累计频率分布 R 和筛下累计频率分布 D,分别为:

$$R = \int_{d_p}^{d_{max}} f(d_p)\,\mathrm{d}(d_p) = \int_{d_p}^{d_{max}} \frac{1}{\sigma\sqrt{2\pi}}\exp\left[-\frac{(d_p - \bar{d_p})^2}{2\sigma^2}\right]\mathrm{d}(d_p) \tag{3-17}$$

$$D = \int_{d_{min}}^{d_p} f(d_p)\,\mathrm{d}(d_p) = \int_{d_{min}}^{d_p} \frac{1}{\sigma\sqrt{2\pi}}\exp\left(-\frac{(d_p - \bar{d_p})^2}{2\sigma^2}\right)\mathrm{d}(d_p) \tag{3-18}$$

正态分布是最简单的函数形式,它的频率密度 f 分布曲线是关于算术平均粒径 $\bar{d_1}$ 的对称性钟形曲线,因而 $\bar{d_1}(\bar{d_p})$ 值与中位粒径 d_{50} 和众径 d_d 均相等。它的累积频率 R 曲线在正态坐标上为一条直线,如图 3-3 所示,其斜率取决于标准差 σ 值。从 R 曲线图中可查出对应于 $R = 15.87\%$ 的粒径 $d_{15.87}$、对应于 $R = 84.13\%$ 的粒径 $d_{84.13}$ 以及 $R = 50\%$ 的中位粒径 d_{50},则可按下式计算出标准差 σ 值:

$$\sigma = d_{84.13} - d_{50} = d_{50} - d_{15.87} = \frac{1}{2}(d_{84.13} - d_{15.87}) \tag{3-19}$$

正态分布函数很少用于描述粉尘的粒径分布,因为大多数粉尘的频度不是关于平均粒径的对称性曲线,而是向大颗粒方向偏移。正态分布函数可用于描述单分散的实验粉尘、某些花粉和袍子以及专门制备的聚苯乙烯胶乳球等的粒径分布。

B   对数正态分布

对数正态分布是常用的粒径分布函数。如果以粒径的对数 $\ln d_p$ 代替粒径 d_p,做出频度 f 的曲线,得到像正态分布一样的对称性钟形曲线的曲线,则认为该粉尘粒径分布符合对数正态分布。

对数正态分布的频度函数 f 可表示为:

$$f(\ln d_p) = \frac{1}{\sqrt{2\pi}\ln\sigma_g}\exp\left[-\frac{1}{2}\times\left(\frac{\ln d_p - \ln\bar{d_g}}{\ln\sigma_g}\right)^2\right] \tag{3-20}$$

式中　$\bar{d}_g$——几何平均粒径，$\bar{d}_g = d_{50}$；

　　σ_g——几何标准差，可由下式计算：

$$\sigma_g = \frac{d_{50}}{d_{84.13}} = \frac{d_{15.87}}{d_{50}} = \left(\frac{d_{15.87}}{d_{84.13}}\right)^{\frac{1}{2}} \tag{3-21}$$

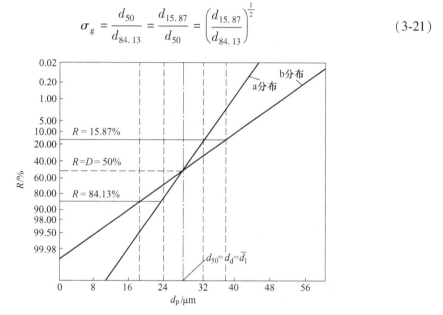

图 3-3　累计积频率曲线

对数正态分布的特点：无论是以质量表示还是以个数或表面积表示的粒径分布，都遵从对数正态分布，且几何标准差相等，在对数概率坐标中代表三种分布的直线相互平行（图 3-4）。因此，在坐标图上有了一种分布的直线，要确定另两种分布曲线时，只要知道该线上的一个点即可。中位径是最便于确定的，其换算式为：

$$d_{50} = d_{50}' \exp(3\ln^2 \sigma_g) \tag{3-22}$$

$$d_{50} = d_{50}'' \exp(0.5\ln^2 \sigma_g) \tag{3-23}$$

式中，d_{50}、d_{50}'、d_{50}'' 分别为以粒子的质量、个数和表面积表示的对数正态分布的中位径。

例 3-1　经测定某城市大气飘尘的质量粒径分布遵从对数正态分布规律，其中位径为 $d_{50} = 5.7\mu m$，筛上累计分布 $R = 15.87\%$ 时，粒径 $d_{15.87} = 9.0\mu m$。试确定以个数表示时对数正态分布函数的特征数。

解：对数正态分布函数的特征数是中位径和几何标准差。由于以个数和质量表示的粒径分布函数的几何标准差相等，按式（3-21）得：

$$\sigma_g = \frac{d_{50}}{d_{84.13}} = \frac{d_{15.87}}{d_{50}} = \frac{9.0}{5.7} = 1.58$$

由式（3-22）得以个数表示的中位径为：

$$d_{50}' = \frac{d_{50}}{\exp(3\ln^2 \sigma_g)} = \frac{5.7}{\exp(3\ln^2 1.58)} = 3.04\mu m$$

C　罗辛-拉姆勒分布（R-R 分布）

对破碎、研磨、筛分过程中产生的微细颗粒及分布很宽的各种粉尘，其粒径分布符合罗辛-拉姆勒分布规律，其函数表达式为：

$$R(d_p) = \exp(-\beta d_p^n) \tag{3-24}$$

式中　　n——分布指数；

　　　　β——分布系数。

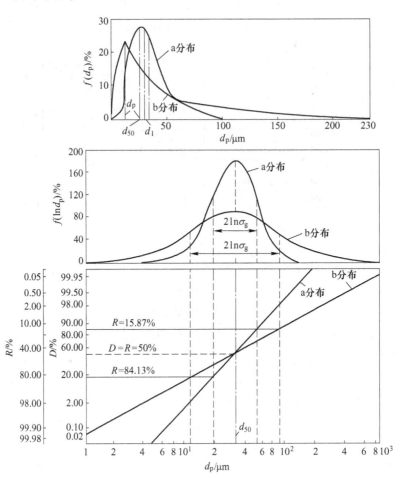

图 3-4　对数正态分布曲线及特征数的估计

对式（3-24）两端取两次对数可得：

$$\lg\left(\ln\frac{1}{R}\right) = \lg\beta + n\lg d_p \tag{3-25}$$

若以 $\lg d_p$ 为横坐标，以 $\lg(\ln 1/R)$ 为纵坐标，则可得到一条直线（图 3-5）。所以粒径分布规律符合 R-R 分布的颗粒物，其粒径组成数据绘于 R-R 坐标图上呈一直线，并可求出相应的 n 和 β。

若将中位径 d_{50} 代入式（3-24）可求得 β，则得到一个常用的 R-R 分布函数表达式：

$$R(d_p) = \exp\left[-0.693\left(\frac{d_p}{d_{50}}\right)^n\right] \tag{3-26}$$

例 3-2　已知水泥厂包装机处飘尘的中位径 $d_{50} = 1.24\mu m$，粒径分布指数为 1.7，试计算小于 $0.5\mu m$ 的颗粒在总飘尘中的百分比。

解：由式（3-26）得到小于 $0.5\mu m$ 的颗粒所占的比例为：

$$D = 1 - R = 1 - \exp\left[-0.693\left(\frac{0.5}{1.24}\right)^{1.7}\right] = 0.1375$$

即，小于 0.5μm 的颗粒所占的百分比为 13.75%。

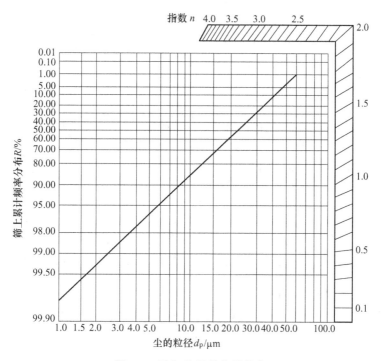

图 3-5 罗辛-拉姆勒粒径分布

3.1.3 粉尘颗粒的物理化学特性

3.1.3.1 粉尘的真密度及堆积密度

粉尘的密度指的是单位体积中粉尘的质量，其单位是 kg/m^3 或 g/cm^3。由于粉尘的产生情况不同，实验条件不同，获得的密度值也不相同。粉尘的密度由两种表示法，即真密度和堆积密度。

（1）真密度。粉尘自身所占的真实体积，不包括粉尘颗粒之间和颗粒内部的空隙体积，称为粉尘的真实体积。以粉尘的真实体积求得的密度称为粉尘的真密度，用 ρ_p 来表示。固体磨碎所形成的粉尘，在表面没有氧化时，其真密度与母料密度相同。

（2）堆积密度。呈堆积状态的粉尘，其堆积体积包括颗粒之间和颗粒内部的空隙体积。以堆积体积求得的密度称为粉尘的堆积密度。粉尘的堆积密度用 ρ_b 来表示。

粉尘颗粒间和颗粒内部空隙的体积与堆积粉尘的总体积之比称为空隙率 ε，则 ε 与 ρ_b 和 ρ_p 之间的关系为：

$$\rho_b = (1 - \varepsilon)\rho_p \qquad (3\text{-}27)$$

对一定种类的粉尘，ρ_p 是定值，而 ρ_b 则随空隙率 ε 而变化。空隙率 ε 与粉尘的种类、粒径大小及充填方式等因素有关，粉尘越细，吸附的空气越多，空隙率 ε 值越大；充填过程加压或进行振动，空隙率 ε 值减小。

对同一种粉尘而言，$\rho_b \leqslant \rho_p$。粉尘的真密度应用于研究尘粒在空气中的运动，而堆积密度则可用于存仓或灰斗容积的计算。几种工业粉尘的真密度和堆积密度，见表3-3。

表3-3   几种工业粉尘的真密度和堆积密度

粉尘种类	真密度/g·cm⁻³	堆积密度/ g·cm⁻³	粉尘种类	真密度/g·cm⁻³	堆积密度/ g·cm⁻³
滑石粉	2.75	0.56~0.71	造型黏土尘	2.47	0.72~0.8
炭黑烟尘	1.85	0.04	铸沙尘	2.7	1
硅沙粉尘 (0.5~72μm)	2.63	1.26	硅酸盐水泥尘 (0.7~91μm)	3.12	1.5
电炉冶炼尘	4.5	0.6~1.5	水泥原料尘	2.76	0.29
化铁炉尘	2.0	0.8	水泥干燥尘	3.0	0.6
黄铜熔化炉尘	4~8	0.25~1.2	锅炉渣尘	2.1	0.6
铜精炼尘	4~5	0.2	转炉烟尘	5	0.7
锌精炼尘	5	0.5	石墨尘	2	0.3
铅精炼尘	6	—	矿石烧结尘	3.8~4.2	1.5~2.6
铝二次精炼尘	3	0.3	重油铝炉烟尘	1.98	0.2

3.1.3.2 粉尘的比表面积

粉尘的比表面积是指单位体积的粉尘具有的总表面积，以 S_p（cm²/cm³ 或 cm²/g）来表示。对于平均粒径为 d_p，空隙率为 ε 的表面光滑球形颗粒，其比表面积的定义式为：

$$S_p = \frac{\pi d_p^2(1-\varepsilon)}{\dfrac{\pi d_p^3}{6}} = \frac{6(1-\varepsilon)}{d_p} \tag{3-28}$$

对于非球形颗粒组成的粉尘，比表面积 S_m 为：

$$S_m = \frac{6(1-\varepsilon)}{\varphi_m d_p} \tag{3-29}$$

其中

$$\varphi_m = \frac{S_p}{S_m} \tag{3-30}$$

式中，φ_m 为颗粒群的形状系数，细砂 $\varphi_m = 0.75$，细煤粉 $\varphi_m = 0.73$，烟灰 $\varphi_m = 0.55$，纤维尘 $\varphi_m = 0.30$。

比表面积常用来表示粉尘的总体的细度，是研究通过粉尘层的流体阻力，以及研究化学反应、传质传热现象的参数之一。

3.1.3.3 粉尘的含水率及润湿性

（1）粉尘的含水率。粉尘中所含水分一般可分为三类：自由水、结合水和化学结合水。1）自由水，是指附着在表面或包含在凹面及细孔中的水分；2）结合水，指紧密结合在颗粒内部，用一般干燥方法不易全部去除的水分；3）化学结合水，是颗粒的组成部分，如结晶水，不能用干燥的方法除去，否则会破坏物质的分子结构。因此，通常不将其作为水分来看待。

通过干燥可以除去自由水和一部分结合水，其余部分作为平衡水分残留，其量随干燥

条件而变化。工程中一般以粉尘中所含水量 $m_w(g)$ 对粉尘总质量之比称为含水率 $w(\%)$，即

$$w = \frac{m_w}{m_d + m_w} \times 100\% \tag{3-31}$$

式中　　m_d ——干粉尘的质量，g。

工业测定的水分，是指总水分与平衡水分之差，测定水分的方法要根据粉尘的种类和测定目的来选择。基本的方法是将一定量（约100g）的粉尘试样放在105℃的烘干箱中干燥4小时后，再进行称量。测定水分的方法还有蒸馏法、化学反应法、电测法等。

（2）粉尘的润湿性。粉尘颗粒能否与液体相互附着或附着难易的性质称为粉尘的润湿性。当尘粒与液滴接触时，如果接触面扩大而相互附着，就是能润湿；若接触面趋于缩小而不能附着，则是不能润湿。根据被润湿的难易程度，可分为亲水性粉尘和疏水性粉尘。对于5μm以下特别是1μm以下的尘粒，即使是亲水的，也很难被水润湿，这是由于细粉的比表面积大，对气体的吸附作用强，尘粒和水滴表面都有一层气膜，因此只有在尘粒与水滴之间具有较高的相对运动速度时（如文丘里喉管中），才会被润湿。同时，粉尘的润湿性还随压力增加而增加，随温度上升而下降，随液体表面张力减小而增加。各种湿式洗涤器，主要靠粉尘与水的润湿作用来分离粉尘。

粉尘的润湿性可以用试管中粉尘的润湿速度来表征。通常取润湿时间为20min，测出此时的润湿高度 H_{20}，于是润湿速度 v_{20} 为：

$$v_{20} = \frac{H_{20}}{20} (\text{mm/min}) \tag{3-32}$$

按润湿速度将粉尘分为四大类，见表3-4。

表 3-4　按润湿速度大小划分粉尘的类型

粉尘类型	I	II	III	IV
润湿性	绝对憎水	憎水	中等亲水	亲水
$v_{20}/\text{mm} \cdot \text{min}^{-1}$	<0.5	0.5~2.5	2.5~8.0	>8.0
粉尘举例	石蜡、聚四氟乙烯、沥青	石墨、煤、硫	玻璃微珠、石英	锅炉飞灰、钙

对于润湿性好的亲水性粉尘（中等亲水、强亲水），可采用湿式除尘器净化；对于润湿性差的憎水性粉尘，则不宜采用湿式除尘器；对于水泥粉尘、熟石灰及白云石等虽是亲水性粉尘，但它们吸水之后即形成不溶于水的硬垢，一般称粉尘的这种性质为水硬性。水硬性结垢会造成管道及设备堵塞，所以对此类粉尘不宜采用湿式洗涤器分离。

3.1.3.4　粉尘的黏附性

粉尘的黏附性是指粉尘颗粒之间凝聚的可能性或粉尘对器壁黏附堆积的可能性。粉尘颗粒由于凝聚变大，有利于提高除尘器的捕集效率，但粉尘对器壁的黏附会造成设备或管道的堵塞引起故障。黏附现象与作用在颗粒之间的附着力以及与固体壁面之间的作用力有关。实践证明，颗粒细、形状不规则、表面粗糙、含水率高、润湿性好及荷电量大的粉尘易于产生黏附现象。此外，黏附性还与粉尘的气流运动状况及壁面粗糙情况有关。所以，

在除尘系统或气流输送系统中，要根据经验选择适当的气流速度，并尽量将壁面加工光滑，以减小粉尘的黏附性。

3.1.3.5　粉尘的荷电性及导电性

（1）粉尘的荷电性。粉尘在其产生过程中，由于相互碰撞、摩擦、放射线照射、电晕放电及接触带电体等原因，几乎都带有一定的电荷。在空气干燥的情况下，粉尘表面的最大荷电量约为 $1.66×10^{10}e/cm^3$，而天然粉尘和人工粉尘的荷电量仅为最大荷电量的1/10量级。粉尘荷电后会改变其某些物理特性，如凝聚性、附着性及其在空气中的稳定性等，同时对人体的危害性增强。粉尘的荷电量随温度升高，随表面积增大及含水率减小而增大，粉尘的荷电性与其化学组成及外部的荷电条件有关。粉尘荷电在除尘中有重要作用，如电除尘器就是利用粉尘荷电来除尘的，在袋式除尘器和湿式除尘器中也可利用粉尘或液滴荷电来进一步提高对细尘粒的捕集性能。

（2）粉尘的导电性。粉尘导电性的表示方法和金属导线一样，用电阻率来表示，单位为欧姆·厘米（$\Omega·cm$）。粉尘的导电不仅包括粉尘颗粒本身的容积导电，而且还包括颗粒表面因吸附水分等形成的化学膜的表面导电。特别对于电阻率高的粉尘，在低温条件下（<100℃），主要是表面导电；在中温范围内（100~200℃）表面导电和容积导电都发挥作用；在高温（>200℃）条件下，容积导电占主导地位。因此，粉尘的电阻率与测定时的条件有关，如气体的温度、湿度和成分，以及粉尘的松散度和细度等。总之，粉尘的电导率仅是一种可以相互比较的表观电阻率，简称比电阻。温度与比电阻之间的关系，见图3-6。

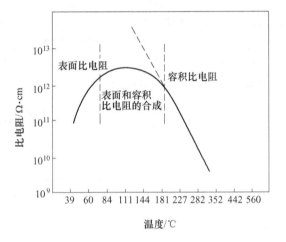

图3-6　温度与比电阻之间的关系

3.1.3.6　粉尘的爆炸性

粉尘的爆炸性是指可燃物的剧烈氧化作用，在瞬间产生大量热量和燃烧产物，在空间造成很高的温度和压力，故称为化学爆炸。可燃物爆炸必须具备两个条件：一是可燃物与空气或氧构成的可燃混合物达到一定的浓度；二是存在能量足够的火源。能够引起爆炸的浓度范围称为爆炸极限，其中能够引起爆炸的最高浓度称为爆炸上限，最低的浓度称为爆炸下限。多数情况下达不到爆炸上限浓度。有些粉尘，如镁粉、碳酸钙粉与水接触后会引起自燃或爆炸，称这种粉尘为具有爆炸危险性粉尘。这种粉尘不能采用湿法除尘。有些粉尘，如硫矿粉、煤尘等在空气中达到一定浓度时，在外界高温、摩擦、振动、碰撞以及放电火花等作用下会引起爆炸，这些粉尘称为具有爆炸危险性粉尘。粉尘着火所需要的最低温度称为粉尘的着火点，他们都与火源的强度、粉尘的种类、粒径、湿度、通风情况、氧气浓度等因素有关。通常是粉尘越细，发火点越低，粉尘的爆炸下限越小，发火点越低，爆炸的危险性越大。

3.1.3.7 粉尘的安息角与滑动角

粉尘的安息角是指粉尘通过小孔连续地落到水平面上时，自然堆积成一个圆锥体，圆锥体的母线于水平面的夹角称为粉尘的安息角。许多粉尘安息角的平均值约为 35°~55°。粉尘的滑动角是指自然堆放在光滑平板上的粉尘，随平板作倾斜运动时，粉尘开始发生滑动时平板的倾斜角，也称为静安息角，一般为 40°~55°。

粉尘的安息角与滑动角是评价粉尘流动性的一个重要指标。安息角小的粉尘，其流动性好；安息角大的粉尘，其流动性差。粉尘的安息角与滑动角是设计除尘器灰斗（或粉料仓）的锥度及除尘管路倾斜度的主要依据。影响粉尘安息角和滑动角的主要因素有粉尘粒径、含水率、粒子形状、颗粒表面光滑程度及粉尘的黏性等。对同一种粉尘，粒径越小、含水率越大，安息角愈大；表面愈光滑和愈接近球形的粒子，黏附性小，安息角小。几种常见的工业粉尘的安息角，见表 3-5。

表 3-5 几种常见的工业粉尘的安息角和滑动角

粉尘名称	滑动角/(°)	安息角/(°)	粉尘名称	滑动角/(°)	安息角/(°)
白云石	41	35	无烟煤粉	37~45	30
黏土（小块）	50	40	飞灰	15~20	—
高炉灰	—	25	生石灰（小块）	40~45	30~35
烧结混合料	—	35~40	水泥	40~45	35
烟煤粉	37~45	—			

3.2 气体的基本性质

气体的性质对除尘具有十分重要的影响，例如，对袋式除尘器，在考虑压力损失、选用滤料材质、决定清灰方式时，都与气体的性质有关。气体的基本性质包括气体的压力、温度、密度、湿度、黏度等。

3.2.1 气体的压力与气体状态方程

对工程技术上常见的空气、烟气等气体，在压力不太高，温度不太接近气体液化点的条件下，均可视为理想气体。气体的体积 V、温度 T 及压力 p 三者的关系遵从以下状态方程：

$$pV = \frac{m}{M}RT \qquad (3-33)$$

式中　p ——气体的压力，Pa；

　　　V ——气体的体积，m^3；

　　　T ——气体的温度，K；

　　　M ——气体的摩尔质量，g/mol；

　　　R ——气体常数，$R = 8.314 J/(mol \cdot g \cdot K)$；

　　　m ——气体的总质量，g。

根据气体分子运动理论，气体的压力是大量分子对容器内壁撞击的总效果。以单位面积上所受的力来衡量，故亦称压强，单位为 Pa。

3.2.2 气体的温度

温度是表征物体冷热程度的物理量。在工程应用中大多采用国际百分温标，即 $t(\text{℃})$；在气体热力学中则采用绝对温标，即 $T(K)$。气体的温度是一个重要的参数，它影响气体的体积、压力、黏性、密度等参数，在除尘工程中，它还影响到除尘设备的承受能力。

3.2.3 气体的密度

单位气体所具有的质量称为密度。气体的密度不但与组成气体的成分有关，还随着温度、压力的变化而变化。污染物和空气混合物的密度可用下式计算：

$$\rho = \varphi_a \rho_a + \sum_{i=1}^{n} \varphi_i \rho_i \tag{3-34}$$

式中 φ_a，φ_i ——分别为空气和气态污染物的体积分数；

        ρ_a，ρ_i ——分别为混合物总压下空气的密度和污染物的密度，kg/m^3。

3.2.4 气体的黏度

气体在流动时产生内摩擦力，这种性质称为气体的黏性。黏度（或称黏滞系数）的定义是切应力与切应变的变化率之比，用来度量流体黏性的大小，由流体的性质而定。不同温度下的空气黏度可查表得到。气体的黏度随着温度的增高而增大（与液体相反），与压力几乎无关。在袋式除尘器中，滤袋的压力损失与气体的黏度成正比，粉尘的沉降速度与气体黏度成反比。

气态污染物与空气混合物的平均黏度 $\overline{\mu}$，在低压下可用下式计算：

$$\overline{\mu} = \frac{\varphi_a \mu_a M_a^{\frac{1}{2}} + \sum_{i=1}^{n} \varphi_i \mu_i M_i^{\frac{1}{2}}}{\varphi_a M_a^{\frac{1}{2}} + \sum_{i=1}^{n} \varphi_i M_i^{\frac{1}{2}}} \tag{3-35}$$

式中 μ_a，μ_i ——分别为空气和气态污染组分的黏度，$Pa \cdot s$；

        M_a，M_i ——分别为空气的相对分子质量和污染组分的相对分子质量。

工业气体中，颗粒污染物体积分数的数量级一般为 $10^{-4} \sim 10^{-5}$。因此，颗粒污染物对混合物黏度的影响通常可忽略不计。

3.2.5 气体的湿度

气体中常含有一定的水蒸气，气体中含水蒸气的多少用湿度来表示。湿度主要有以下几种表示方法。

（1）绝对湿度。绝对湿度是指单位体积气体中所含的水蒸气的质量，等于水蒸气分压下的水蒸气密度。根据理想气体方程有：

$$\rho_w = \frac{p_w}{R_w T} \tag{3-36}$$

式中　ρ_w——绝对湿度，kg/m^3；

　　　p_w——湿气体中水蒸气分压，Pa；

　　　R_w——水蒸气的气体常数，$J/(kg \cdot K)$；

　　　T——热力学温度，K。

（2）相对湿度。相对湿度是指气体的绝对湿度与同温度下的饱和绝对湿度之百分比，亦等于气体的水蒸气分压与同温度下的饱和水蒸气分压之比。饱和气体的绝对湿度 ρ_v 称为饱和绝对湿度，其值随温度而变。相对湿度 φ 为：

$$\varphi = \frac{\rho_w}{\rho_v} = \frac{p_w}{p_v} \times 100\% \tag{3-37}$$

式中，p_v 为同温度下饱和水蒸气分压，Pa。

（3）含湿量 d 和 d_0。含湿量 d 代表 1kg 干气体所含水蒸气的质量（kg），即

$$d = \frac{m_w}{m_d} = \frac{\rho_w}{\rho_d} \tag{3-38}$$

式中　m_w，m_d——分别为水蒸气和干气体的质量，kg；

　　　ρ_w，ρ_d——分别为水蒸气和干气体的密度，kg/m^3。

干空气的相对分子质量 $M_d = 28.97$，水蒸气的相对分子质量 $M_w = 18.02$，将 $\rho_w = M_w p_w / (RT)$ 和 $\rho_d = M_d p_d / (RT)$ 代入式（3-38），则有：

$$d = \frac{M_w p_w}{M_d p_d} = 0.622 \times \frac{\varphi p_v}{p - \varphi p_v} \tag{3-39}$$

式中　p——总压力，Pa。

式（3-39）仅适用于空气。

含湿量 d_0 是指标准状态下 $1m^3$ 干气体中所含水蒸气的质量（kg）。令 $\rho_{nd} = M_d / 22.414 kg/m^3$ 为干气体在标准状态下的密度，可导出：

$$d_0 = \rho_{nd} d = \rho_{nd} \frac{M_w p_w}{M_d p_d} = 0.804 \frac{\varphi p_v}{p - \varphi p_v} \tag{3-40}$$

式（3-40）适用于任何气体。

（4）水蒸气体积分数 φ_w 或摩尔分数 x_w。若以湿气体水蒸气所占体积分数 φ_w 或摩尔分数 x_w 表示湿气体的湿度，则有：

$$\varphi_w = x_w = \frac{d_0}{0.804 + d_0} = \frac{\rho_{nd} d}{0.804 + \rho_{nd} d} \tag{3-41}$$

$$d_0 = \frac{0.804 x_w}{1 - x_w} \tag{3-42}$$

$$d = \frac{0.804 x_w}{(1 - x_w) \rho_{nd}} \tag{3-43}$$

例 3-3　已知大气压力为 95992 Pa、空气温度 $t = 28℃$ 时饱和水蒸气压力 $p_v = 3746.5 Pa$、相对湿度 $\varphi = 70\%$，试确定空气的含湿量及标准状态下干空气的密度。

解：由已知条件，空气的含湿量 d，可由式（3-39）计算得：

$$d = 0.622 \frac{\varphi p_v}{p - \varphi p_v} = 0.622 \times \frac{0.7 \times 3746.5}{95992 - 0.7 \times 3746.5} = 0.01747 \text{（kg 水蒸气/kg 干气体）}$$

由式（3-40）计算，求得 d_0 和 ρ_{nd} 分别为：

$$d_0 = 0.804 \frac{\varphi p_v}{p - \varphi p_v} = 0.804 \times \frac{0.7 \times 3746.5}{95992 - 0.7 \times 3746.5} = 0.02258 \text{ kg/m}^3$$

$$\varphi_w = x_w = \frac{d_0}{0.804 + d_0} = \frac{0.02258}{0.804 + 0.02258} = 0.0273 = 2.73\%$$

$$\rho_{nd} = \frac{d_0}{d} = \frac{0.02258}{0.01747} = 1.293 \text{ kg/m}^3$$

3.2.6　气体的露点

露点是指气体的气压不变，水蒸气含量不增减的情况下，未饱和气体因冷却而达到饱和状态时的温度。因此，露点是一种气体湿度的表示法。

当相对湿度达到100%，即湿体已达饱和状态时，气体中水蒸气分子的含量已达到容许的最大值，此时温度稍有降低，就必然有一部分水蒸气分子不能再以气态存在于气体中，而从气体中析出来成为液体，这叫结露，或叫冷凝。气体的结露对除尘器的工作很不利，它能使粉尘的含水率增大而黏结在滤袋上，造成清灰困难；还能腐蚀除尘设备，降低使用寿命，尤其是气体中含有硫化物时，硫会溶解于水中形成强腐蚀剂腐蚀除尘设备，因此，在除尘作业中必须防止结露现象发生。

气体的露点除与湿度相关外，还与气体的成分有关。尤其是气体中含有三氧化硫时，即使是少量的，也可以使气体露点温度达到100℃以上，这一点应特别注意。水泥厂窑尾的烟气与发电厂锅炉相比，硫氧化物比较少，原因是硫容易被生料中的碱成分中和。水泥厂窑尾烟气的相对湿度和露点，见表3-6。

表3-6　水泥厂窑尾烟气的相对湿度和露点

窑　型	烟气温度/℃	相对湿度/%	露点/℃
带预热锅炉的干法窑	190	7	40
带悬浮预热器干法窑	300~350	10（预热利用后）	33~38
机立窑	50~190	15	40~55
湿法长窑	120~220	40	65~75
带过滤器的湿法窑	120~190	18	65~75
立波尔窑	80~130	18	45~60

3.2.7　气体的比热

空气、气态污染物和颗粒混合物的平均比热是混合物各组分比热的加权平均值，加权函数是组分的质量分数，于是有：

$$\bar{c}_p = w_a c_{pa} + \sum_{i=1}^{n} w_i c_{pi} \tag{3-44}$$

$$\bar{c}_V = w_a c_{Va} + \sum_{i=1}^{n} w_i c_{Vi} \tag{3-45}$$

式中　$\bar{c}_p$，$\bar{c}_V$——分别为混合气体恒压和恒容比热，$J/(kg \cdot K)$；

$\quad\quad\quad c_{pi}$，c_{Vi}——分别为某气体污染物的恒压和恒容比热，$J/(kg \cdot K)$；

$\quad\quad\quad c_{pa}$，c_{Va}——分别为空气的恒压和恒容比热，$J/(kg \cdot K)$；

$\quad\quad\quad w_a$，w_i——分别为空气和某气体污染物的质量分数。

3.3　烟气的理化性质

3.3.1　粉尘浓度

粉尘浓度指的是单位体积气体中所含粉尘的质量。各国的环保法都对各作业场所规定了最高容许浓度，对除尘设备也规定了最高排放浓度。在重力、惯性力和离心力除尘器中，通常进口废气含尘浓度越大，除尘效率越高，但同时又会增加出口含尘浓度，因此不能仅依据除尘效率高低来选择除尘器。在过滤式除尘器中，应考虑初始含尘浓度，采用适宜的清灰方式。

3.3.2　含尘气体的湿度

含尘气体的湿度指的是气体中含有水蒸气的多少程度，通常用含尘气体中的水蒸气体积分数 X_w 或相对湿度 φ 表征。在通风除尘领域，当 X_w 大于 8% 时或 φ 超过 80% 时，称为湿含尘气体。0~100℃的空气的水露点与空气中含湿量的关系，见图3-7。含硫氧化物烟气的酸露点与 SO_3 的含量以及烟气的湿度 X_w 有关，见图3-8。对于湿含尘气体在选择滤料及系统设计时应注意以下四点：

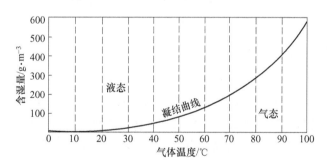

图 3-7　空气的水露点与空气中含湿量的关系

（1）湿含尘气体使滤袋表面捕集的粉尘润湿黏结，尤其对吸水性、潮解性粉尘，甚至引起糊袋。因此应选用表面光滑、容易清灰的滤料。

（2）对湿含尘气体在除尘滤袋设计时，宜采用圆形滤袋，尽量不采用形状复杂和布置紧凑的扁平滤袋。

（3）对湿含尘气体在系统工况设计时，选定的除尘器工况温度应高于气体露点温度10~20℃，对此可采取混入高温气体（热风）以及对除尘器筒体加热保温等措施。

（4）当高温和高湿同时存在时，会影响滤料的耐温性，尤其对于聚酰胺、聚酯、亚酰胺等水解稳定性差的材料更是如此。所以，在设计时应选用抗水解的滤料。

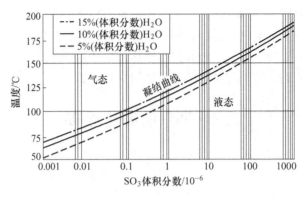

图 3-8　含硫氧化物烟气的酸露点

3.3.3　含尘气体的温度

含尘气体的温度是选用滤料的首要因素之一，并对袋式除尘工程的造价和运行费用有很大的影响。通常把 130℃ 以下称为常温，高于 130℃ 称为高温。对于高温烟气，可以直接选用高温滤料，也可以在采取冷却措施后选用中温或常温滤料，选用何种滤料需通过技术经济分析比较后确定。

为适应除尘设备的要求，高温烟尘必须进行冷却。如旋风除尘器要求烟气温度不高于450℃，袋式除尘器烟气温度根据滤袋材料而定，电除尘器要求烟气温度不高于 400℃。如湿式除尘器只用作收尘，烟气温度一般不高于 100℃。如新开发的高温高压电除尘器，烟气温度可高达 800~900℃。低温烟气要考虑露点的影响，烟气温度的下限一般须高于露点 20~30℃，必要时还要采用保温、加热或配入高温烟气的办法，以保证烟气不结露，防止设备被腐蚀或烟尘黏结。

3.3.4　含尘气体的可燃性和爆炸性

冶炼和化工生产过程产生的烟尘中，有的含有氢气、一氧化碳、甲烷、丙烷和乙炔等可燃气体。它们与空气、氧或其他助燃性气体形成混合物的浓度在一定范围内，遇火源即可产生爆炸。这一浓度范围称为该气体或若干气体混合物的爆炸界限。气体温度升高时爆炸界限扩大，但压力升高时，爆炸界限可能扩大也可能缩小。常见可燃性气体的爆炸界限，见表 3-7。

表 3-7　常见可燃性气体的爆炸界限

气体名称	爆炸界限/%						纯氧爆炸危险度指数[②]
	空气中			纯氧中			
	下限	上限	爆炸危险度[①]	下限	上限	爆炸危险度[①]	
乙炔	2.5	80.0	31.00	2.5	93.0	36.20	1.17
乙醚	1.9	36.0	17.95	2.1	82.0	38.05	2.12
氢	9.0	75.0	17.75	4.0	94.0	22.50	1.27

气体名称	爆炸界限/%						纯氧爆炸危险度指数[2]
	空气中			纯氧中			
	下限	上限	爆炸危险度[1]	下限	上限	爆炸危险度[1]	
乙炔	3.1	32.0	9.32	3.0	80.0	25.67	2.75
一氧化碳	12.5	74.0	4.92	15.5	94.0	5.05	1.03
丙烷	2.2	9.5	3.32	2.3	55.0	22.91	6.90
甲烷	5.3	15.0	1.83	5.1	61.0	10.96	5.99
氨	15.5	27.0	0.74	13.5	79.0	4.85	6.65
硫化氢	4.0	44.0	10.0	—	—	—	—

① 爆炸危险度 = (爆炸上限浓度-爆炸下限浓度) / 爆炸下限浓度;

② 纯氧爆炸危险度指数 = 纯氧中爆炸危险度 / 空气中爆炸危险度。

3.3.5 含尘气体的腐蚀性

通常在化工废气和各种炉窑烟气中常含有酸、碱、氧化剂、有机溶剂等多种化学成分,必须根据含尘气体的化学成分,抓住主要因素,择优选定除尘器材质。不同纤维的耐化学性是不一样的,需要根据烟气的成分选择适宜的滤料。滤料材质的耐化学性通常是受温度、湿度等多种因素的交叉影响。如聚丙烯纤维具有较全面的耐化学性能,但在温度超过80℃的工况下,也会明显恶化;亚酰胺纤维比聚酯纤维有较高的耐温性,但在高温条件下耐化学性能差一些;聚苯硫醚纤维具有耐高温和耐酸碱腐蚀的良好性能,适宜用于燃煤烟气除尘,但抗氧化剂能力较差;聚酰亚胺纤维可以弥补其不足,但水解稳定性又不理想;在滤料市场最广泛使用的聚酯纤维,在常温下具有良好的力学性能和耐酸碱性,但在较高的温度下,对水汽十分敏感,容易发生水解作用使强度大幅度下降;作为塑料王的聚四氟乙烯纤维具有最佳的耐化学性,但价格较贵。

3.3.6 含尘气体的预处理

为了确保除尘器稳定高效的运行,应根据实际情况,对下述含尘气体进行预处理:

(1) 在处理含一氧化碳含尘气体时,为防止爆炸,需要在发生炉出口烟道的高温部位导入空气,将一氧化碳氧化成二氧化碳。

(2) 在高电阻粉尘的场合,如在燃料煤中,掺入重油与高硫煤进行混烧,或喷入水、蒸汽、三氧化硫等调节剂,以降低粉尘的比电阻。再就是燃烧重油时产生的粉尘,当电阻过低时,可喷入氨气,生成电阻较高的硫铵,把全部粉尘的比电阻调节在 $10^4 \sim 10^{11}(\Omega \cdot cm)$ 范围之内。

3.4 净化装置的性能

净化装置的性能指标主要包括技术指标和经济指标两方面。技术指标主要包括含尘气体处理量、净化效率和压力损失等;经济指标主要有设备费、运行费和占地面积等。

3.4.1　净化装置的处理能力

处理气体流量是代表净化装置处理能力大小的指标，通常用体积流量表示。由于实际运行中处理装置本体漏气等原因，导致装置进出口的气体流量不同，因此，采用两者的平均值作为净化装置的处理气体流量：

$$Q_N = 0.5 \times (Q_{1N} + Q_{2N}) \tag{3-46}$$

式中，Q_N、Q_{1N}、Q_{2N} 分别为标准状态（273.15K，101.33 kPa）下净化装置的处理气体流量、进口流量和出口流量（标态），m^3/s。

净化装置的漏风率 $\delta(\%)$ 可按下式计算：

$$\delta = \frac{Q_{1N} - Q_{2N}}{Q_{1N}} \times 100\% \tag{3-47}$$

3.4.2　净化装置的净化效率

净化效率是表示净化装置对污染物净化效果的重要技术指标。净化效率是指在单位时间内净化装置去除（收集）的污染物的量与进入装置的污染物量之百分比，用 η 表示。净化效率的计算包括净化总效率和分级效率。

3.4.2.1　净化总效率 η

如图 3-9 所示，净化装置进口的气体流量（标态）为 $Q_{1N}(m^3/s)$，污染物流量为 $S_1(g/s)$，污染物浓度（标态）为 $\rho_{1N}(g/m^3)$，净化装置出口的气体流量（标态）为 $Q_{2N}(m^3/s)$，污染物流量为 $S_2(g/s)$，污染物浓度（标态）为 ρ_{2N}（g/m^3），若装置捕集的污染物流量为 $S_3(g/s)$，则有：

除尘效率为：

$$\eta = \frac{S_3}{S_1} = 1 - \frac{S_2}{S_1} = 1 - \frac{\rho_{2N} Q_{2N}}{\rho_{1N} Q_{1N}} \tag{3-48}$$

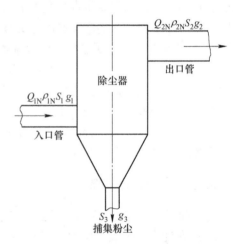

图 3-9　净化装置净化过程示意图

当污染物浓度很高时，有时将几级净化装置串联使用，若已知每一级的净化效率为 η_1、η_2、$\eta_3 \cdots \eta_n$，则总效率可按下式计算：

$$\eta_z = 1 - (1 - \eta_1)(1 - \eta_2)(1 - \eta_3) \cdots (1 - \eta_n) \tag{3-49}$$

当净化效率很高时，或为了说明污染物的排放率，有时采用通过率 $P(\%)$ 来表示装置的性能。

通过率为：

$$P = \frac{S_2}{S_1} = \frac{\rho_{2N} Q_{2N}}{\rho_{1N} Q_{1N}} = 1 - \eta \tag{3-50}$$

3.4.2.2　分级除尘效率

除尘器的除尘效率往往与粉尘粒径有关，粒径越大，越易去除，即除尘器对不同的粉尘具有不同的去除效果，这就提出了分级效率的概念。分级除尘效率是指除尘装置对某一粒径 d_p 或粒径间隔 Δd_p 内粉尘的除尘效率，简称分级效率。分级效率可以用表格、曲线图或显函数表示。

设除尘器进口、出口和捕集的 d_p 颗粒质量流量分别为 S_1、S_2、S_3，则该除尘器对粒径 d_p 颗粒的分级效率 η_i 为：

$$\eta_i = \frac{S_{3i}}{S_{1i}} = 1 - \frac{S_{2i}}{S_{1i}} \tag{3-51}$$

对于分级除尘效率，一个非常重要的值是 50%，与此值相对应的粒径称为除尘器的分割粒径，一般用 d_c 表示。分割粒径 d_c 在讨论除尘器性能时经常用到。

3.4.2.3 分级效率与总效率之间的关系

（1）由总效率求分级效率。在除尘器实验中，可以测出除尘器进口和出口的粉尘浓度 ρ_1、ρ_2 并计算出总除尘效率，为了求出分级效率，还需同时测出除尘器进口、出口和捕集的粉尘质量频率 g_1、g_2、g_3 中任意两组数据。

$$\eta_i = \frac{S_3 g_{3i}}{S_1 g_{1i}} = \eta \frac{g_{3i}}{g_{1i}} \tag{3-52}$$

或

$$\eta_i = 1 - \frac{S_2 g_{2i}}{S_1 g_{1i}} = 1 - P \frac{g_{2i}}{g_{1i}} \tag{3-53}$$

（2）由分级效率求总效率。这类计算属于设计计算，即根据某种除尘器净化某类粉尘的分级效率数据和某粉尘的粒径分布数据，计算该种除尘器净化该粉尘时能达到的总除尘效率 η。

$$\eta = \sum_i \eta_i g_{1i} \tag{3-54}$$

3.4.3 净化装置的压力损失

压力损失是代表净化装置能耗大小的技术经济指标，是指净化装置的进口和出口气流全压之差，净化装置压力损失的大小，不仅取决于装置的种类和结构形式，还与处理气体流量大小有关。通常压力损失 Δp（单位：Pa）与装置进口气流的动压成正比，即

$$\Delta p = \zeta \frac{\rho v_1^2}{2} \tag{3-55}$$

式中　ρ ——气体的密度，kg/m^3；

　　　ζ ——净化装置的压损系数，无量纲；

　　　v_1 ——装置进口气流速度，m/s。

净化装置的压力损失，实质上是气体通过装置时所消耗的机械能，它与通风机所耗功率成正比，所以应尽可能小。多数除尘装置的压力损失为 $1 \sim 2kPa$，原因是通风机具有 $2kPa$ 左右的压力，压力再升高，不但通风机造价高，难以选择到合适的机器，而且通风机的噪声变大，又增加了消声问题。

例 3-4 某粉尘的粒径分布及用湿式除尘器处理后的各粒径范围的分级除尘效率如表 3-8 所示，试计算其总除尘效率。

表 3-8 某粉尘的粒径分布

序号	1	2	3	4	5	6	7	8
粒径间隔 $\Delta d_p / \mu m$	0~5.8	5.8~8.2	8.2~11.7	11.7~16.5	16.5~22.6	22.6~33	33~47	>47
频率分布 $g_i / \%$	31	4	7	8	13	19	10	8
分级效率 $\eta_i / \%$	61	85	93	96	98	99	100	100

解：由表 3-8 中数据可知，粉尘粒径在 0~5.8μm 范围内的分级除尘效率为：

$$\eta_{1t} = \eta_1 g_1 = 31\% \times 61\% = 18.91\%$$

粉尘粒径在 5.8~8.2μm 范围内的分级除尘效率为：

$$\eta_{2t} = \eta_2 g_2 = 4\% \times 85\% = 3.4\%$$

粉尘粒径在 8.2~11.7μm 范围内的分级除尘效率为：

$$\eta_{3t} = \eta_3 g_3 = 7\% \times 93\% = 6.51\%$$

粉尘粒径在 11.7~16.5μm 范围内的分级除尘效率为：

$$\eta_{4t} = \eta_4 g_4 = 8\% \times 96\% = 7.68\%$$

粉尘粒径在 16.5~22.6μm 范围内的分级除尘效率为：

$$\eta_{5t} = \eta_5 g_5 = 13\% \times 98\% = 12.74\%$$

粉尘粒径在 22.6~33μm 范围内的分级除尘效率为：

$$\eta_{6t} = \eta_6 g_6 = 19\% \times 99\% = 18.81\%$$

粉尘粒径在 33~47μm 范围内的分级除尘效率为：

$$\eta_{7t} = \eta_7 g_7 = 10\% \times 100\% = 10\%$$

粉尘粒径在 >47μm 范围内的分级除尘效率为：

$$\eta_{8t} = \eta_8 g_8 = 8\% \times 100\% = 8\%$$

由以上各段分级除尘效率，可计算出总除尘效率 η 为：

$$\eta = \eta_{1t} + \eta_{2t} + \eta_{3t} + \eta_{4t} + \eta_{5t} + \eta_{6t} + \eta_{7t} + \eta_{8t}$$
$$= 18.91\% + 3.4\% + 6.51\% + 7.68\% + 12.74\% + 18.81\% + 10\% + 8\%$$
$$= 86.05\%$$

3.5 本章小结

本章介绍了粉尘的分类、单一颗粒的粒径和颗粒群的平均粒径及粒径的分布（包括相对频数分布、频率密度分布、筛上累计频率分布和粒径分布函数）；详细介绍了粉尘的真密度、堆积密度、比表面积、含水率及润湿性、黏附性、荷电性及导电性、爆炸性、安息角与滑动角等物理化学特性；介绍了气体状态方程、气体的压力、气体的温度、气体的密度、气体的黏度、气体的湿度、气体的露点和气体的比热等气体的基本性质；介绍了粉尘浓度和含尘气体的湿度、温度、可燃性、爆炸性和腐蚀性等烟气的理化性质及含尘气体的预处理；还介绍了净化装置的处理能力、净化装置的净化、总效率、净化分级效率及压力损失等内容。

思 考 题

3-1 按物质组成，粉尘可分为：_____，_____和_____。

3-2 按粉尘粒径大小或在显微镜下可见程度，可将粉尘分为：_____，_____，_____，_____。

3-3 按不同形状的粉尘可分为：_____，_____，_____，_____。

3-4 反映单个颗粒大小的单一粒径有哪三种表示法？表示颗粒群粒子粒径分布有哪几种方法，各有何特点？

3-5 水泥粉尘、石灰粉尘等不宜采用湿式除尘器，主要是因为什么原因？

3-6 在选用静电除尘器来净化含尘废气时，必须考虑粉尘的哪种性质？

3-7 粉尘颗粒的物理化学特性包括哪七项？并说明其含义及特点。

3-8 某种粉尘的粒径分布和分级除尘效率数据如下，试计算总除尘效率。

平均粒径 /μm	0.25	1.0	2.0	3.0	4.0	5.0	6.0	7.0	8.0	10.0	14.0	20.0	>23.5
频率分布 /%	0.1	0.4	9.5	20.0	20.0	15.0	11.0	8.5	5.5	5.5	4.0	0.8	0.2
分级效率 /%	8	30	47.5	60	68.5	75	81	86	89.5	95	98	99	100

3-9 经测定某市大气中飘浮粉尘的质量粒径分布遵从对数正态分布规律，其中，中位径 $d_{50} = 4.3\ \mu m$，粒径 $d_{13.17} = 7.6\ \mu m$。试计算该对数正态分布函数的特征数。

3-10 气体的基本性质包括哪几方面？详细说明。

3-11 烟气的理化性质有哪些？简要说明。

4 粉尘污染物治理技术及设备

【学习指南】

本章主要了解除尘器的分类，机械式除尘器、过滤式除尘器、电除尘器和湿式除尘器的性能；掌握重力沉降室的结构，粉尘沉降原理，重力沉降室的结构尺寸确定，除尘效率计算，压力损失的计算等；惯性除尘器的结构形式与特点、惯性沉降的基本原理、除尘机理、碰撞式惯性除尘器和折转式惯性除尘器的结构，旋风除尘器的分类、结构、工作原理、分离理论、旋风除尘器各部分尺寸的确定、压力损失的计算、除尘效率计算等。掌握袋式除尘器的分类、除尘机理、结构、袋式除尘器滤料与选用、滤料的材质及特点、滤料结构，袋式除尘器的除尘效率、压力损失、处理风量、过滤速度、烟气温度等工作性能参数、袋式除尘器的设计计算及袋式除尘器的选择等，掌握电除尘器的除尘过程与性能特点、电除尘器的分类、结构与除尘机理、影响电除尘器性能的主要因素、电除尘器本体的设计计算与选型。掌握湿式除尘器分类及性能、湿式除尘器的结构与除尘机理、文丘里洗涤器的压力损失、除尘效率、收缩管主要尺寸的计算、扩散管主要尺寸的计算、喉管主要尺寸的计算、收缩角和扩散角的确定、收缩管和扩散管长度计算、湿式除尘器的设计步骤、设计示例等内容。

粉尘污染物的去除是指从气体中分离捕集固态或液态的颗粒，通常称为除尘，其相应的净化装置称为除尘器。根据主要除尘机理可分：机械式除尘器、过滤式除尘器、电除尘器和湿式除尘器等。下面主要介绍几种常用除尘器的工作原理、结构、性能和选择设计等内容。

4.1 除尘器的基本概况

4.1.1 除尘器的分类

目前，除尘器的种类繁多，可有各种各样的分类。通常按捕集分离尘粒的机理可分为机械式除尘器、过滤式除尘器、电除尘器和湿式除尘器4大类，其中前3种又称为干式除尘器。

（1）机械式除尘器。机械式除尘器通常指利用质量力（重力、惯性力和离心力等）的作用而使尘粒物质与气流分离的装置，包括重力沉降室、惯性除尘器和旋风除尘器。

（2）过滤式除尘器。过滤式除尘器是使含尘气流通过过滤材料或多孔的填料层来达到分离气体中固体粉尘的一种高效除尘装置。目前常用的有袋式除尘器和颗粒层除尘器。

（3）电除尘器。电除尘器按国际通用习惯也可称为静电除尘器，它使含尘气体在通过高压电场进行电离的过程中，使尘粒带电，并在电场力的作用下将尘粒从含尘气体中分离出来的一种除尘装置。包括干式静电除尘器和湿式静电除尘器。

（4）湿式除尘器。湿式除尘器是利用液滴、液膜、气泡等形式，使含尘气流中的尘粒与有害气体分离的装置。湿式除尘器的种类很多，通常，耗能低的主要用于治理废气；耗能高的一般用于除尘。用于除尘的湿式除尘器主要有喷淋塔式除尘器、文丘里除尘器、自激式除尘器和水膜式除尘器。

在实际应用中还按除尘效率高低，将除尘器分为高效、中效和低效除尘器。电除尘器、袋式除尘器和部分湿式除尘器是目前国内外应用广泛的三种高效除尘器，旋风除尘器和其他湿式除尘器属于中效除尘器，重力沉降室和惯性除尘器属于低效除尘器。

4.1.2 除尘器的性能

除尘器的性能包括技术性能和经济性能，其中，技术性能包括含尘气体处理量，压力损失和除尘效率；经济性能包括投资费用和运转管理费用、使用寿命、占地面积或占用空间体积。这些性能指标是除尘器选用和设计研发的依据，各种除尘器的性能比较，见表4-1。

表4-1 各种除尘器的性能比较

除尘器		净化程度	最小捕集粒径/μm	入口含尘浓度/$g \cdot m^{-3}$	阻力/Pa	除尘效率 $\eta / \%$	投资费用	运行费用
重力沉降室		粗净化	50~100	>2	50~130	40~60	少	少
惯性除尘器		粗净化	20~50	>2	300~800	50~70	少	少
旋风除尘器	中效	粗、中净化	20~40	>0.5	400~800	60~85	少	中
	高效	中净化	5~10	>0.5	1000~1500	80~90	中	中
湿式除尘器	水浴除尘器	粗净化	2	<2	200~500	85~95	中	中
	立式旋风水膜除尘器	各种净化	2	<2	500~800	90~98	中	较高
	卧式旋风水膜除尘器	各种净化	2	< 2	750~1250	98~99	中	较高
	泡沫除尘器	各种净化	2	< 2	300~800	80~95	—	—
	冲击除尘器	各种净化	2	< 2	600~1000	95~98	中	较高
文丘里洗涤器		细净化	< 0.1	< 15	500~20000	90~98	少	高
袋式除尘器		细净化	< 0.1	< 15	800~1500	>99	较高	较高
电除尘器	湿式	细净化	< 0.1	< 30	125~200	90~98	高	少
	干式	细净化	< 0.1	< 30	125~200	90~98	高	少

4.2 机械式除尘技术与设备

机械式除尘器通常是指利用质量力（重力、惯性力和离心力）的作用而使粉尘颗粒与气流分离的装置，包括重力沉降室、惯性除尘器和旋风除尘器等。机械式除尘器结构简单、投资少、动力消耗低，除尘效率一般在40%~90%，是国内常用的除尘设备。在排气量比较大或除尘要求比较严格的场合，这类设备可作为预处理用，以减轻第二级除尘设备的负荷。常用干式机械式除尘器的特性参数见表4-2。

表4-2 干式机械式除尘器的特性参数

除尘器名称	最大烟气处理量 /m³·h⁻¹	可去除最小粒径 /μm	除尘效率 /%	压力损失 /Pa	使用最高温度 （烟气温度）/℃
重力沉降室	根据安装场地决定最大烟气处理量	350	80~90	50~130	850~550
旋风除尘器	85000	10	50~60	250~1500	350~550
旋流除尘器	30000	2	90	<2000	<250
串联旋风除尘器	170000	5	90	750~1500	300~550
惯性除尘器	127500	10	90	750~1500	<400

4.2.1 重力沉降室

4.2.1.1 粉尘沉降原理

重力沉降室是通过尘粒自身的重力作用使其从气流中分离的简单除尘装置。如图4-1所示，含尘气流在风机的作用下进入沉降室后，由于突然扩大了过流面积，使得含尘气体在沉降室内的流速迅速下降。开始时尽管尘粒和气流具有相同的速度，但气流中较大的尘粒在重力作用下，获得较大的沉降速度，经过一段时间之后，尘粒降至室底，从气流中分离出来，从而达到除尘的目的。

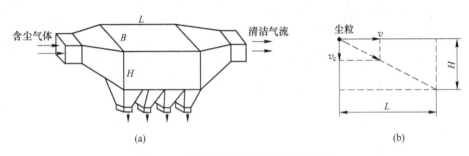

图4-1 重力沉降室的结构与重力沉降

（a）重力沉降室的结构；（b）尘粒的理想重力沉降

由重力而产生的粒子沉降力 F_1 可用下式计算：

$$F_1 = \frac{\pi}{6} d_p^3 (\rho_p - \rho) g \tag{4-1}$$

式中 F_1——粒子沉降力，N；

      d_p——粒子直径，m；

      ρ_p——粒子的密度，kg/m³；

      ρ——含尘气体的密度，kg/m³；

      g——重力加速度，m/s²。

假定粒子为球形，粒径在 3~100μm，且符合斯托克斯定律的范围内，则粒子从气体中分离时受到的气体黏性阻力 F_2 为：

$$F_2 = 3\pi\mu d_p v_c \tag{4-2}$$

式中 μ——流体的动黏度，Pa·s。

含尘气体中的粒子能否分离取决于粒子的沉降力和气体阻力的关系，即 $F_1 = F_2$。由此得出粒子的沉降速度 v_c 为：

$$v_c = \frac{d_p^2(\rho_p - \rho)g}{18\mu} \tag{4-3}$$

由式（4-3）可以看出，粉尘粒子的沉降速度与粒子的直径、尘粒体积质量（$\rho_p g$）及气体介质的性质有关。当集一种尘粒在某一种气体中运动（即 $\rho_p g\mu$ 为常数），在重力作用下，尘粒的沉降速度 v_c 与尘粒直径平方成正比。所以粒径越大，沉降速度越大，越容易分离；反之，粒径越小，沉降速度变得很小，以致没有分离的可能。

4.2.1.2 重力沉降室的结构

重力沉降室的结构通常可分为水平气流沉降室和垂直气流沉降室两种。常见的垂直气流沉降室有屋顶式沉降室、扩大烟管式沉降室和带有锥形导流器的扩大烟管式沉降室等三种结构形式。水平气流沉降室的结构形式如图 4-2 所示。

水平气流沉降室在运行时，都要在室内加设各种挡尘板，以提高除尘效率。根据实验测试，以采用人字形挡板和平行隔板结构形式的除尘效率较高，这是因为人字形挡板能使刚进入沉降室的气体很快扩散并均匀地充满整个沉降室，而平行隔板可减少沉降室的高度，使粉尘降落的时间减少，致使相同沉降室的除尘效率一般比空沉降室提高 15% 左右。沉降室也可用喷嘴喷水来提高除尘效率，例如以电场锅炉烟气为试样，在进口气速为 0.538m/s 时，其除尘效率为 77.6%，增设喷水装置后，除尘效率可达 88.3%。

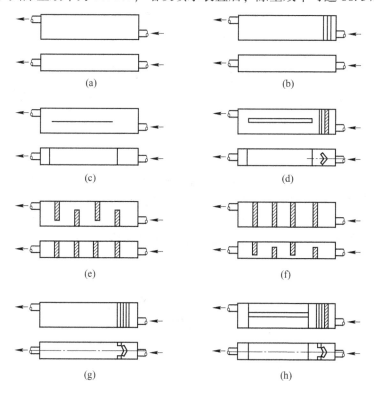

图 4-2　重力沉降室的结构形式

（a）空沉降室；（b）人字形挡板；（c）平行隔板；（d）人字形挡板+平行隔板；（e）垂直形挡墙；
（f）水平形挡墙；（g）人字形+两短墙；（h）人字形+两短墙+水平隔板

4.2.1.3　重力沉降室的设计

除尘器的结构设计，通常是在已知处理流量、所需捕集尘粒粒径和密度的前提下，确定沉降室的结构尺寸，计算所设计沉降室的除尘效率和压力损失。设计模式分层流式和湍流式两种，目前大多采用层流模式。

A　沉降室结构尺寸的确定

层流模式假定在沉降室内为柱塞流，流速为 v，流动保持在层流范围内，尘粒均匀地分布在气流中。尘粒的运动有两个分速度组成，一个是在气流流动方向尘粒与气流具有相同的水平速度 v；另一个是垂直于气流流动方向，每个尘粒以其沉降速度 v_c 独立沉降。忽略颗粒在沉降过程中的相互干扰，只要尘粒能在气流通过沉降室的时间内全部降至料斗，气流通过沉降室的时间必须不小于尘粒从沉降室顶部降至底部所需要的时间，即

$$\frac{H}{v_c} \leqslant \frac{L}{v} \tag{4-4}$$

式中　H——沉降室的高度，m；

L——沉降室的长度，m。

气体在沉降室的水平速度 $v(\text{m/s})$ 为：

$$v = \frac{Q}{BH} \tag{4-5}$$

式中　B——沉降室的宽度，m；

Q——含尘气体通过沉降室的流量，即沉降室的处理能力，m^3/s。

将式（4-5）代入式（4-4）中，则得：

$$Q \leqslant BLv_c \tag{4-6}$$

由式（4-6）可见，沉降室的理论处理能力只与其宽度和长度有关，而与高度无关，所以可将沉降室设计成扁平形。在设计重力沉降室时，首先要用到含尘气体流速 v 的临界值，即临界流速 $v_1(\text{m/s})$，可由下式计算：

$$v_1 = \sqrt{\frac{kgd_p\rho_p}{6\rho}} \tag{4-7}$$

式中，k 为流线系数，取 10~20，值随尘粒直径减小而递增；其余各量的物理意义同前。

含尘气体在沉降室断面上的水平流速 v 为临界流速 v_1 的 0.5~0.75 倍，通常在 0.3~3m/s 范围内选取；同时利用斯托克斯（Stokes）公式计算尘粒的沉降速度 v_c。然后根据所设计沉降室的处理能力 Q，由下式近似计算沉降室的结构尺寸：

$$S = \frac{Q}{v} = BH \tag{4-8}$$

$$H = 0.5\sqrt{S} \sim \sqrt{S} \tag{4-9}$$

$$L = \frac{Hv}{v_c} \tag{4-10}$$

式中　S——重力沉降室的截面积，m^2；

其余各量的物理意义同前。

B　除尘效率的计算

理论上讲，当沉降室的结构一定，沉降速度 $v_c \geqslant \dfrac{Hv}{L}$ 的尘粒都能沉降下来；当沉降速

度 $v_c < \dfrac{Hv}{L}$ 时，对各种粒径尘粒的分级除尘效率 η_i 可按下式求出：

$$\eta_i = \frac{Lv_c}{Hv} = \frac{v_c LB}{Q} = \frac{d_p^2(\rho_p - \rho)gL}{18v\mu H} \tag{4-11}$$

当沉降室的结构尺寸和气体流量确定后，可通过 Stokes 公式确定能捕集的最小尘粒直径 d_{min}：

$$d_{min} = \sqrt{\frac{18\mu vH}{(\rho_p - \rho)gL}} = \sqrt{\frac{18\mu v_c}{(\rho_p - \rho)g}} = \sqrt{\frac{18\mu Q}{(\rho_p - \rho)gBL}} \tag{4-12}$$

式中　μ——流体动力黏度，Pa·s；

其余各量的物理意义同前。

在应用 Stokes 公式的前提条件是假设沉降在层流区，因此要对实际的雷诺数 Re 进行校核。由式（4-12）可见，降低沉降室高度 H 和气流速度 v，或增加沉降室的长度 L，都可以提高沉降室的除尘效率。设计时其气流速度一般取 $0.2 \sim 2\text{m/s}$，使气流处于层流状态。但 L 过长，会使沉降室的造价提高和增大占地面积，所以设计沉降室时，应根据实际情况综合考虑。通常实用的方法是降低沉降室的高度，即在总高度 H 不变的情况下，在沉降室内增设几块水平隔板，构成多层重力沉降室，如图 4-3 所示。

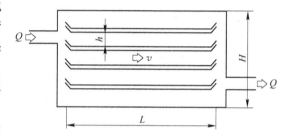

图 4-3　多层重力沉降室示意图

若用 n 层隔板将如图 4-3 所示高度为 H 的沉降室分成 $n + 1$ 个通道，则沉降室的分级效率 η_i 可按下式计算：

$$\eta_i = \frac{Lv_c}{hv} \times 100\% = \frac{d_p^2 L\rho_p g}{18\mu vH}(n + 1) \times 100\% \tag{4-13}$$

式中，各量的物理意义同前。

对于较粗的尘粒，按式（4-13）计算时可能会出现效率大于 1 的情况。这表明该尘粒到达出口之前就能沉降下来，此时分级除尘效率 η_i 应按 100% 考虑。

由此可见，在简单沉降室内加水平隔板，可提高分级除尘效率，且分层越多，除尘效果越好，但必须保证各层隔板之间层流分布均匀。在设计多层沉降室时，按照要求捕集的最小尘粒直径，令其除尘效率为 100%，利用上式计算出沉降室的尺寸。当多层沉降室的结构尺寸和气流流量确定后，用 Stokes 公式求出可捕集的最小尘粒直径 d_{min}：

$$d_{min} = \sqrt{\frac{18\mu v_c}{(n + 1)(\rho_p - \rho)g}} = \sqrt{\frac{18\mu Q}{(n + 1)(\rho_p - \rho)gBL}} \tag{4-14}$$

式中，各量的物理意义同前。

在给出沉降室入口尘粒的粒径分布函数时，可由下式计算出沉降室的总除尘效率 η：

$$\eta = \sum_{i=1}^{n} g_i \eta_i \tag{4-15}$$

式中　η_i——某一粒径尘粒的分级除尘效率；

g_i——入口处某一粒径尘粒占全部尘粒的质量分数；

n——尘粒粒径的分段数。

采用多层沉降室时，应注意：多层沉降室的缺点是清灰比较困难，所以不宜处理高浓度的含尘气体，并需设置清扫刷，定期清扫灰或用水冲洗；隔板之间的距离以不小于25mm为宜；在处理高温烟气时，应考虑隔板的变形。

C　压力损失的计算

在沉降室的设计中，一般不需考虑压力和温度的限制。压力损失等于各种流动阻力之和（包括入口扩张、沉降室摩擦阻力、出口收缩等），可按下式计算：

$$\Delta p = \frac{(v_1^2 + 1.5v_2^2)\rho}{2} \tag{4-16}$$

式中　Δp——含尘气体通过沉降室的压力损失，Pa；

v_1——沉降室入口处含尘气体的速度，m/s；

v_2——沉降室出口处含尘气体的速度，m/s。

一般含尘气体通过沉降室的压力损失只有50~100Pa。

D　湍流式重力沉降室

欲使气流保持层流流动，沉降室的体积将很庞大，否则隔板数必须很多，其设计均不合理。因此，有人提出了湍流沉降室的设计方法。

图4-4所示为多层沉降室中的一个通道，气流从图示方向流过由上、下隔板构成的空间。根据边界理论可作如下假设：（1）紧贴底板处有一层流边界层，其厚度为 dy，进入该边界层的粉尘均被捕集；（2）由于紊流作用，边界层以上流动区内的粉尘分布均匀。

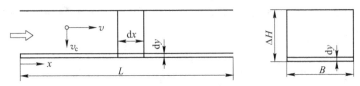

图4-4　重力沉降室紊流状态粒子分离机理

设颗粒在 x 方向移动距离为 $dx = vdt$，同时在 y 方向移动距离为 $dy = v_c dt$，消去 dt 后，则得：

$$dy = \frac{v_c}{v}dx \tag{4-17}$$

由于各断面上尘粒的浓度均匀，在微单元体内，尘粒的减少量等于在边界层内的捕集量，即

$$-\frac{dc}{c} = \frac{dy}{\Delta H} = \frac{v_c}{v\Delta H}dx \tag{4-18}$$

浓度从 $c_i \rightarrow c$，长度从 $0 \rightarrow L$，对上式进行积分，则得：

$$\frac{c_i}{c} = \exp\left(-\frac{v_c L}{v\Delta H}\right) \tag{4-19}$$

由效率定义可得：

$$\eta_i = 1 - \frac{c_i}{c} = 1 - \exp\left(-\frac{v_c L}{v\Delta H}\right) = 1 - \exp\left(\frac{v_c LB}{Q}\right) \tag{4-20}$$

式（4-20）比式（4-11）更符合实际。根据分级除尘效率即可求得沉降室的总除尘效率。

4.2.1.4 重力沉降室的应用与设计

根据有关公式和给定的粉尘粒径等物理性质进行设计，首先根据粉尘的真密度和粒径计算出沉降速度 v_c，再假设沉降室内的气流水平速度 v 和沉降室高度 H（或宽度 B），然后计算沉降室的长度 L 和宽度 B（或高度 H）。

在确定沉降室的结构尺寸时，应以矮、宽、长为原则，过高会因顶部尘粒沉降到底部的时间过长，尘粒还未降到底部而被含尘气体带走。因此流通截面决定后，宽度应增加，高度应降低。同时将进气管设计成渐扩管式，若场地受到限制，进气管与沉降室无法直接连接时，可设导流板、扩散板等气流分布装置；在选取沉降室内的水平速度时，应防止流速过高而引起的二次扬尘。实际中采用的速度为 0.3~3m/s，对于如炭黑这样的轻质粉尘，其流速还应低些；用于净化高温烟气，由于热压作用，排气口以下的空间有可能出现气流减弱，从而降低了容积利用率和除尘效率，这时，沉降室的进出口位置应低一些；沉降室适用于捕集密度大、颗粒大的粉尘，特别是磨损性很强的粉尘。它能有效地捕集 50μm 以上的尘粒，但不能捕集 20μm 以下的尘粒，一般作为第一级或预处理设备。

4.2.2 惯性除尘器

4.2.2.1 惯性沉降的基本原理

惯性除尘器的主要除尘机理是惯性沉降。通常认为，气流中的颗粒随着气流一起运动，很少或不产生滑动。但是，若有一静止的或缓慢运动的如液滴或纤维等障碍物处于气流中时，则成为一个靶子，使气体产生绕流，使某些颗粒沉降到上面。颗粒能否沉降到靶上，取决于颗粒的质量及相对于靶的运动速度和位置。图 4-5 中所示的小颗粒 1，随着气流一起绕过靶；距停滞流线较远的大颗粒 2，也能避开靶；距停滞流线较近的大颗粒 3，因其惯性较大而脱离流线保持自身原来运动方向而与靶碰撞，继而被捕集。通常将这种捕集机制称为惯性碰撞。颗粒 4 和颗粒 5 刚好避开与靶碰撞，但其表面与靶表面接触时而被靶拦截住，并保持附着。

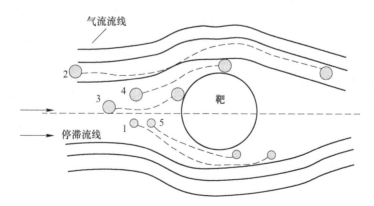

图 4-5 运动气流接近靶时颗粒运动的几种可能性

A 惯性碰撞

惯性碰撞的捕集效率主要取决于三个因素。

（1）气流速度在捕集体（靶）周围的分布。气流速度在靶周围的分布随着气体相对捕集体流动的雷诺数 Re_D 而变化，Re_D 定义为：

$$Re_D = \frac{u\rho D_c}{\mu}$$ （4-21）

式中　　u ——未被扰动的上游气流相对捕集体的流速，m/s；

　　　D_c ——捕集体的定性尺寸，m；

其余各量的物理意义同前。

在 Re_D 较高时，除了邻近捕集体表面的部分，气体流型与理想气体一致，即为势流；在 Re_D 较低时，气流受黏性力支配，即为黏性流。

（2）颗粒运动轨迹。颗粒运动轨迹取决于颗粒的质量、气流阻力、捕集体的尺寸和形状及气流速度等。

（3）颗粒对捕集体的附着。颗粒对捕集体的附着通常假定为100%。

B　拦截

颗粒在捕集体上的直接拦截，一般刚好发生在颗粒距捕集体表面 $d_p/2$ 的距离内，所以用无量纲特性参数，即直接拦截比 R 来表示拦截率：

$$R = \frac{d_p}{D_c}$$ （4-22）

对于惯性大、沿直线运动的颗粒，除了在直径为 D_c 的流管内的颗粒都能与捕集体碰撞外，与捕集体表面的距离为 $d_p/2$ 的颗粒也会与捕集体表面接触。因此靠拦截引起的捕集效率的增量 η_{Di} 是：对于圆柱形捕集体 $\eta_{Di} = R$；对于球形捕集体 $\eta_{Di} = 2R + R^2 \approx 2R$。

4.2.2.2　惯性除尘器的除尘机理

为了改善沉降室的除尘效果，可在沉降室内设置各种形式的挡板，使含尘气流冲击在挡板上，气流方向发生急剧转变，借助尘粒本身的惯性力作用，使其与气流分离。

图 4-6 所示，当含尘气流冲击到挡板 B_1 上时，惯性大的粗尘粒 d_1 碰撞挡板后速度变为零（假设不发生反弹），在重力作用下将会首先沉降被分离出来；余下的较细尘粒（d_2，$d_2 < d_1$）随气流绕过挡板 B_1 继续向前流动，由于挡板 B_2 的阻挡，使气流方向再次转变，细尘粒借助离心力的作用也被分离下来。若设该点气流的旋转半径为 R_2，切向速度 v_t，则尘粒 d_2 所受离心力与 $d_2^2 v_t^2 / R_2$ 成正比，且 d_2 粒子受到的离心分离速度 v_f 为：

$$v_f = k d_2^2 \frac{v_t^2}{R_2}$$ （4-23）

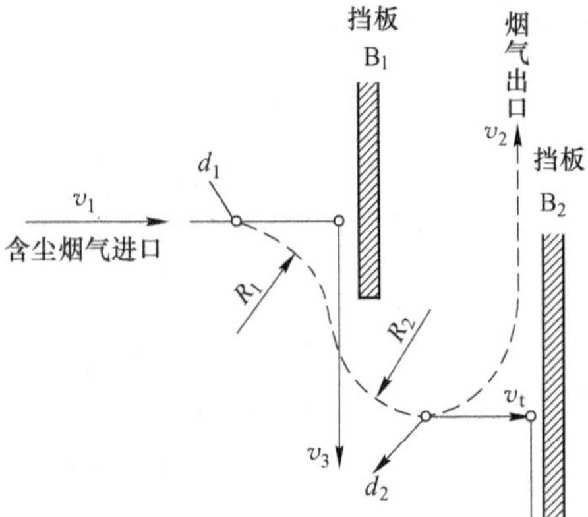

图 4-6　惯性除尘器的除尘机理

式中，$k = \rho_p / 18\mu$（粒子的雷诺数 $Re_p \leqslant 2$）。

由式（4-23）可知，粉尘粒径越大，气流速度越大，回旋气流曲率半径越小，捕集效果越好。

对于在沉降室内加垂直挡板这类常见的惯性除尘器，其除尘总效率 η 可按下式计算：

$$\eta = 1 - \exp\left[-\left(\frac{A_c}{Q}\right)v_p \right] \tag{4-24}$$

$$v_p = \frac{d_p^2 \rho_p v^2}{18\mu r_c} \tag{4-25}$$

式中　A_c——垂直于气流方向挡板的投影面积，m^2；

　　　Q——气流量，m^3/s；

　　　v_p——在离心力作用下粉尘的移动速度，m/s；

　　　v——气流速度，m/s；

　　　r_c——气流绕流时的曲率半径，m；

　　　其余各量的物理意义同前。

4.2.2.3 惯性除尘器的结构形式与特点

惯性除尘器的结构形式主要有两种：一种是碰撞式，另一种是折转式。

A 碰撞式惯性除尘器

碰撞式惯性除尘器又称冲击式惯性除尘器，如图4-7所示。是在含尘气流前方加挡板或其他形状的障碍物。碰撞式惯性除尘器可以是单级型（图4-7（a）），也可以是多级型（图4-7（b）），但碰撞级数不宜太多，一般不超过3~4级，否则阻力增加很多，而效率提高不显著。图4-7（c）为迷宫型，可有效防止已捕集粉尘被气流冲刷而再次飞扬。这种除尘器安装的喷嘴可增加气体的撞击次数，从而提高除尘效率。

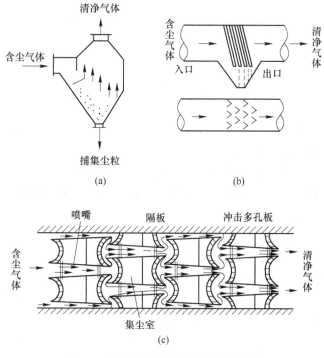

图4-7　碰撞式惯性除尘器结构示意图

（a）单级型；（b）多级型；（c）迷宫型

B 折转式惯性除尘器

图 4-8 为三种折转式惯性除尘器结构示意图，其中图 4-8（a）为弯管型，图 4-8（b）为百叶窗型，图 4-8（c）为多层隔板塔型。弯管型和百叶窗型折转式惯性除尘器与冲击式惯性除尘器一样，常用于烟道除尘。百叶窗型折转式惯性除尘器常用作浓聚器，常与另一种除尘器串联使用，它是由许多直径逐渐变小的圆锥体组成，形成一个下大上小的百叶式圆锥体，每个环间隙一般不大于 6mm，以提高气流折转的分离能力。一般情况，90%的含尘气流通过百叶之间的缝隙，通常急折转 150°角度，粉尘撞击到百叶的斜面上，并返回到中心气流中；粉尘在剩余 10%的气流中得到浓缩，并被引到下一级高效除尘器。

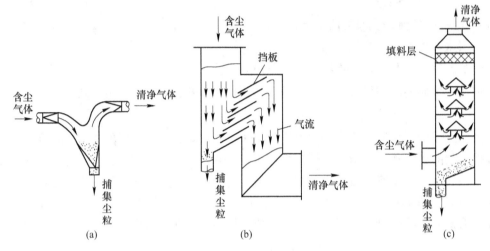

图 4-8 折转式惯性除尘器结构示意图
（a）弯管型；（b）百叶窗型；（c）多层隔板塔型

多层隔板塔型除尘器主要用于烟尘分离，它能捕集几个微米粒径雾滴。通常压力损失在 1000Pa 左右。在没有装填料层的隔板塔中，空塔速度为 1~2m/s，压力损失为 200~300Pa。

含尘气流撞击或改变方向前的速度越高，方向转变的曲率半径越小，转变次数越多，则净化率越高，但压力损失越大。

惯性除尘器宜用于净化密度和粒径较大的金属或矿物粉尘，对于黏性和纤维性粉尘，因易堵塞，不宜采用。由于气流方向改变的次数有限，净化效率不高，也多用于多级除尘的第一级，捕集 10~20μm 以上的粗尘粒，除尘效率约为 70%，其压力损失依形式而异，一般为 100~1000Pa。

4.2.2.4 惯性除尘器的设计与应用

气流速度对惯性除尘器性能影响较大。通常，惯性除尘器的气流速度越高，在气流流动方向上的转变角度越大、转变次数越多，除尘效率就越高，压力损失就越大。对于折转式惯性除尘器，气流转换方向的曲率半径越小，能分离的尘粒越小。制约惯性除尘器效率提高的主要因素是"二次扬尘"现象，因此现有的惯性除尘器的设计流速一般不超过 15m/s。惯性除尘器的清灰有时也很重要。对于连续除灰的系统，应注意装设良好的锁气装置，以防止漏风；而采用湿法除尘时，则应注意含尘气体中腐蚀性物质溶于水后对除尘装置的侵蚀以及废水处理问题。惯性除尘器的压力损失与其结构密切相关，一般为 100~1000Pa。

4.2.3 旋风除尘器

4.2.3.1 旋风除尘器的分类、结构、工作原理与分离理论

旋风除尘器也称作离心力除尘器，是利用含尘气流作旋转运动产生的离心力把尘粒从气体中分离出来的机械式除尘装置。旋风除尘器具有结构简单、适应性强、种类繁多、运行操作与维修方便等优点，是工业中应用较广泛的除尘设备之一。在通常情况下，旋风除尘器能捕集 5μm 以上的尘粒，其除尘效率可达 90% 以上。

A 旋风除尘器的分类

由于理论研究的进步与发展，使得旋风分离技术也得到了迅速发展，相应地结构形式也不断推陈出新，可根据其不同的特点和要求进行分类。

（1）按除尘效率和处理风量分类。

按除尘效率和处理风量，旋风除尘器分为高效、高流量和通用三种。

1）高效旋风除尘器。高效旋风除尘器的筒体直径较小，很少大于 900mm，用于分离较细的粉尘，圆筒截面积与进气口截面积之比，即相对截面比 $K = 6 \sim 13.5$，除尘效率在 95% 以上。处理同样风量时，设备的钢材和能耗较高，因而投资也相应较大。

2）高流量旋风除尘器。高流量旋风除尘器的筒体直径较大，一般直径为 1.2~3.6m 或更大，处理气体流量很大，除尘效率为 50%~80%，相对截面比 $K < 3$，处理单位风量所消耗的钢材也少，造价相应也较低。

3）通用旋风除尘器。通用旋风除尘器介于上述两者之间，用于处理适当的中等气体流量，其相对截面比 $K = 4 \sim 6$，除尘效率为 80%~95%。

（2）按进气方式分类。

按进气方式旋风除尘器分为切向进入式和轴向进入式两大类。

1）切流反转式旋风除尘器。切流反转式旋风除尘器是常用的型式，含尘气体由筒体的侧面沿切线方向导入，气流在圆筒部旋转向下，进入锥体，到达锥体的端点前反转向上，清洁气体经排气管排出。根据不同的进口形式又可分为蜗壳进口、螺旋面进口和狭缝进口，如图 4-9 所示。狭缝进口为最普通的进口形式，制造简单，除尘器外形尺寸紧凑，

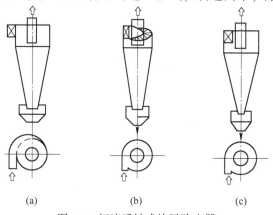

(a)　　　　　(b)　　　　　(c)

图 4-9 切流反转式旋风除尘器

(a) 蜗壳进口形式；(b) 螺旋面进口形式；(c) 狭缝进口形式

应用较多。螺旋面进口使气流以与水平面呈近似 10° 的倾斜角进入除尘器，采用这种进口有利于气流向下作倾斜的螺旋运动。蜗壳进口形式使进气流距筒体外壁更近，减小了尘粒向器壁的沉降距离，有利于尘粒的分离。此外，蜗壳进口形式还减少了进气流与内旋气流的相互干扰，使进口压力降减小。渐开角有 180°、270°、360° 三种。

2）轴流式旋风除尘器。轴流式旋风除尘器利用固定的导流叶片促进气流在除尘器内产生旋转，在相同的压力损失下，能够处理的气体流量大，且气流分布较均匀，但除尘效率低一些，多个除尘器并联时容易布置，主要用于多管旋风除尘器和处理气量大的场合。

根据除尘净化后气流排出方式的不同，可分为轴流反转式和轴流直流式，如图 4-10 所示。

（3）按气流组织分类。

从气流组织上来分，旋风除尘器有回流式、直流式、平流式和旋流式等多种。工业锅炉应用较多的是回流式和直流式两种。

1）回流式旋风除尘器。回流式旋风除尘器如图 4-11 所示，含尘气体进入除尘器后，由一端进入，作旋转运动，然后把尘粒分离，净化后又旋转返回，从与进气口相同端排出，主要有筒式、旁路式、扩散式等几种形式。因其分离路径长，所以除尘效率高，但阻力也较大。回流式是旋风除尘器的基本形式，使用最广。

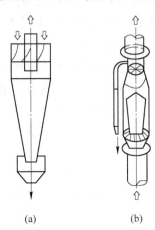

图 4-10　轴流式旋风除尘器
（a）轴流反转式；（b）轴流直流式

2）平流式旋风除尘器。平流式旋风除尘器如图 4-12 所示，其特点是气流仅作平面旋转运动。含尘气体高速进入，水平旋转约一周后，从排气管竖向开口进入排气管中并排出。但由于其旋流路径短，效率和阻力也相应较低。

3）直流式旋风除尘器。直流式旋风除尘器如图 4-13 所示，其特点是含尘气体由除尘器一端进入，经旋转分离后，从另一端排出，与回流式相比，因为没有上升的内旋流，所以没有返混和二次飞扬现象，除尘阻力损失较小，但因为分离运动的路径较短，分离效率就较低。在设计时，常采用合适的稳流棒，用来填充旋转气流的中心负压区，防止中心涡流和短路，从而减少阻力和提高效率。

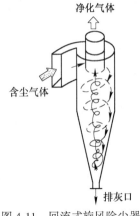

图 4-11　回流式旋风除尘器

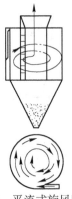

图 4-12　平流式旋风除尘器

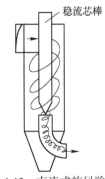

图 4-13　直流式旋风除尘器

（4）按清灰方式分类。

按清灰方式，旋风除尘器可分为干式和湿式两种。在旋风除尘器中，粉尘被分离到除尘器筒体内壁上以后，若直接依靠重力和旋转气流的推力而落入灰斗中，则称为干式清灰；若通过喷水或淋水的方法，将内壁上的粉尘冲洗到灰斗中，则称为湿式清灰。属于湿式清灰的旋风除尘器有水膜除尘器和中心喷水旋风除尘器两种。由于消除了反弹、冲刷等引起的二次扬尘，因而除尘效率可显著提高。

（5）按组合安装情况分类。

按组合安装情况可分为内置或外置、立式或卧式、单筒或多管旋风除尘器等，这里重点介绍多管旋风除尘器。多管旋风除尘器有多个相同构造形状和尺寸的小型旋风除尘器组合在一个壳体内并联使用的除尘器组，当处理含尘气体量大时可采用这种组合形式。多管除尘器布置紧凑，外形尺寸小，可用直径较小的旋风子来组合，能够有效地捕集 $5 \sim 10 \mu m$ 的粉尘，多管旋风除尘器可用耐磨铸铁铸成，因而可处理含尘浓度 $100 g/m^3$ 的气体。常见的多管旋风除尘器有回流式和直流式两种，通常采用回流式。

图 4-14 为常见的立式多管旋风除尘器的结构图。含尘气体从入口进入配气室后，沿轴向进入各个旋风子，通过排出管外壁的导流叶片作旋转运动，净化后的气体经净气室排出。要合理设计配气室和净化室，尽可能地使通过各旋风子的气流阻力相等。为了避免气流从一个旋风子串到另一个中，常在灰斗中每隔数列设置隔板，也可单设灰斗。旋风子直径不能太小，也不宜处理黏性大的粉尘，以防旋风子堵塞。旋风子直径过小制造尺寸难以保证，同时也会使旋风子数量增加，使气体分布不均匀，还会增加旋风子之间总灰斗内的串风现象。因此，多管旋风除尘器旋风子的直径有 100mm、150mm、200mm、250mm、300mm 等规格，且单个旋风子的除尘效率随其直径的减小而提高，但旋风子的直径常采用 250mm，管数有 9、12 和 16 三种。

导流叶片有花瓣式和螺旋式等多种形式。螺旋形导流叶片的压力损失较低，不易

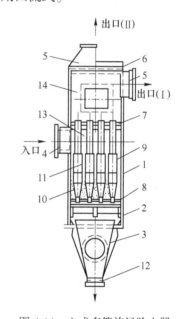

图 4-14 立式多管旋风除尘器

1—外壳；2—支撑部分；3—灰斗；4—气体入口扩散管；5—出口收缩管；6—顶盖；7, 8—支撑花板；9—旋风子；10—填料；11—导流叶片；12—排灰口；13—配气室；14—净气室

堵塞，而除尘效率比花瓣形要低，花瓣形易堵塞。导流叶片出口倾角有 20°、25° 和 30°，倾角越小越有利于提高除尘效率，但压力损失也较大。一般高温、高压系统采用的倾角为 20°，常压系统为 25° 或 30°。立式多管旋风除尘器的入口风速一般为 $10 \sim 20 m/s$，入口粉尘浓度可高达 $100 g/m^3$，设备压力损失为 $500 \sim 800 Pa$。实践证明，在外形尺寸相当、压力损失相同的情况下，如果采用轴向入口旋风子组成的多管旋风除尘器，则其处理风量约比切向入口旋风除尘器大 $2 \sim 3$ 倍，但不足之处是金属用量较大，一般每处理 $1000 m^3/h$ 的烟

气量，平均金属用量为150~200kg。如果采用陶瓷旋风子，可使金属耗量下降70%左右，并可处理400℃以下的高温烟气。

B　旋风除尘器的结构与工作原理

旋风除尘器的结构形式如图4-15所示，它由进气口、圆筒体、圆锥体、顶盖、排气管及排灰口等组成。含尘气流由进气管进入除尘器后，绝大部分沿器壁以较高的速度15~20m/s，自圆筒体呈螺旋形向下运动，同时有少量气体沿径向运动到中心区域，向下的旋转气流称为外旋流。在旋转过程中产生的离心力将密度大于气体的尘粒甩向器壁，尘粒一旦与器壁接触，便失去其惯性，而靠入口速度的动量和向下的重力沿壁下滑，直至从排灰口排出。外旋气流到达锥体时，因圆锥形的收缩而向除尘器中心靠拢，根据"旋转矩"不变原理，其切向速度不断提高，当气流达到锥体下端某一位置时，即以同样的旋转方向折转沿除尘器的中心轴线由下向上继续作螺旋运动，形成内旋流，最后净化气经排气管排出除尘器外。这股气流在作向上旋转运动的同时，也作径向的离心运动。由外旋流转变为内旋流的锥底附近区域称为回流区。

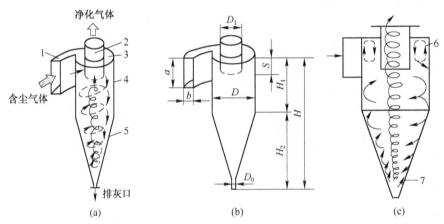

图4-15　旋风除尘器的结构组成示意图

(a)除尘器结构；(b)各部分尺寸代号；(c)内部旋流

1—进气管；2—排气管；3—顶盖；4—圆柱体；5—圆锥体；6—上旋流；7—下旋流

内外旋流式旋风除尘器除主体气流之外还存在着上旋流、下旋流等局部旋流。上旋流是在旋风除尘器顶盖下、排气管插入部分的外侧与筒体内壁的局部旋流。当气流从除尘器顶部向下旋转时，顶部压力发生下降，致使一部分气流带着微细尘粒沿筒体内壁旋转向上，到达顶盖后再沿管外壁旋转向下，最后达到排出管下端附近，被上升的内旋流带走，并从排出管排出，这股旋转气流即上旋流。下旋流是外旋流在运动到锥体下部向上折转时产生的局部旋流。下旋流一直延伸到灰斗，会把灰斗中的粉尘特别是细粉尘搅起，被上升气流带走。

C　旋风除尘器内的速度场与压力场

旋风除尘器内气流和尘粒的运动是一个非常复杂的三维运动，气流作旋转运动时，任一点的速度均可分解为切向速度 v_t，轴向速度 v_a 和径向速度 v_r。1949年Ter. Linden通过实验对气流运动时的切向、轴向和径向速度，以及全压和静压分布提出了比较有代表性的理论；还有众多学者分别研究了三维速度对旋风分离器捕集、分离等性能所起的作用。

（1）切向速度 v_t。切向速度是决定气流速度大小的主要速度分量，对于粉尘颗粒的捕集与分离起着主导作用，在切向速度 v_t 作用下使含尘气体中的尘粒由里向外离心沉降。锥体部分的切向速度要比筒体部分大，所以锥体部分的除尘效率要比筒体部分好。如图 4-16 所示，排气管下任一截面上 v_t 沿半径的变化规律可分为三个区域：靠近壁面 v_t = 常数的 Ⅰ 区、由分离器中心到"最大切向速度面"的内蜗旋区（或强制旋流区）Ⅲ、Ⅰ 区与 Ⅲ 区之间的外蜗旋区（半自由旋流区）Ⅱ。

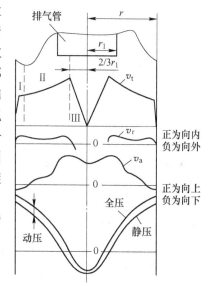

图 4-16　旋风除尘器内气流三维速度与压力分布图

根据涡流定律，外蜗旋区的切向速度反比于旋转半径 r 的 n 次方，即

$$v_t r^n = 常数 \qquad (4\text{-}26)$$

式中，n 为涡流指数，一般 $n = 0.5 \sim 0.8$，实验表明，其值可由下式进行估算

$$n = 1 - (1 - 0.67D^{0.14})\left(\frac{T}{283}\right)^{0.3} \qquad (4\text{-}27)$$

式中　D——旋风除尘器筒体直径，mm；

　　　T——气体的热力学温度，K。

内蜗旋区的切向速度正比于旋转半径 r，比例常数等于气流的旋转角速度 ω，即

$$v_t r^{-1} = \omega \qquad (4\text{-}28)$$

因此，在内、外蜗旋交界圆柱面上，气流的切向速度最大。实验测量表明，"最大切向速度面"所对应的圆柱面直径 $d_0 = (0.6 \sim 1.0)D_1$，D_1 为旋风除尘器排气管的直径。

（2）径向速度 v_r。旋转气流的径向速度 v_r 因内、外旋流性质不同，其矢量方向不同，外蜗旋的径向速度向内，而内蜗旋的径向速度向外。外蜗旋的径向速度沿除尘器高度的分布不均匀，上部断面较大，下部断面较小。根据 Ter. Linden 的测试结果，v_r 的绝对量值远比 v_t 小得多，其值越大，旋风除尘器的分离能力越差。可近似认为外蜗旋气流均匀地经过内、外蜗旋交界圆柱面进入内蜗旋，即近似认为气流通过这个圆柱面时的平均速度就是涡流气流的平均径向速度 $\bar{v}_r$，即

$$\bar{v}_r = \frac{Q}{2\pi r_0 h_0} \qquad (4\text{-}29)$$

式中　Q——旋风除尘器处理气量，m^3/s；

　　　r_0——内、外蜗旋交界面的半径，m；

　　　h_0——内、外蜗旋交界面的高度，m。

（3）轴向速度 v_a。如图 4-16 所示，轴向速度 v_a 与径向速度类似，视内、外蜗旋而定。外蜗旋的轴向速度向下，内蜗旋的轴向速度向上。在内蜗旋，随着气流逐渐上升，轴向速度不断增大，在排出管底部达到最大值。当气流由锥体底部上升时，易将一部分已除下来的微细粉尘重新扬起，产生返混现象。

（4）压力分布。如图 4-16 所示，旋风除尘器内的全压和静压的径向变化非常显著，

由外壁向轴心逐渐降低，轴心处静压为负值，负压一直延续到锥体底部后达到负压最大值（-300Pa）。图4-16是除尘器在正压900Pa条件下得到的，如果除尘器在负压下工作，其底部的负压值会更大，所以，旋风除尘器底部一定要保持严密，如果不严密会从底部吸入大量外部空气，形成一股上升气流，将已分离出来的一部分粉尘重新带出除尘器，使除尘器效率大幅度降低。

　　D　旋风除尘器的临界粒径与分离理论

　　旋风除尘器所能捕集的最小粉尘颗粒直径，称为临界粒径 d_c。临界粒径的大小，是反映旋风除尘器除尘效率高低的理论依据。临界粒径越小，旋风除尘器的除尘性能越好，反之越差。临界粒径表示方法有两种：一种是用分离效率为100%的颗粒最小极限粒径 d_{100} 表示，另一种是用分离效率为50%的分割粒径 d_{50} 表示。前者认为，凡大于 d_{100} 粒径的粉尘颗粒，旋风除尘器都可以全部地捕集；而后者认为，d_{50} 粒径粉尘既有50%的概率被捕集，但也有50%的概率不被捕集。工程中多采用 d_{50} 来设计计算旋风除尘器。

　　旋风除尘器分离粒子的理论，主要有两种：

　　（1）平衡分离理论。平衡分离理论是基于作用力平衡原理，即旋转气流对粒子产生的离心力和向心气流作用于粒子的流体阻力相平衡的理论。

　　（2）沉降分离理论。该理论认为尘粒在离心力作用下，沉降到除尘器壁面所需要的时间和尘粒在分离区间气体停留时间相平衡而计算出粉尘完全被分离的最小粒径。

　　下面介绍平衡分离理论。

　　在旋风除尘器内，处于外蜗旋内的粉尘在径向同时受到两种力的作用，一是由蜗旋流产生的离心力 F_C 使颗粒受到向外推移的作用，使粉尘向外移动；二是向心径向气流又使颗粒受到向内飘移的作用力 F_D，使粉尘向内飘移。离心力的大小与粉尘粒径 d_p 的大小有关，粒径愈大离心力愈大，故存在一临界粒径 d_c，使得粉尘所受两种力的大小正好相等。由于 $F_C \propto d_p^3$，而 $F_D \propto d_p$，则有凡粒径 $d_p > d_c$ 者，向外推移作用大于向内飘移作用，粉尘将被推移到除尘器壁面而被分离；相反，凡粒径 $d_p < d_c$ 者，向外推移作用小于向内飘移作用，从而把粉尘向内推移带到上升的内蜗旋中，排出除尘器。这好像有孔径为 d_c 的一张筛网，凡粒径 $d_p > d_c$ 者都留在筛上，而 $d_p < d_c$ 者通过筛网排出除尘器。由于内外蜗旋交接面处的切向速度最大，粉尘在该处受到的离心力也最大，因此筛网的位置就在此交接面处。对于粒径为 d_c 的粉尘，因 $F_C = F_D$，则在交接面上不停地旋转。由于存在各种随机因素的影响，从概率统计的观点看，处于此状态的粉尘有50%的可能被分离出去，还有50%的可能进入内蜗旋而被排出除尘器，即这种粒径的粉尘的分离效率是50%。工程中，把除尘器的分级效率等于50%时的粒径称为分割粒径，用 d_{c50} 表示。

　　粉尘在旋风除尘器内交界面上所受的离心力 F_C 和径向气流的作用力 F_D 分别为：

$$F_C = \frac{\pi}{6} d_p^3 \rho_p \frac{v_{0t}^2}{r_0} \tag{4-30}$$

$$F_D = 3\pi \mu d_p v_{0r} \tag{4-31}$$

式中　　d_p——粉尘粒径，m；

　　　　ρ_p——尘粒的密度，kg/m³；

　　　　r_0——交界面半径，m；

μ ——气体的动力黏度，Pa·s；

v_{0r} ——交界面上气流的径向速度，m/s；

v_{0t} ——交界面上气流的切向速度，m/s。

在内、外蜗旋的交界面上，即 $F_C = F_D$ 时，则分割粒径 d_{c50} 为：

$$d_{c50} = \sqrt{\frac{18\mu v_{0r} r_0}{\rho_p v_{0t}^2}} \tag{4-32}$$

分割粒径是除尘器除尘性能的一项重要指标，d_{c50} 越小，除尘效率越高，性能越好。

交界面上各点的径向速度 v_{0r} 为：

$$v_{0r} = \frac{Q}{2\pi r_0 h_0} \tag{4-33}$$

交界面上的切向速度 v_{0t} 为：

当 $0.17 < \sqrt{A}/D < 0.4$ 时

$$v_{0t} = 3.74\left(\sqrt{A}/D\right) v_a \sqrt{D/D'} \tag{4-34}$$

当 $\sqrt{A}/D < 0.17$ 时

$$v_{0t} = 0.6 v_a \sqrt{D/D'} \tag{4-35}$$

式中　Q ——处理风量，m^3/s；

h_0 ——假想圆柱高度，m；

A ——旋风除尘器进口断面积，m^2；

D，D' ——分别为旋风除尘器筒体直径和假想筒体直径，m。

当分割粒径确定后，其他粒子的分级效率可按下式计算

$$\eta_i = 1 - \exp\left[-0.6931\left(d_p/d_{c50}\right)^{\frac{1}{n+1}}\right] \tag{4-36}$$

式中符号物理意义同前。

由于粉尘在旋风除尘器内的分离过程很复杂。分级效率很难用一个公式确切计算，因此旋风除尘器的效率经常通过实验确定。

4.2.3.2　旋风除尘器的设计计算

A　旋风除尘器各部分尺寸的确定

（1）旋风除尘器进口管的型式、位置和尺寸的确定。进口管有矩形和圆形两种型式，圆形进口管与旋风除尘器壁只有一点相切，而矩形进口管其整个高度均与筒壁相切，所以多采用矩形进口管。其高宽比 $a/b = 2 \sim 4$，通常取 $a/b = 2.5$ 左右。入口面积对旋风除尘器有很大影响，入口面积可由流量 Q 和设计入口流速 v_i 确定。入口风速一般为 $12 \sim 25 m/s$，最佳范围大致为 $16 \sim 22 m/s$，以入口面积 $A = ab$，故由尺寸比 a/b 可分别确定 a 和 b。以筒体直径 D 为参考，入口尺寸为 $a = (0.4 \sim 0.75)D$，$b = (0.2 \sim 0.25)D$。

（2）旋风除尘器筒体直径的确定。旋风除尘器筒体直径愈小，愈能分离细小的粒子，但过小易引起粉尘对旋风除尘器的堵塞。因此，筒体直径一般不小于 150mm，但也不宜大于 1100mm，以免效率太低。当处理风量大时，可将旋风除尘器并联使用，或采用多管旋风除尘器。其型号大小及各部分尺寸比例多以筒体直径 D 为标准。筒体高度取 $H_1 = (1 \sim 1.5)D$。

（3）旋风除尘器锥体尺寸的确定。在一定范围内增大锥体高度 H_2，有利于气流充分

旋转，并可提高效率，当排气管入口到锥底部的高度大于自然长 L 时，常称为长锥型旋风除尘器，一般取 $H_2 = 2D$ 左右。锥体高度和筒体高度应综合考虑，多取 $H_1 + H_2 = (3 \sim 3.5)D$，并可用高度 H 是否大于自然长度 L 作为检验，当 $H = H_1 + H_2 \geq L$，设计是合理的，原因是长锥型旋风除尘器有较高的效率。

（4）旋风除尘器高度的确定。旋风除尘器高度增加，可使进入筒体的尘粒停留时间长，有利于分离，可提高除尘效率，还可避免旋转气流对灰斗顶部的磨损，但是过长会占据较大的空间。其自然长度 L 可用下式计算：

$$L = 2.3D_1 \left(\frac{D^2}{ab} \right)^{1/3} \tag{4-37}$$

式中 　D_1——排气管直径；

　　a，b——分别为进风口的高度与宽度。

在设计中，旋风除尘器的高度应保证有足够的自然长度，但大于自然长度的过长的旋风除尘器显然是不经济的。通常取旋风除尘器圆筒段高度 $H_1 = (1.5 \sim 2.0)D$，圆锥段高度 $H_2 = (2 \sim 2.5)D$，锥体角一般 $\alpha \leq 30°$，设计时常取 $\alpha = 13° \sim 15°$。

（5）旋风除尘器排气管尺寸的确定。旋风除尘器的排气管为圆形，多与除尘器筒体同心，排气管直径越小，除尘器的除尘效率越高，压力损失也越大，反之，除尘器的压力损失变小，而效率则随之降低。所以在设计中，排气管直径一般为 $D_1 = (0.4 \sim 0.6)D$。排气管插入深度 S 是一重要参数，为防止进入除尘器的粉尘短路而直接从排气管逃逸，$S \geq a$，为防止阻力过大，$S \leq D$。

（6）旋风除尘器的排尘口尺寸的确定。排尘口直径 D_0 不宜过小，D_0 过小时，黏性粉尘易发生堵塞，也不宜过大，过大时灰斗中的尘粒易被进入灰斗的旋转气流卷走，通常取 $D_0 = (1/3 \sim 1/2)D$。

B　旋风除尘器压力损失的计算

旋风除尘器的压力损失 Δp 关系到除尘器的能量消耗和风机的合理选择，常用进口与出口全压之差来表示，主要包括：进气管的摩擦损失；气体进入除尘器内，因膨胀或压缩造成的能量损失；气体与器壁摩擦所引起的能量损失；旋风除尘器内气体因旋转而产生的能量损耗；排出管内的摩擦损失，同时旋转运动较直线运动需要消耗更多的能量和排出管内气体旋转时的动能转化为静压能的损失等。可以用一些经验公式来计算压力损失，如路易斯（Louis Theodore）提出的阻力公式等。但一般在实际中通过实测，用阻力系数 ζ 来表示，其压力损失 Δp 一般与气体入口速度 v_i 的平方成正比，即

$$\Delta p = \zeta \frac{\rho v_i^2}{2} \tag{4-38}$$

式中，符号意义同前。

局部阻力系数 ζ 计算公式很多，常按 Shepherd-Lapple 计算公式来计算，即

$$\zeta = K \frac{ab}{D_1^2} \tag{4-39}$$

式中 　K——无量纲系数，标准切向进口 $K = 16$、有进口叶片 $K = 7.5$、螺旋面进口 $K = 12$；

　　其他符号意义同前。

由上式可见，除尘器的结构尺寸对压力损失影响较大，当结构形式相同时，几何相似

的放大或缩小，压力损失基本不变。实验表明，对一定结构的旋风除尘器，ζ 是一常数，$\zeta = 6 \sim 9$。旋风除尘器操作运行中的压力损失，一般为 $500 \sim 2000Pa$。

C　旋风除尘器的除尘效率计算

旋风除尘器的除尘效率常采用分级除尘效率和总除尘效率两种，常用的分级除尘效率 η_i 用下式计算

$$\eta_i = 1 - \exp\left[- 0.6931 \left(d_p / d_{c50} \right)^{\frac{1}{n+1}} \right] \tag{4-36}$$

式中　n——速度分布指数，按式（4-27）计算。

式（4-36）几乎考虑了旋风除尘器各个重要尺寸，故计算值与实测值比较吻合。

若已知气流中所含尘粒的粒径分布函数 φ_d，又知道任意粒径的分级除尘效率 η_i，即可按下式计算总除尘效率 η，即

$$\eta = \sum_{i=1}^{n} \eta_i \varphi_{di} \tag{4-40}$$

式中　φ_{di}——某一粒径的尘粒占全部尘粒的质量分数；

　　　η_i——对一定粒径尘粒的分级除尘效率；

　　　n——全部尘粒被划分的段数。

D　旋风除尘器的进口气流速度 v_i

在一定范围内，除尘效率随着 v_i 的增大而提高，而达到某一速度后效率的提高比较缓慢。若进口气流速度太高，气流的湍动程度增加，二次夹带严重；同时尘粒与器壁的摩擦加剧，粗尘粒（> 40μm）粉碎，使细尘粒含量增加；过高的气速对具有凝聚性质的尘粒也会起分散作用。由于压力损失 Δp 与流速的平方成正比，所以压力损失随着流速的增加而迅速升高。因此在设计旋风除尘器的进口截面时，必须使 v_i 为一适宜值。这样既保证除尘效率，又考虑到能量的消耗。同时 v_i 过大，也会加速除尘器本体的磨损，降低使用寿命。一般 $v_i = 10 \sim 25m/s$，不宜超过 $25m/s$。

E　气体含尘浓度的计算

旋风除尘器的除尘效率随粉尘浓度增加而增加，这是因为含尘浓度大时，粉尘的凝聚和团聚性能提高，使较小的尘粒凝聚在一起而被捕集。另外，在含尘浓度较大时，大尘粒向器壁移动而产生了一个空气曳力，也会将小尘粒带至器壁而被分离；大尘粒对小尘粒的撞击也使小尘粒有可能被捕集。但应注意，含尘浓度增加后除尘效率虽有提高，可使经排气管排出粉尘的绝对量大大增加。总除尘效率随含尘浓度的变化可用下式计算：

$$\frac{100 - \eta_a}{100 - \eta_b} = \left(\frac{c_b}{c_a} \right)^{0.182} \tag{4-41}$$

式中　η_a，η_b——分别为条件 a、b 情况下的总除尘效率，%；

　　　c_a，c_b——分别为 a、b 状态下的含尘浓度。

旋风除尘器中实际运行的是工况含尘浓度 c，g/m^3；作为评价、监督使用的是标况浓度 c_N，mg/m^3；c_p 为工况排放浓度，mg/m^3；旋风除尘器入口烟气含尘浓度 c_0，mg/m^3。它们之间的关系为：

$$c_N = 1.293c/\rho, \quad c_p = (1 - \eta)c_0 \tag{4-42}$$

4.2.3.3　旋风除尘器的选用

A　几种常用旋风除尘器的结构特点

国内研制的旋风除尘器，一律用汉语拼音字母对其命名。X—旋风除尘器；在构造形式方面：L—立式，W—卧式，S—双级，T—筒式，C—长锥体，P—旁路式，A/B—产品代号等；在工作原理方面：G—多管，K—扩散，Z—直流，P—平旋。如 XLP/B—4.2 型旋风除尘器，X—旋风除尘器，L—立式，P—旁路式，B—该除尘系列中的型号，4.2—筒体直径，dm；从除尘器顶部看：进入气流按顺时针旋转者为 S 型，逆时针旋转者为 N 型；工程中使用的旋风除尘器类型有 100 多种，常见的有 XLT/A、XLP/A、XLP/B、XLK、XZT、组合式等多种形式。

（1）XLT 型旋风除尘器。XLT 型旋风除尘器如图 4-17（a）所示。XLT 型旋风除尘器是应用最早的旋风除尘器，其他类型的旋风除尘器都是由它改进而来的。它结构简单、制造容易、压力损失小、处理气量大、但除尘效率不高，目前已被其他高效旋风除尘器所取代。XLT/A 型旋风除尘器是 XLT 的改进型，其结构形式如图 4-17（b）所示。XLT/A 型旋风除尘器，筒体和锥体均较长，下倾螺旋进口不仅减少了入口阻力，而且有助于消除上灰环的带灰问题，加上较长的筒体和锥体，效率高，阻力小。入口速度 12~18m/s。X 型（带有出口蜗壳）的阻力系数为 6.5，Y 型的阻力系数为 5.5，适用于干的非纤维性粉尘和烟尘等的净化，除尘效率达 80%~90%。

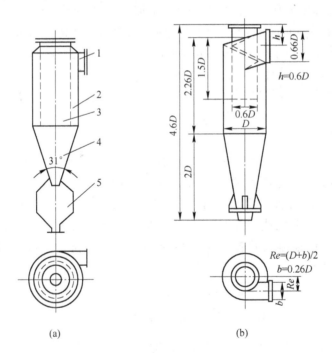

图 4-17　XLT 型旋风除尘器结构

（a）XLT 型旋风除尘器；（b）XLT/A 型旋风除尘器
1—进口；2—筒体；3—排气管；4—锥体；5—灰斗

（2）XLP/B 型旋风除尘器。XLP/B 型旋风除尘器结构型式如图 4-18（a）所示，图中

$L = 0.28D + 0.3h$，$h = (2A)^{1/2}$，$Re = (D/2 + \delta)\cos 35° + b/2$（$\delta$ 为钢板的厚度），$b = 0.3D$。特点是进气管上缘距顶盖有一定距离，180°蜗壳入口，排气管插入深度距进口上缘 1/3 处，筒体上带有半螺旋或整螺旋线形的粉尘旁路分离室，上旋流产生的上灰环在筒体上部特设的缝口经旁路分离室引至锥体部分，以除掉这部分较细的尘粒。效率比 XLT/A 稍高。阻力系数：X 型（带有出口蜗壳）为 5.8，Y 型为 4.8。从 XLP-3.0 到 XLP-10.6 型的共 7 种规格，进口气速为 12~17m/s。XLP/B 型旋风除尘器性能参数，见表 4-3。

（3）XLK 型旋风除尘器。XLK 型旋风除尘器结构型式如图 4-18（b）所示，其特点是 180°蜗壳入口，锥体倒置，锥体下部有一圆锥形反射屏以减少二次返混。外旋流大部分在圆锥屏上部转变为内旋流，少量下旋气体和分离下来的粉尘经屏周边与器壁的环隙进入灰斗，分离尘粒后的气体从屏中心孔排出。屏的挡灰作用使粉尘沉降很好，因而除尘效率略高于 XLT/A 型和 XLP 型，对气体量变化的适应性也好。由于锥体向下渐扩，磨损较轻。从 XLK-1.5 到 XLK-7.0 型共有 10 种规格，进口气速 10~16 m/s。XLK 型旋风除尘器性能参数，见表 4-4。

（4）XZT 型旋风除尘器。XZT 型旋风除尘器结构型式如图 4-18（c）所示，图中 $h = \sqrt{3.8A}$，$b = (A/3.8)^{1/2}$，$Re = (D + b)/2$。其特点是 180°蜗壳入口，锥体较长，约为 2.85D，故称为长锥体旋风除尘器。筒体较短仅为 0.7D。效率比 XLP 型和 XLK 型都高约 6%。进口气速 10~16m/s，以 13~14m/s 为好。从 XZT-3.9 到 XZT-9.0 型的共 6 种规格。

（5）组合式多管旋风除尘器。组合式多管旋风除尘器有串联式组合、并联式组合和多筒环形组合等几种。

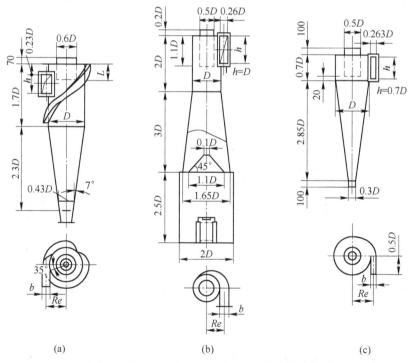

图 4-18　XLP/B 型、XLK 型、XZT 型旋风除尘器
（a）XLP/B 型旋风除尘器；（b）XLK 型旋风除尘器；（c）XZT 型旋风除尘器

表 4-3　XLP/B 型旋风除尘器性能参数

| 型号规格 | 进口风速/m·s⁻¹ | 阻力系数 | 处理风量/m³·h⁻¹ | 阻力/kg·m⁻² | | 效率/% | 外形尺寸 a×b×c/mm×mm×mm | |
				X	Y		X	Y
XLP/B-3.0			630~1050				438×381×1606	439×318×1360
XLP/B-4.2			1280~2138				603×534×2172	630×534×1375
XLP/B-5.2			2090~3480				772×685×2764	772×685×2395
XLP/B-7.0	12~27	5.8	3650~6080	30~90	27~75	85~99	994×889×3529	994×889×3089
XLP/B-8.2			5030~8380				1167×1040×4110	1176×1040×3600
XLP/B-9.4			6550~10620				1332×1194×4671	1332×1194×4110
XLP/B-10.6			8370~13980				1495×1345×5232	1495×1345×4621

表 4-4　XLK 型旋风除尘器性能参数

型号规格	进口风速/m·s⁻¹	处理风量/m³·h⁻¹	阻力/Pa	效率/%	外形尺寸/mm×mm
XLK-D150		210~420			φ380×1210
XLK-D200		370~735			φ466×1916
XLK-D250		595~1190			φ566×2039
XLK-D300		840~1680			φ631×2447
XLK-D350		1130~2270			φ716×2886
XLK-D400	10~20	1500~3000	100	95	φ808×3277
XLK-D450		1900~3800			φ893×3695
XLK-D500		2320~4650			φ983×4106
XLK-D600		3370~6750			φ1150×4934
XLK-D700		4600~9200			φ1325×5176

1) 串联式旋风除尘器。图 4-19 (a) 是同直径不同锥体长度的三级串联式旋风除尘器组合。第一级锥体较短，净化粗尘，第二、三级锥体逐次加长，净化较细粉尘，因而总效率比单级旋风除尘器的高。处理气量决定于第一级的处理气量；总阻力等于各除尘器及连接件的阻力之和，再乘以系数 1.1~1.2。旋风除尘器串联组合使用的情况不多。

2) 并联式旋风除尘器。图 4-19 (b) 是并联式旋风除尘器组合，这种组合可增加处理气量，在处理气量相同的情况下，以小直径的旋风除尘器代替大直径的旋风除尘器，可提高净化效率。为了便于组合且均匀分配气量，通常采用同直径的旋风除尘器并联。组合方式式有双筒并联、单支多筒、双支多筒和多筒环形组合等几种。并联式旋风除尘器的压力损失为单体压力损失的 1.1 倍，气体量为各单体气量之和。除了单体并联使用外，还将许多小型旋风器（称旋风子）组合在一个壳体内并联使用，称多管除尘器。多管除尘器布置紧凑、外形体积小、效率高、处理气量大，但金属耗量大，制造困难，所以仅在效率要求高和处理气体量大时才选用。

B　新型旋风除尘器

旋风除尘器是机械式除尘器中效率最高的除尘器，但实际应用中却存在两个主要问题：一是旋风除尘器的磨损和二次扬尘；二是多管旋风除尘器的轴流旋风子效率较低和风

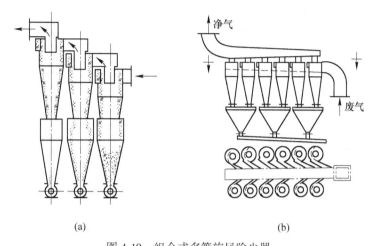

(a) (b)

图 4-19 组合式多管旋风除尘器

(a) 三级串联式旋风除尘器组合；(b) 并联式旋风除尘器组合

压不平衡。为解决这两个问题，出现了高效耐磨旋风除尘器和母子式多管旋风除尘器。

（1）高效耐磨旋风除尘器。图 4-20 为高效耐磨旋风除尘器结构示意图。在器壁内侧焊上若干纵向阻留板条，在钢板条上设置环缝套圈，构成环缝内衬。在环缝套圈与旋风除尘器的器壁之间，形成了接近静止的空气夹层，在离心力的作用下，粉尘向边壁运动，并顺环缝进入套圈与器壁之间的低速气层中。然后在向下运动的低速气层和自身重力作用下，粉尘会缓慢落到锥体底部。环缝的存在使粉尘不能形成旋转灰环，不仅对内衬磨损小，而且对器壁无磨损，从而延长了旋风除尘器的使用寿命。夹层可有效地防止二次扬尘，提高除尘效率。阻留板和环缝套圈采用钢板，仅占除尘器总质量的 5% 左右，所以成本低。该旋风

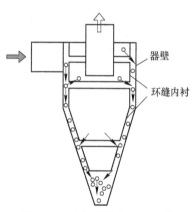

图 4-20 高效耐磨旋风除尘器

除尘器净化矿尘时，总除尘效率为 92%。旋风除尘器本体阻力小于 1500Pa。

（2）母子式多管旋风除尘器。图 4-21 为母子式多管旋风除尘器的结构示意图，其工作原理为：含尘气流进入旋风母，仅过一次分离后，进入旋风母出气管，出气管上端封死，在旋风母出气管四周均匀分布着旋风子进气管，从而保证了各旋风子风压平衡。一次净化后的气流进入各旋风子，气体经二次净化后，由旋风子排气管进入集气箱，然后由总排气管排出旋风除尘器。

该母子式多管旋风除尘器的特点是：旋风除尘器效率高、结构紧凑、各旋风子进气量基本相等，但阻力较大。为降低母子式多管旋风除尘器的阻力，可采用捆绑式多管旋风除尘器，如图 4-22 所示。实际上它是惯性除尘器与旋风子的复合，是在总进气管四周均布旋风子，使其结构更紧凑。

C　旋风除尘器的选型

（1）选型原则。在评价及设计选择旋风除尘器时，需全面考虑旋风除尘器的技术性

能指标（处理量 Q、压力损失 Δp 及除尘效率 η）和经济指标（基建投资和运转管理费、占地面积、使用寿命）。理想的旋风除尘器必须在技术上能满足工艺生产及环境保护对含尘气体治理的要求，在经济上是最合算的。

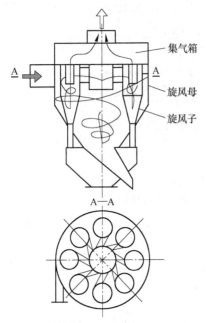

图 4-21　母子式多管旋风除尘器

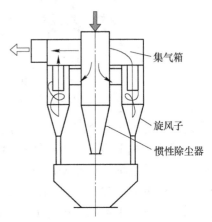

图 4-22　捆绑式多管旋风除尘器

1）旋风除尘器净化气体量应与实际需要处理的含尘气体量一致。选择旋风除尘器直径时应尽量小些，如果要求通过的风量较大，可采用几个小直径的旋风除尘器并联为宜。

2）旋风除尘器入口风速要保持在 $12\sim25\text{m/s}$ 之间，过低时除尘效率下降，过高时阻力损失及耗电量均增加，且除尘效率提高不明显。

3）所选择的旋风除尘器的阻力损失小，动力消耗少，且结构简单、维修简便。

4）旋风除尘器能捕集到的最小粉尘粒子应稍小于被处理气体中的粉尘粒度。

5）含尘气体温度很高时旋风除尘器应设有保温设施，以避免水分在其内凝结而影响除尘效果。

6）旋风除尘器的密封性要好，确保不漏风。

7）气体中含有易燃易爆粉尘时，旋风除尘器应设有防爆装置。

（2）旋风除尘器的选型。旋风除尘器的结构形式很多，在具体设计选型时，要结合生产实际（气体含尘情况、粉尘的性质、粒度组成等），参考国内外类似工作的实践经验和先进技术，全面考虑，处理好三个技术性能指标的关系。常根据工艺提供或收集到的设计资料来确定其型号和规格，一般使用计算法和经验法。由于除尘器结构形式繁多，影响因素又很复杂，因此难以求得准确的通用计算公式，再加上人们对旋风除尘器内气流的运动规律还有待于进一步认识，以及分级效率和粉尘粒径分布数据非常匮乏，相似计算方法还不成熟。所以在实际工作中采用经验法来选择除尘器的型号和规格。用经验法选择除尘器的基本步骤如下：

1）根据气体的含尘浓度、粉尘的性质、分离要求、允许阻力损失、除尘效率等因素，合理选择旋风除尘器的型号、规格。从各类除尘器的结构特性来看，粗短型的旋风除尘器，一般应用于阻力小、处理风量大、净化要求较低的场合；细长型的旋风除尘器，适用于净化要求较高的场合。特别指出的是，锅炉排烟的特点是烟气流量大，而且烟气流量变化也很大。在选用旋风除尘器时，应使烟气流量的变化与旋风除尘器适宜的烟气流速相适应，以期在锅炉工况变动时能取得良好的除尘效果。表 4-5 列出了几种除尘器在阻力大致相等的条件下的净化效率、阻力系数、金属材料消耗量等。

表 4-5 几种旋风除尘器的比较

因 素 名 称	旋风除尘器型号			
	XLT	XLT/L	XLP/A	XLP/B
设备阻力/Pa	1088	1078	1078	1146
进口气速/m·s^{-1}	19.0	20.8	15.4	18.5
处理风量/m^3·s^{-1}	3110	3130	3110	3400
平均效率/%	79.2	83.2	84.8	84.6
阻力系数 ζ	5.3	6.5	8.0	5.8
金属消耗量/1000m^3·(h·kg)$^{-1}$	42.0	25.1	27	33
外形尺寸（筒径×全高)/mm×mm	730×2360	550×2521	540×2390	540×2460

2）根据使用时允许的压力降确定入口气速 v_i。如果制造厂已提供了各种操作温度下入口气速与压力降的关系，则根据工艺条件允许的压力降就可选定气速 v_i；若没有气速与压力降的数据，则根据允许的压力降计算入口气速，由式（4-38）可得：

$$v_i = \sqrt{\frac{2\Delta p}{\rho \zeta}} \qquad (4\text{-}43)$$

式中，各物理量符号意义同前。

若没有提供允许的压力损失数据，一般取进口气速为 15~25m/s。

3）确定旋风除尘器的进口截面积 A。进口截面积 A 由下式计算：

$$A = bh = \frac{Q}{v_i} \qquad (4\text{-}44)$$

式中　Q ——旋风除尘器烟气处理量，m^3/s；

　　　b ——进口宽度，m；

　　　h ——进口高度，m。

4）确定各部分几何尺寸。由进口截面 A、进口宽度 b 和高度 h 定出各部分的几何尺寸。设计者可按要求选择其他的结构，但应遵循以下原则：

① 为了防止粒子漏到出口管，$h \leqslant S$，其中 S 为排气管插入深度；

② 为避免过高的压力损失，$b \leqslant (D - D_1)/2$，其中 D 为筒体直径，D_1 为排气管直径；

③ 为保持涡流的终端在锥体内部，$(H_1 + H_2) \geqslant 3D$，其中 H_1 为圆柱体高度，H_2 为锥体高；

④ 为利于粉尘易滑动，锥角为 7°~8°；

⑤ 为获得最大的除尘效率，$D_1/D \approx 0.4 \sim 0.5$，$(H_1 + H_2)/D_1 \approx 8 \sim 10$，$S/D_1 \approx 1$。

4.3 过滤式除尘技术与设备

过滤式除尘器有内部过滤和表面过滤两种方式。内部过滤是把松散的滤料（如玻璃纤维、金属绒、硅砂和煤粒等）以一定的体积填充在框架或容器内作为过滤层，对含尘气体进行净化。尘粒是在过滤材料内部进行捕集的。颗粒层过滤器和作为空调用的纤维充填床过滤器属内部过滤器。表面过滤是采用织物（织物由棉、毛、人造纤维等材料加工而成）等薄层滤料，将最初黏附在织物表面的粉尘初层作为过滤层，进行微粒的捕集。由于织物一般做成袋形，故又称袋式过滤器。

4.3.1 袋式除尘器的除尘机理

袋式除尘器是利用多孔的袋状过滤元件从含尘气体中捕集粉尘的一种除尘设备。主要有过滤装置和清灰装置两部分组成。前者的作用是捕集粉尘；后者则是定期清除滤袋上的积尘，保持除尘器的处理能力。织物滤料本身的网孔一般为 $10\sim50\mu m$，表面起绒滤料的网孔也有 $5\sim10\mu m$，因而新滤料开始使用时滤尘效率很低。但由于粒径大于滤料网孔的少量尘粒被筛滤阻留，并在网孔之间产生"架桥"现象；同时由于碰撞、拦截、扩散、静电吸引和重力沉降等作用，一批粉尘很快被纤维捕集。随着捕集量的不断增加，一部分粉尘嵌入滤料内部，一部分覆盖在滤料表面上形成粉尘初层，如图 4-23所示。由于粉尘初层及随后在其上继续沉积的粉尘层的捕集作用，过滤效率剧增，阻力也相应增大。袋式除尘器之所以效率高，主要是靠粉尘层的过滤作用，滤布只起形成粉尘层和支撑它的骨架作用。随着集尘层不断加厚，阻力越来越大，这时不仅处理风量将按所用风机和系统的压力—风量特性下降，能耗急增，而且由于粉尘

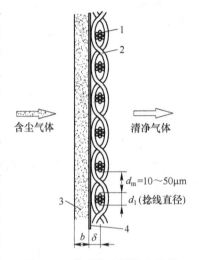

图 4-23 袋式除尘器滤尘机理
1—纬线；2—经线；
3—可脱落的粉尘（粗细尘粒附着）；
4—初尘层（主要为粗粒"搭桥"）

堆积使孔隙率变小，气流通过的速度增大，增大到一定程度后，会使粉尘层的薄弱部分发生"穿孔"，以造成"漏气"现象，使除尘效率降低；阻力太大时，滤布也容易损坏。因此，当阻力增大到一定值时，必须及时清除滤料上的积尘。由于部分尘粒进入织物内部和纤维对粉尘的黏附及静电吸引等原因，滤料上仍有部分剩余粉尘，所以清灰后的剩余阻力（一般为 $700\sim1000Pa$）比新滤料的阻力大，效率也比新滤料的高。为保证清灰后的效率不致过低，清灰时不应破坏粉尘初层。清灰后又开始下一个滤尘过程。

4.3.2 袋式除尘器的分类、结构与工作原理

袋式除尘器是采用过滤材料，使含尘气流通过过滤材料达到分离气体中固体粉尘的一种高效除尘设备，常用的有滤尘器、袋式除尘器和颗粒层除尘器。采用滤纸或玻璃纤维等填充层作滤料的滤尘器，主要用于通风机空气调节方面的气体净化；采用纤维织物作滤料

的袋式除尘器，主要用于工业尾气的除尘；采用砂、砾、焦炭等颗粒作为滤料的颗粒层除尘器，也是一种高效除尘装置。

4.3.2.1 袋式除尘器的分类

袋式除尘器是将棉、毛、合成纤维或人造纤维等织物作为滤料编织成滤袋，对含尘气体进行过滤的除尘装置，可用于净化粒径大于 $0.1\mu m$ 的含尘气体，其除尘效率一般可达99%以上，不仅性能稳定可靠，操作简单，而且所收集的干尘粒也便于回收利用。对于干燥细小的粉尘采用袋式除尘器净化较为适宜。袋式除尘器的缺点是：由于所用滤布受到温度、腐蚀等条件的限制，只适用于净化腐蚀性小、温度低于300℃的含尘气体，不适用于黏性强、吸湿性强的含尘气体。

袋式除尘器的结构形式多种多样，通常可根据滤袋形状、进气口位置、过滤方式、清灰方式和压力状态等特点不同进行如下分类。

A 按滤袋截面形状分类

按滤袋的截面形状可分为圆筒形和扁平形两种。圆筒形袋式除尘器应用最广，其结构和连接简单，易于清灰，且受力均匀，成批换袋容易，如图4-24所示。其直径一般为120~300mm，直径过小可能会造成堵灰，而直径过大则有效空间的利用率较低，因此最大不超过600mm，滤袋长度一般为2~3.5m，也有的长达12m，滤袋的长径比一般为10~25，最大可达30~40，最佳长径比应根据滤料的过滤性能、清灰方式及设备费用来确定。

扁袋的截面形状有楔形、梯形和矩形等，如图4-25所示。扁袋除尘器与圆袋除尘器相比，在同样体积内可多布置20%~49%的过滤面积，因而扁袋除尘器占地面积小，结构紧凑，处理量大，但清灰维修困难，应用较少。

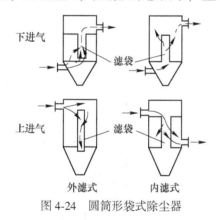

图4-24 圆筒形袋式除尘器

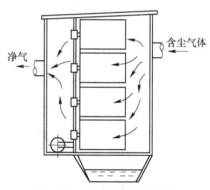

图4-25 扁平形袋式除尘器

B 按进气口位置分类

根据袋式除尘器进气口的位置不同，袋式除尘器可分为上进气式与下进气式两大类，如图4-24所示。采用上进气方式时，含尘气体与被分离的粉尘下落方向一致，能在滤袋上形成较均匀的粉尘层，过滤性能比较好，但配气室设在上部，使除尘器高度增加，滤袋的安装也比较复杂，并有积灰等现象。采用下进气方式时，含尘气体从除尘器下部进入，进气口一般都设在灰斗上部，粗尘粒可直接沉降于灰斗中，细粉尘接触滤袋，因此滤袋磨损小。但由于气流方向与粉尘沉降的方向相反，清灰后会使细粉尘重新附积在滤袋表面，从而降低了清灰效率，增大了阻力。下进气与上进气相比，下进气方式设计合理、构造简单、设备安装与维修方便，造价便宜，因而使用较多。

C　按过滤方式分类

按含尘气流通过滤袋的方式不同，袋式除尘器可分为内滤式和外滤式两种，如图4-24所示。内滤式除尘器是含尘气体由滤袋内向滤袋外流动，尘粒被分离在滤袋内表面。其优点是：滤袋不需要设支撑骨架，且滤袋外侧为净化后的干净气体，当处理常温和无毒烟尘时，可以不停车进行内部检修，从而改善了劳动条件，对于含放射性粉尘的净化，一般多采用内滤式。外滤式除尘器是含尘气体由滤袋外向滤袋内流动，尘粒被分离在滤袋外表面。外滤式除尘器的滤袋内部必须设支撑骨架，以防止过滤时将滤袋吸瘪，但反吹清灰时由于滤袋的胀瘪动作频繁，滤袋与骨架之间易出现磨损，增加更换滤袋次数与维修的工作量，而且其维修也困难。

通常，下进气除尘器多为内滤式，外滤式要根据清灰方式来确定。如采用脉冲清灰方式的圆袋形除尘器及大部分扁袋形除尘器多采用外滤式，而采用机械振动或气流反吹清灰的圆袋形除尘器多采用内滤式。

D　按清灰方式分类

按清灰方式袋式除尘器可分为人工拍打、机械振打、脉冲喷吹、气环反吹、逆气流反吹和声波清灰等不同种类。

（1）简易清灰袋式除尘器。其结构如图4-26所示。简易清灰袋式除尘器的过滤风速比其他形式为低，大约为 0.2~0.8m/min，压力损失控制在 600~1000Pa 以下，设计、使用得好时，效率可达99%。袋径一般取 100~400mm，袋长一般为 2~6m，袋间距 40~80mm。各滤袋组之间留有不小于 600mm 宽的检修或换袋通道。这种袋式除尘器结构简单，安装操作方便，投资省，对滤料的要求不高，维修量少，滤袋寿命长等。其主要缺点是过滤风速小，其体积庞大，所以占地面积大；正压运行时工作环境差，所以不易处理含尘浓度过高的气体，要求入口气体浓度一般不超过 3~5g/m³。

（2）机械振动清灰袋式除尘器。图4-27为利用机械振打清灰袋式除尘器，其结构的

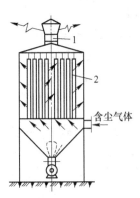

图 4-26　简易清灰袋式除尘器

1—排风帽；2—滤袋

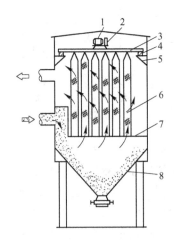

图 4-27　机械振动清灰袋式除尘器

1—电动机；2—偏心块；3—振动架；4—橡胶垫；
5—支座；6—滤袋；7—花板；8—灰斗

主要设计参数为频率，即每分钟的振动次数、振幅（滤袋顶部移动距离）和振动连续时间。机械振动清灰袋式除尘器结构简单，清灰效果好，清灰耗电少，适用于含尘浓度不高、间歇性尘源的除尘，当采用多室结构、设阀门控制气路开闭时，也可用于连续性尘源的除尘。

机械振动清灰袋式除尘器的过滤风速一般取 0.6~1.6m/min，压力损失约为 800~1200Pa。

（3）脉冲喷吹袋式除尘器。脉冲喷吹袋式除尘器结构如图 4-28 所示，含尘气体由下部进入除尘器中，粉尘阻留在滤袋外表面上，透过滤袋的洁净气体经文氏管进入上部箱体，从出气管排出。

当滤袋表面的粉尘负荷增加到一定时，由脉冲控制仪发出指令，按顺序触发各控制阀，开启脉冲阀，使气包内的压缩空气从喷吹管各喷孔中喷出一次空气流（其速度接近声速），通过引射器诱导二次气流一起喷入滤袋，造成滤袋急剧膨胀、振动、收缩，从而使附着在滤袋上的粉尘脱落。

脉冲喷吹系统由脉冲控制仪、控制阀、压缩空气包、脉冲阀、喷吹管和文丘里管组成。脉冲阀和排气阀在滤袋清灰过程中起着控制作用，实现自动清灰。除尘器每清灰一次称为一个脉冲。全部滤袋完成一个清灰循环的时间称为脉冲周期，通常为 60s，而脉冲阀喷吹一次的时间即喷吹时间，称为脉冲宽度，通常为 0.1~0.2s。当除尘器过滤风速小于 3m/min，进口含尘浓度为 5~10g/m^3 时，脉冲周期可取 60~120s；当含尘浓度小于 5~10g/m^3 时，脉冲周期可增加到 180 s。而当除尘器过滤风速大于 3m/min，进口含尘浓度大于 10g/m^3 时，脉冲周期可取 30~60s。当喷吹压力为 7MPa 时，脉冲宽度取 0.1~0.12s；当喷吹压力为 6MPa 时，脉冲宽度取 0.15~0.17s；当喷吹压力为 5MPa 时，脉冲宽度取 0.17~0.25s。

脉冲喷吹袋式除尘器的净化效率可达到 99% 以上，允许较高的过滤风速（通常取 2~4m/s），压力损失为 1000~1500Pa，过滤负荷较高滤布磨损较轻，使用寿命较长，运行安全可靠，但电耗较大，对高浓度、含湿量较大的含尘气体净化效果较低，脉冲控制系统复杂，维护管理水平要求较高。

（4）回转反吹清灰扁袋式除尘器。回转反吹清灰扁袋式除尘器的结构如图 4-29 所示，梯形扁袋沿圆筒呈放射状布置，反吹风管由轴心向上与悬臂管连接，悬臂管下面正对滤袋导口设有反吹风口，悬臂管由专用电动机及减速机构带动旋转，转速为 1~2r/min。当含尘气体切向进入过滤室上部空间时，大颗粒及凝聚尘粒在离心力作用下沿筒壁旋转落入灰斗，细微粒粉尘则弥散于袋间空隙，然后被滤袋过滤阻留。净气穿过袋壁经花板上滤袋导口进入净气室，由排气口排走。

反吹风机构采用定阻力自动控制。当滤袋阻力达到控制上限时，由压差变送器发出信号，自动起动反吹风机工作，具有足够动量的反吹风气流由悬臂管反吹风口吹入滤袋，阻挡过滤气流并改变滤袋压力工况，引起滤袋振动，抖落袋外积尘。依次反吹滤袋，当滤袋阻力下降到控制下限时，反吹风机自动停吹。反吹风的压力约为 5kPa，风量约为过滤风量的 5%~10%，每只滤袋的反吹风时间约为 0.5s。对黏性较大的细尘，过滤风速一般取 1~1.5m/min，对黏性小的粗尘，过滤风速一般取 2~2.5m/min。压力损失为 800~1200Pa。

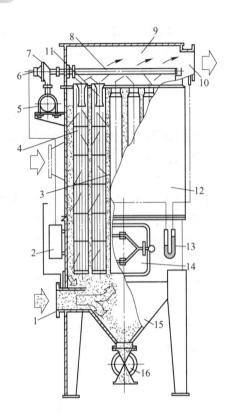

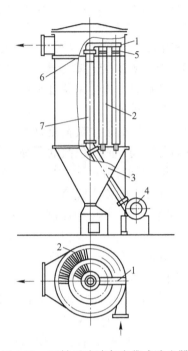

图 4-28　脉冲喷吹袋式除尘器的结构

1—进气口；2—控制仪；3—滤袋；4—滤袋框架；

5—气包；6—排气阀；7—脉冲阀；8—喷吹管；

9—净气箱；10—净气出口；11—文丘管；12—除尘箱；

13—U 形压力计；14—检修门；15—灰斗；16—卸尘阀

图 4-29　回转反吹清灰扁袋式除尘器

1—悬臂风管；2—滤袋；3—灰斗；

4—反吹风机；5—反吹风口；6—花板；

7—反吹风管

回转反吹清灰扁袋式除尘器由于单位体积内过滤面积大，采用圆筒形外壳抗爆性能好，滤袋寿命长，清灰效果好并能自动化运行，安全可靠，维护简便，因而国内发展很快。其不足是内、外圈滤袋的反吹时间不同，滤袋易损伤，各滤袋的阻力和负荷皆有差别等。

（5）逆气流清灰袋式除尘器。逆气流清灰是指清灰时的气流方向与过滤时的气流方向相反，其形式有反吹风与反吸风两种。图 4-30 为逆气流吸风清灰袋式除尘器，这种袋式除尘器常被分隔成若干个室，每个室都有单独的灰斗及含尘气体进口管，清洁气体出口管和反吸风管，并分别与进气总管和反吸风总管相连，进气管中设有进气阀（一次阀），反吸风管中设有反吸风阀（二次阀），图 4-30（a）为正常过滤状态，一次阀开启，二次阀关闭。根据预定的周期（定时控制）或除尘器压力损失达到预定值（定压控制）需要清灰时，控制仪发出指令，清灰机构开始动作，一次阀关闭，二次阀开启，如图 4-30（b）所示。这时除尘器内的负压使空气从反吸风管吸入，滤袋变形（呈星形）使粉尘层破坏，脱落。清灰结束后，两阀都关闭，如图 4-30（c）所示，袋内无风，使袋内悬浮的粉尘自然沉降。过一定时间后重性恢复过滤状态，再转为下一个过滤室清灰。清灰时间一般为 3~5min，其中反吸风时间约为 10~20s，清灰周期为 0.5~3h，依气体含尘浓度、粉尘及滤料特性等因素而定。

　　逆气流清灰袋式除尘器的过滤风速通常为 0.5~1.2m/min，压力损失控制在 1000~1500Pa。该除尘器具有结构简单、清灰效果好、维修方便、滤袋损伤少，特别适用于玻璃纤维袋等特点。

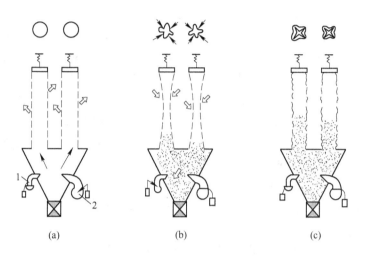

图 4-30　逆气流吸风清灰袋式除尘器示意图
(a) 正常过滤状态；(b) 清灰状态；(c) 恢复状态
1—反吹风阀；2—进气阀

　　(6) 气环反吹清灰袋式除尘器。这种除尘器的结构及清灰过程如图 4-31 所示，气环箱紧套在滤袋外部，可做上下往复运动。气环箱内紧贴滤袋处开有一条环缝（即气环喷管），袋内表面沉积的粉尘被气环喷管喷射出的高压气流吹掉。清灰耗用的反吹空气量约

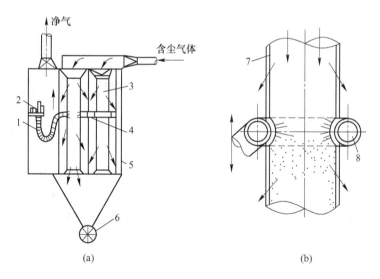

图 4-31　气环反吹清灰袋式除尘器
(a) 除尘器结构示意图；(b) 反吹清灰过程示意图
1—软管；2—反吹风机；3，7—滤袋；4—气环箱；5—外壳体；6—卸灰阀；8—气环

为处理气量的 8%~10%，风压为 3000~10000Pa。当处理潮湿或稍黏性粉尘时，反吹气需要加热到 40~60℃。这种除尘器的过滤风速高（4~6m/min），可以净化含尘浓度较高和较潮湿含尘气体；其缺点是滤袋磨损快，气环箱及其传动机构有时发生故障。压力损失为 1000~1200Pa。

E　按除尘器内的压力状态分类

按除尘器内的压力状态可分为负压式除尘器和正压式除尘器。入口含尘气体处于正压状态称为正压式。风机设置在除尘器之前，使除尘器在正压状态下工作，由于含尘气体先经过风机后才进入除尘器，对风机的磨损较严重，因此不适用于高浓度、粗尘粒、高硬度、强腐蚀性和附着性强的粉尘。入口含尘气体处于负压状态称为负压式。风机设置在除尘器之后，使除尘器在负压状态下工作，此时除尘器必须采取密封机构，由于含尘气体经净化后再进入风机，因此对风机的磨损很小，在用于处理高湿度、有毒气体时，除尘器本身应采取严格密闭和保温措施，这种除尘器造价较高。

4.3.2.2　袋式除尘器的结构与工作原理

图 4-32 所示为袋式除尘器的结构简图，它主要由滤袋、箱体、清灰机构、灰斗、排灰机构等部分组成。当含尘气流从除尘器下部进入圆筒形滤袋，在通过滤料的孔隙时，粉尘被捕集于滤料上，透过滤料的洁净气体由净化气体出口排出。沉积在滤料上的粉尘可在振打的作用下从滤料的表面脱落，落入灰斗中。粉尘因截留、惯性碰撞、黏附、静电和扩散等作用，在滤袋表面逐渐形成粉尘层，该层称为粉尘初层。粉尘初层形成后，它成为袋式除尘器的主要过滤层，提高了除尘效率。滤布仅仅起着形成粉尘初层和支撑它的骨架作用，但随着粉尘在滤布上积聚，滤袋两侧的压力差增大，会把已附在滤料上的有些细粉尘挤压过去，使除尘效率下降。在滤袋上的粉尘积聚会增加气体通过滤袋的阻力，若阻力过大，则会降低除尘系统的处理能力，同时显著增大气体量，影响生产系统的排风效果。因此，除尘器阻力达到一定数值后，需要及时清灰。清灰不应破坏粉尘初层，否则会使除尘效果显著下降。

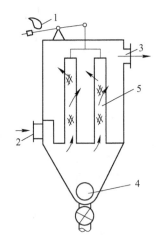

图 4-32　袋式除尘器的结构简图
1—振打机构；2—含尘气体进口；
3—净化气体出口；
4—排灰装置；5—滤袋

4.3.2.3　袋式除尘器滤料与选用

滤料是制作袋式除尘器滤袋的材料，其特性直接影响袋式除尘器的除尘效率、压力损失、清灰周期等性能，选择滤料时必须考虑含尘气体的特征，尘粒和气体的性质（温度、湿度、粒径和含尘浓度等）。性能良好的滤料应容尘量大、吸湿性小、除尘效率高、阻力低、尺寸稳定性好、使用寿命长，同时具备耐温、耐磨、耐腐蚀、机械强度高、原料来源广、价格低等优点。

从材质来看，滤料分为天然纤维、无机纤维和合成纤维等；从结构上看，滤料分为滤布和毛毡两类。在选择滤料时，必须综合考虑含尘气体的特性（如温度、湿度、酸碱性、粉尘粒径与黏附性）、滤料的特点和清灰方式；同时还必须注意滤布与灰尘的带电性。

A 滤料的材质及特点

（1）聚酯纤维（涤纶）。聚酯纤维是用作滤料最主要的材质，应用最为广泛。各方面的性能都很优良，且价格低廉。

（2）聚丙烯腈纤维（德拉纶）。聚丙烯腈纤维耐温性能与涤纶相同，但耐水解性更优，价格稍贵，各方面性能优良。在电站锅炉除尘中有广泛应用。

（3）芳香族聚酰胺纤维（诺梅克斯、芳纶1313）。芳香族聚酰胺纤维耐温200℃，尺寸稳定性好，难以燃烧，有阻燃性，抗水解性能差。在同类材质中价格较便宜，是用作高温滤料的主要材质。

（4）聚（苯）砜胺纤维（芳砜纶、苏砜-T）。聚（苯）砜胺纤维与诺梅克斯是同属一族的高分子聚合物，耐温性能也相同，耐水解，尺寸稳定性差。

（5）聚四氟乙烯纤维（特氟纶、PTFE）。聚四氟乙烯纤维耐热性能好，长期工作温度为260℃，几乎能经受所有的化学腐蚀，是性能最佳的合成纤维。但价格昂贵，因而应用较少。

（6）聚苯硫醚纤维（PPS）。聚苯硫醚纤维是以聚苯硫醚纤维为基础而形成的，长期工作温度为120~160℃，瞬时最高温度低于200℃。抗酸、碱和有机溶剂腐蚀的能力很强，对抗氧化剂的腐蚀也有一定的抗御能力，不水解，有阻燃性。在燃煤锅炉、垃圾焚烧炉等烟气净化中得到应用。

（7）聚酰亚胺纤维（P84）。聚酰亚胺纤维耐热性能好，最高工作温度低于260℃，抗酸碱腐蚀能力强。其纤维很细，且纤维断面是不规则形状，因而制成的滤料能形成表面过滤，从而获得高于一般滤料的除尘效率和低的压力损失。

（8）玻璃纤维。玻璃纤维可在280℃以下长期工作，抗拉强度高，不抗折，不耐磨，不耐水解，不能用于含氟烟气。玻璃纤维有无碱、中碱和高碱三种，制作滤料多用前两种。可制成机织布，也可制成针刺毡，应用较广泛。

（9）金属纤维。金属纤维主要是不锈钢纤维。有非常好的耐热性能和抗化学腐蚀能力。不带静电，使用寿命长。可制成机织布，也可制成针刺毡。

（10）硅酸盐纤维。硅酸盐纤维可耐温800~1000℃，耐化学腐蚀性好。但不抗折，纺织性能差，因此难以制成滤料。但采用粘结剂或其他加工方法可制成一定形状的过滤元件。

B 滤料结构

滤料的结构形式对其除尘性能有很大影响，一般有织物滤料、针刺毡滤料、覆膜滤料、复合纤维滤料和非织物滤料。

（1）织物滤料。织物滤料可分为编织物（称为交织布）和非编织物（称为无纺布），编织物是最普遍的一种滤布，它由经纬线交织而成，按经纬线交织的方式不同，一般可分为平纹、斜纹和缎纹三种，如图4-33所示。

平纹滤布是经纬线一上一下交错编织而成。由于纱线的交织点很近，纱线互相压紧，制成的滤布致密，受力时不易产生变形和伸长。因而其净化效率高，但透气性差，阻力大，清灰难，易堵塞。

斜纹滤布是由两根以上经纬交织而成。织布中的纱线具有较大的迁移性，弹性大，机械强度略低于平纹滤布，受力后比较容易错位。斜纹滤布表面不光滑，耐磨性好，净化效

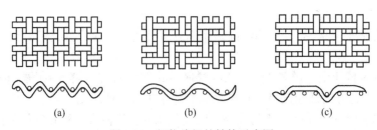

图 4-33   织物编织的结构示意图

（a）平纹编织；（b）斜纹编织；（c）缎纹编织

率和清灰效果好，且滤布不易堵塞，处理风量高，是织布滤料中最常用的一种。

缎纹滤布是由一根纬线与 5 根以上的经线交织而成，其透气性和弹性都较好，织纹平坦，由于纱线具有迁移性，易于清灰，但缎纹滤料强度低，净化效率比前两者低。

编织物起绒后的滤布称为绒布。经起绒后的滤布透气性和净化效率都比起绒前的滤布差。

（2）针刺毡滤料。针刺毡滤料是在底布两面铺以纤维，或完全采用纤维以针刺法成型，再经后处理而成的滤料。它不经纺织工序，因而也称无纺布或不织布。

针刺毡滤料的后处理主要有热定型、烧毛、热熔压光等，根据需要，有的还要进行消静电、疏水、耐酸、憎油、树脂覆盖等处理工艺。由于针刺毡滤料具有深层过滤作用，其除尘效率高于织布。这一特性增加了清灰的难度，因而发展了各种表面处理技术。

（3）覆膜滤料。覆膜滤料是表面过滤材料的主要品种，它是在滤料底布表面覆上一层具有微细孔隙的薄膜层，其平均孔径小于 $0.5\mu m$，过滤作用完全依赖于这层薄膜，而与底布无关。覆膜滤料可以去除微细尘粒，获得很高的除尘效率。由于覆膜滤料不让尘粒进入滤料深层，使清灰变得容易，从而保持较低的压力损失。

聚四氟乙烯薄膜表面光滑，具有憎水性，因而清灰容易。薄膜滤料的透气率较一般滤料低，在滤尘的初期，压力损失增加较快。进入正常使用期后，薄膜滤料的压力损失则趋于恒定，而不像一般滤料那样以缓慢的速度增加。薄膜滤料的底布有多种，其材质可以是玻璃纤维、聚酯、聚丙烯、聚四氟乙烯等，结构可以是织布、针刺滤料或滤纸。可根据不同的含尘气体进行选用。

（4）复合纤维滤料。复合纤维滤料是将一层超亚微米级的超薄纤维黏附在一般滤料上，该黏附层上纤维间排列非常紧密，其间隙仅为底层纤维的 1/100（即 0.12 ~ 0.60μm）。复合纤维滤料与传统滤料的工况对比，如图 4-34 所示。

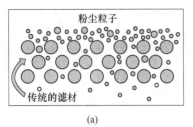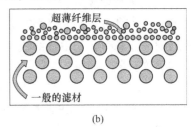

图 4-34   复合纤维滤料与传统滤料的工况对比

（a）传统滤料工况；（b）复合纤维滤料工况

图 4-34（a）为传统滤料的工作状况，表面过滤与深层过滤共同作用，滤料层中的微细颗粒在压差作用下容易发生穿透，造成除尘效率下降。同滤层中的粉尘对清灰带来难度，机械振动一般不能适用。

图 4-34（b）为复合纤维滤料的工作状况，极小的筛孔可将大部分亚微米的粉尘阻挡在滤料表面，使其不能深入底层纤维内部。由于在除尘初期即可在滤料表面迅速形成透气性好的粉尘层，使其保持低阻、高效。由于尘粒能深入滤料内部，所以具有低阻、便于清灰的特点。

（5）非织物滤料。非织物滤料是把颗粒状的塑料、陶瓷、金属等材料烧制成一定的几何形状，具有细小孔隙的过滤材料，或将硅酸盐纤维通过粘结等非纺织、非针刺的方法制成的过滤材料。这些过滤材料的耐温性能取决于其材质的性质，除尘效果同于一般的织物滤料。

4.3.3 袋式除尘器的工作性能参数

4.3.3.1 除尘效率

袋式除尘器的除尘效率通常在 99% 以上，影响除尘器效率的因素主要有：灰尘性质（粒径、惯性力、形状、静电荷、含湿量等）、滤料特性、运行参数（过滤速度、阻力、气流温度、湿度、清灰频率与强度等）及清灰方式（振打、反向气流、压缩空气脉冲、气环等）。在袋式除尘器的运行过程中，各因素都是相互依存的。

对于粘有粉尘滤料的除尘效率，Dennis、Klemm 应用迭代法，研究了玻璃纤维滤料捕集尘粒的过程，提出了如下除尘效率 η 的计算式：

$$\eta = 1 - \left\{\left[P_n + (0.1 - P_n)e^{-\alpha m}\right] + c_r/c_i\right\} \qquad (4\text{-}45)$$

$$P_n = 1.5 \times 10^{-7}\exp\left[12.7 \times (1 - e^{1.03v_f})\right] \qquad (4\text{-}46)$$

$$\alpha = 3.6 \times 10^{-3}v_f^{-4} + 0.094 \qquad (4\text{-}47)$$

式中　　P_n——无因次参数；

　　　　c_r——脱除浓度（常数），g/m^3（对于玻璃纤维滤料 Dennis 取 $c_r = 0.5mg/m^3$）；

　　　　c_i——进口粉尘浓度，g/m^3；

　　　　v_f——表面过滤速度（单位滤料面积的平均过滤气流量），m/min；

　　　　m——滤料上的粉尘负荷，g/m^2。

4.3.3.2 压力损失

袋式除尘器的压力损失 Δp 不但决定其能耗，还决定除尘效率和清灰的时间间隔。压力损失与滤袋的结构形式、滤料特性、过滤速度、粉尘浓度、清灰方式、气体温度及气体含尘粒度等因素有关，目前主要通过实验确定，也可按下式来推算：

$$\Delta p = \Delta p_1 + \Delta p_2 + \Delta p_3 \qquad (4\text{-}48)$$

式中　　Δp_1——除尘器外壳结构的压力损失，在正常过滤风速下，一般为 300~500Pa；

　　　　Δp_2——清洁滤料的压力损失，Pa；

　　　　Δp_3——粉尘层的压力损失，Pa。

Δp_1 主要是由气流经进、出口等造成的压力损失。而 Δp_2 与 Δp_3 之和通常称为过滤阻力 Δp_F，可按下式计算：

$$\Delta p_{\mathrm{F}} = \Delta p_2 + \Delta p_3 = \zeta \mu v_{\mathrm{f}} = (\zeta_0 + \alpha m)\mu v_{\mathrm{f}} \qquad (4\text{-}49)$$

式中　ζ——过滤层的总压力损失系数或阻力系数，$\mathrm{m^{-1}}$；

　　　ζ_0——清洁滤料的压力损失系数或阻力系数，$\mathrm{m^{-1}}$；

　　　μ——含尘气体的黏度，$\mathrm{Pa \cdot s}$；

　　　v_{f}——过滤速度，$\mathrm{m/s}$；

　　　α——粉尘层的平均比阻力，$\mathrm{m/kg}$；

　　　m——堆积粉尘负荷（单位面积的尘量），$\mathrm{kg/m^2}$，普通运行的堆积粉尘负荷范围
　　　　　为 $0.2 \sim 2.0 \mathrm{kg/m^2}$。

由式（4-49）可见，过滤层的压损与过滤速度和气体黏度成正比，与气体密度无关。这是因为滤速较小，使得通过滤层的气流呈层流状态，气流的动压可以忽略，这一特性与其他类型的除尘器完全不同。清洁滤料压损系数 ζ_0 的数量级为 $10^7 \sim 10^8 \mathrm{m^{-1}}$，如玻璃丝布为 $1.5 \times 10^7 \mathrm{m^{-1}}$、涤纶为 $7.2 \times 10^7 \mathrm{m^{-1}}$、呢料为 $3.6 \times 10^7 \mathrm{m^{-1}}$，因此可忽略不计。

粉尘层的平均比阻力 α 可按下式计算：

$$\alpha = \frac{180(1 - \varepsilon)}{\rho_{\mathrm{p}} d_{\mathrm{p}}^2 \varepsilon^3} \qquad (4\text{-}50)$$

式中　ε——粉尘层的平均空隙率，一般长纤维滤布约为 $0.6 \sim 0.8$，短纤维滤布约为
　　　　　$0.7 \sim 0.9$；

　　　ρ_{p}——粉尘的真密度，$\mathrm{kg/m^3}$；

　　　d_{p}——粉尘的平均粒径，$\mathrm{\mu m}$。

若 c_i 为入口气体含尘浓度（$\mathrm{kg/m^3}$），η 为平均除尘效率，t 为过滤时间（s），则滤料上的堆积粉尘负荷 m 为：

$$m = c_i v_{\mathrm{f}} t \eta \qquad (4\text{-}51)$$

式（4-49）则为：

$$\Delta p_{\mathrm{F}} = (\zeta_0 + \eta c_i t \alpha v_{\mathrm{f}})\mu v_{\mathrm{f}} \qquad (4\text{-}52)$$

除尘器的过滤阻力 Δp_{F} 反映了除尘器的运行经济性，这部分动力消耗 $P(\mathrm{kW})$ 为：

$$P = KQ\Delta p_{\mathrm{F}}/1000 \qquad (4\text{-}53)$$

式中　Q——除尘器的处理气体量，$\mathrm{m^3/s}$；

　　　K——常数。

袋式除尘器正常工作时，压力损失与气体流量随时间的变化关系如图 4-35 所示，图中所示的清灰宽度是指每次清灰的持续时间，清灰周期是指前后两次清灰的间隔时间。过滤时间越长，在滤料上积累的粉尘越厚，压力损失就越大，当滤层两侧压力差很大时，就会造成能量消耗过大和捕尘效率降低，清灰后情况好转。正常工作时袋式除尘器的压力损失应控制在 $500 \sim 2000 \mathrm{Pa}$ 左右。

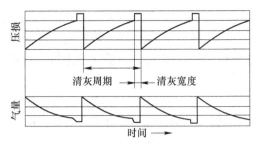

图 4-35　袋式除尘器压力损失与气体
流量随时间的变化关系

4.3.3.3 处理风量

袋式除尘器的处理风量必须满足系统设计风量的要求。系统风量波动时，应按最高风量选用袋式除尘器。对于高温烟气应按其进入袋滤器前的实际工况温度折算为工况处理风量 $Q_W(m^3/h)$ 来选择袋滤器，其折算式为：

$$Q_W = Q_N(273 + T)/273 \tag{4-54}$$

式中　Q_N——除尘系统所需的标准工况处理风量，m^3/h；

　　　　T——进入袋滤器的实际工况温度，℃。

4.3.3.4 过滤速度

袋式除尘器的性能在很大程度上取决于过滤速度的大小。速度过高会使积于滤料上的粉尘层压实，阻力急剧增加。由于滤料两侧的压力差增加，使粉尘颗粒渗入滤料内部，甚至透过滤料，致使出口含尘浓度增加。这种现象在滤料刚清完灰后更为明显。过滤速度高时还会导致滤料上迅速形成粉尘层，引起频繁的清灰。在过滤速度较低的情况下，阻力低，效率高，而需要过大的设备，占地面积大。因此，过滤速度的选择要综合考虑粉尘性质、滤料种类、清灰方式等因素。袋式除尘器的推荐过滤速度见表4-6。

表 4-6　袋式除尘器的推荐过滤速度 v_f　　　　　　　　　　　　　　　（m/min）

等级	粉尘种类	清灰方式		
		振打与逆气流联合	脉冲喷吹	反吹风
1	炭黑、氧化硅；铅、锌①的升华物以及其他在气体中由于冷凝和化学反应而形成的气溶胶；化妆粉；去污粉；奶粉；活性炭；由水泥窑排出的水泥①	0.45~0.50	0.80~2.0	0.33~0.45
2	铁及铁合金的升华物；铸造尘；氧化铝；由水泥磨排出的水泥；碳化炉升华物；石灰；刚玉；安福粉及其他肥料；塑料；淀粉	0.50~0.75	1.5~2.5	0.45~0.55
3	滑石粉；煤；喷砂清理尘；飞灰；陶瓷生产的粉尘；炭黑（二次加工）；颜料；高岭土；石灰石；矿尘；铝土矿；水泥（来自冷却器）；搪瓷	0.70~0.80	2.0~3.5	0.6~0.9
4	石棉；纤维尘；石膏；珠光石；橡胶生产中的粉尘；盐；面粉；研磨工艺中的粉尘	0.80~1.50	2.5~4.5	

①指基本上为高温的粉尘，多采用反吹风清灰过滤器捕集。

4.3.3.5 烟气温度

为了选用合适的袋式除尘器，烟气温度必须考虑两个因素：一是要考虑材质所允许的长期使用温度和短期最高使用温度，通常按长期使用温度选取；二是为了防止结露，烟气温度应保持高于露点 15~20℃。

4.3.4 袋式除尘器的设计计算

袋式除尘器型号很多，选择时主要考虑过滤面积、滤袋袋数、过滤风速、压力损失、过滤材料、滤袋的排列、清灰方式及控制仪器等。

（1）过滤速度的计算。过滤速度是除尘器选型的关键因素，不同应用场合选用不同的值。过滤速度是指单位时间内单位面积滤布上通过的气体量。过滤速度的大小是决定除尘器性能和经济性的重要指标，可按下式计算：

$$v_{\mathrm{f}} = \frac{Q}{60A} \tag{4-55}$$

式中　　v_{f}——除尘器的过滤速度，m/min；

　　　　A——除尘器的过滤面积，m^2；

　　　　Q——除尘器的处理气体量，m^3/h。

气体流量 Q 由工艺提供或根据工艺参数计算确定，但要换算成除尘器进口状态下的流量。此外还要考虑三项附加值：即漏风附加，考虑到除尘系统的严密程度和漏风情况，一般应附加 10%~15%；清灰附加，考虑到清灰时停止过滤的情况，应附加清灰时间占运行时间的百分比；维修附加，考虑到更换零部件、检查或维修的情况，应附加停止过滤的滤料面积占总面积的百分比。

（2）过滤面积的计算。根据气体处理量的大小，选择适当的过滤速度，计算过滤面积。若面积太大，则设备投资大；若面积过小，则过滤阻力大，操作费用高，滤布使用寿命短。

袋式除尘器的过滤面积 A，可按下式计算：

$$A = \frac{Q}{60v_{\mathrm{f}}} \tag{4-56}$$

式中，符号物理意义同前。

过滤面积确定后，可按粉尘的性质、气体流量大小等参数，直接选用合适的除尘器类型。

（3）滤袋直径 D 和长度 L 的确定。滤袋直径一般取 $D=100\sim600\mathrm{mm}$，通常选为 $D=200\sim300\mathrm{mm}$，尽量使用同一规格，以便检修更换。滤袋长度对除尘效率和压力损失几乎无影响，一般取 $L=2\sim6\mathrm{m}$。

（4）滤袋袋数 n 的确定。滤袋袋数 n 可按下式来计算：

$$n = \frac{A}{\pi DL} \tag{4-57}$$

式中，符号物理意义同前。

（5）压力损失的计算与选择。压力损失的大小受多种因素的影响，压力损失可按式（4-48）计算。确定了压力损失也就确定了操作的主要参数，如清灰方式等。采用一级除尘时，压力损失一般在 980~1470Pa；采用二级除尘时，压力损失一般在 490~784Pa。

（6）滤袋的布置及吊挂固定。需要袋数较多时，可根据清灰方式及运行条件，把滤袋分成若干组，每组内相邻两滤袋的间距一般取 50~70mm。组与组之间以及滤袋与外壳之间的距离，应考虑更换滤袋和检修的需要。滤袋的固定和拉紧方法对其使用寿命影响很大，要考虑到换袋、维修、调节方便，防止固紧处磨损、断裂等。

（7）除尘器除尘效率的计算。除尘器除尘效率可按式（4-45）进行计算。

（8）滤料与清灰方式的确定。选择滤料时，应考虑含尘气体的温度、湿度、腐蚀性和技术经济指标等。如当气体温度为 150~300℃时，可选用玻璃纤维滤袋；当粉尘为纤维状时，应选用表面较光滑的尼龙滤袋等；对一般工业性粉尘，可选用涤纶绒布滤袋等。清灰方式是选型的重要依据，它受粉尘黏性、过滤速度、空气阻力、压力损失、净化效率等诸多因素共同制约，所以要根据主要的制约因素确定清灰方式。袋式除尘器的清灰方式与滤料种类见表4-7。

表4-7 袋式除尘器的清灰方式与滤料种类

粉尘种类	滤料材料	清灰方式	过滤风速/m·min⁻¹
飞灰（煤）	玻璃、聚四氟乙烯	逆气流、脉冲喷吹、机械振动	0.58~1.8
飞灰（油）	玻璃	逆气流	1.98~2.35
飞灰（焚烧）	玻璃	逆气流	0.76
水泥	玻璃、丙烯酯	逆气流、机械振动	0.46~0.64
铜	玻璃、丙烯酯	机械振动	0.18~0.82
电炉	玻璃、丙烯酯	逆气流、机械振动	0.46~1.22
硫酸钙	聚酯	逆气流、机械振动	2.28
炭黑	玻璃、丙烯酯、聚四氟乙烯	逆气流、机械振动	0.34~0.49
白云石	聚酯	逆气流	1.00
石膏	棉、丙烯酯	机械振动	0.76
气化铁		脉冲喷吹	0.64
石灰窑	玻璃	逆气流	0.70
氧化铅	聚酯	逆气流、机械振动	0.30
烧结尘	玻璃	逆气流	0.70

4.3.5 袋式除尘器的选择与结构设计

4.3.5.1 袋式除尘器的选型

（1）收集有关资料，其资料主要包括：1）气体特性（成分、温度、湿度、压力、腐蚀性、流量及其波动范围）；2）粉尘特性（浓度、成分、密度、粒径分布、黏附性、含水率、纤维性和爆炸性等）；3）净化要求（除尘效率和压力损失）；4）粉尘的回收利用价值与方式；5）各种除尘器的特性（效率、压力损失、投资、金属耗量、运行费用及维护管理难易程度等）；6）其他资料（通风机、冷却装置以及其他有关装置与材料的供应情况、水源、电源和其他现场情况）。

（2）确定除尘器的形式、滤料和清灰方式。首先应根据含尘气体的物理、化学特性和其他现场条件，确定除尘器的形式和所用的滤料。例如，当气体温度在140~260℃时，可选用玻璃丝袋，对纤维性粉尘可选用表面光滑的滤料，如平绸、尼龙等；对一般工业粉尘，可采用涤纶布、棉绒布等；对很细的粉尘可选用呢料等。然后再根据要求的压力损失和气体的含尘浓度等确定清灰方式和清灰制度。

（3）计算过滤面积 A。过滤面积 A 可按式（4-58）计算，即

$$A = \frac{Q}{60v_f} \tag{4-58}$$

式中，过滤风速 v_f 可根据含尘浓度、粉尘特性、滤料种类及清灰方式等参考表4-7确定。除表中数据外，对玻璃纤维滤袋 v_f 可取 0.5~1.0m/min，一般滤布 v_f 取 1~2m/min。

（4）根据处理风量 Q 计算出的总过滤面积 A，根据有关手册选定除尘器的型号和规格。

4.3.5.2　袋式除尘器的设计

设计袋式除尘器按下列步骤进行：

（1）计算过滤面积。根据处理气体量 Q，按式（4-58）计算过滤面积 A。

（2）确定滤袋尺寸。滤袋直径一般取 $D = 100 \sim 600\mathrm{mm}$，通常选择为 $200 \sim 300\mathrm{mm}$。尽量使用统一规格，以便检修更换。滤袋长度 L 对除尘效率和压力损失几乎无影响，一般取 $2 \sim 6\mathrm{m}$。

（3）计算每只滤袋的过滤面积 $a(\mathrm{m}^2)$。每只滤袋的过滤面积 a，可按下式计算：

$$a = \pi DL \tag{4-59}$$

（4）计算滤袋数 n。滤袋数 n 按下式计算：

$$n = A/a \tag{4-60}$$

（5）滤袋的布置及吊挂固定。滤袋数较多时，可根据清灰方式及运行条件，将滤袋分成若干组，每组内相邻两滤袋间净间距一般为 $50 \sim 70\mathrm{mm}$。组与组之间以及滤袋与外壳之间的距离，应考虑更换滤袋和检修的需要，对简易袋式除尘器，考虑人工清灰的需要，此间距一般取 $600 \sim 700\mathrm{mm}$。滤袋的固定和拉紧方法对其使用寿命影响较大，要考虑换袋、维修、调节方便，防止固紧处磨损、断裂等。

（6）壳体设计。壳体设计包括除尘箱体（框架和外壁），进、排气管形式，灰斗结构，检修孔及操作平台等。

（7）粉尘清灰机构的设计和清灰制度的确定。

（8）卸灰装置的设计和粉尘输送、回收系统的设计。

4.3.5.3　袋式除尘器应用注意事项

（1）袋式除尘器是一种高效除尘器，效率可达 99% 以上，与电除尘器相比，附属设备少，投资省，技术要求也没有那样高，而且能捕集比电阻高而电除尘器难以回收的粉尘；与文丘里洗涤器相比，动力消耗少，无泥浆处理等问题。其性能稳定可靠，对负荷变化适应性好，运行管理简便，特别适宜捕集细微而干燥的粉尘，所收的干尘便于处理和回收利用。

（2）袋式除尘器不适于净化含有油雾、水雾及黏结性强的粉尘，也不适用于净化有爆炸危险或带有火花的含尘气体。

（3）袋式除尘器用于处理相对湿度高的含尘气体时，应采取保温措施（特别是冬天），以免因结露而造成"糊袋"；当用于净化有腐蚀性气体时，应选用适宜的耐腐蚀滤料；用于处理高温烟气时，因采取降温措施，将烟温降到滤料长期运转所能承受的温度以下，并尽可能采用耐高温的滤料；当入口粉尘浓度过高时，应设置预净化装置。

4.3.6　颗粒层除尘器

4.3.6.1　颗粒层除尘器的分类

随着技术的发展，出现了许多新的结构形式。可根据颗粒床层的位置、床层的运动状态、清灰方式和床层数目进行分类。

（1）按颗粒床层位置分类。按颗粒床层的位置可分为垂直床和水平床。垂直床颗粒层除尘器是将颗粒滤料垂直放置，两侧用滤料网或百叶片夹持，以防颗粒滤料飞出，而气流则水平通过滤料层。水平床层颗粒层除尘器是将颗粒滤料置于水平的筛网或筛板上，铺设均匀，保证一定的料层厚度；气流一般均由上而下，使床层处于固定状态，有利于提高除尘效率。

（2）按床层的状态分类。按床层的状态可分为固定床、移动床和流化床颗粒层除尘器。固定床是指过滤过程中床层固定不动，通常水平床颗粒层除尘器中均采用固定床。移动床是指过滤过程中床层不断移动，已黏附粉尘的滤料不断排出，新滤料同时补充进入除尘器；垂直床层的颗粒层除尘器，一般都不采用移动床。移动床颗粒层除尘器又可分为间歇移动式和连续移动式。流化床是指过滤过程中床层呈流化状态，应用很少。

（3）按清灰方式分类。按清灰方式可分为不再生（或器外再生）、振动反吹风清灰、梳耙反吹风清灰、沸腾反吹风清灰等颗粒层除尘器。不再生的滤料用于移动床，将已黏附粉尘的滤料从除尘器内排除后，用作其他的用途或废弃。在有些情况下，可将排除后的滤料在除尘器外进行清灰，然后再重新装入到过滤器中使用。机械振动、梳耙梳动、气流鼓动的目的是为了使颗粒层松动，加以反吹风，达到更好的清灰效果。沸腾颗粒层除尘器是控制反吹风的风速，使颗粒处于悬浮沸腾状态，利用在沸腾状态下的颗粒互相摩擦，使黏附于其上的粉尘脱落下来。

（4）按床层的数量分类。按床层的数目可分为单层和多层颗粒层除尘器。一般多为单层，多层设计主要是为了节约占地面积、增加处理气量。

4.3.6.2 几种常见的颗粒层除尘器

A 交叉流式移动床颗粒层除尘器

移动床颗粒层除尘器是利用颗粒滤料在重力作用下，向下移动达到清灰和更换颗粒滤料的目的，因此这种形式的除尘器一般都采用垂直床层。根据气流方向与颗粒运动的方向不同，可分为平行流式和交叉流式（气流水平流动，颗粒层垂直移动）。目前采用较多的是交叉流式移动床颗粒层除尘器，如图4-36所示，它是移动床颗粒层除尘器其中的一种，其工作过程为：洁净的颗粒滤料装入上方料斗，进入在筛网或百叶窗夹持下保持一定厚度的颗粒床层中，通过下部排料器传送带的不断传动，使颗粒床层中的滤料均匀、稳定地向下移动。含尘气流经过气流分布扩大斗，水平通过颗粒床层时，粉尘被过滤使气流得到净化。含尘颗粒滤料不断被排出，经过滤料再生装置使含尘颗粒滤料得以再生、清灰，再生后的滤料可作为洁净滤料循环使用。

B 沸腾清灰颗粒层除尘器

沸腾清灰颗粒层除尘器的结构形式如图4-37所示。含尘气体由进气口进入，粗颗粒在沉降室中沉降，细尘粒经过滤室从上而下地穿过过滤床层，气体净化后经净气口排入大气。当颗粒层容尘量达到一定值时，启动清灰机构，进行反吹清灰操作。

控制反清灰风力的阀门可以采用气缸阀门或电动推杆阀门，利用程序控制的电控装置可实现自动清灰。如气缸阀门过滤状态时，反吹清灰关闭，净化后的气体由开启的净气口排出；反吹清灰时，通过气缸推动阀门开启反吹风口的侧孔，关闭进气口，反吹气流由反吹气口进入，由下而上经下筛板进入颗粒层，使颗粒滤料沸腾呈流化状态。颗粒间相互搓动,上下翻腾,使沉积在颗粒层中的粉尘从颗粒层中分离出来。然后反吹风气流将已凝聚成大颗粒的粉尘团带到沉降室,粗颗粒在此沉降入灰斗,剩余的粉尘随气流进入其他过滤层净化,粉尘由排灰口定期排出。每一层由两个过滤室构成,两室间用隔板隔开。根据处理气量,确定除尘器的所需层数。

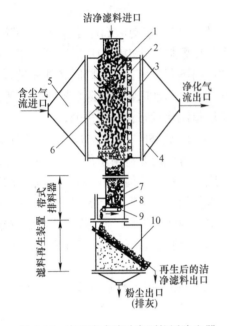

图 4-36　交叉流式移动床颗粒层除尘器
1—颗粒滤料层;2—支撑轴;3—可移动式环状滤网;
4—气流分布扩大斗(后侧);5—气流分布扩大斗(前侧);
6—百叶窗式挡板;7—可调式挡板;8—传送带;
9—转轴;10—过滤滤网

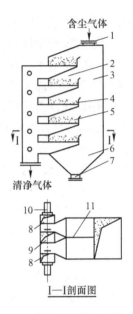

图 4-37　沸腾清灰颗粒层除尘器
1—进风口;2—过滤室;3—沉降室;4—下筛板;
5—过滤床层;6—灰斗;7—排灰口;
8—反吹风口;9—净气口;
10—阀门;11—隔板

目前生产中已经使用 11 层(两组共 22 层)的颗粒床除尘器,处理风速达 25000m³/h 以上。除尘器滤层间距通常为 625mm,每层过滤面积为 1.0m²,除尘器总高为 8968mm,壳体采用 6mm 的钢板制成。这种除尘器取消了搅拌耙,减少了传动机构,定期进行沸腾反吹清灰,降低了设备费用,也简化了自控系统,使结构更加紧凑。

C　耙式旋风颗粒层除尘器

耙式旋风颗粒层除尘器是目前应用最广的一种颗粒层除尘器,图 4-38 为单层靶式旋风颗粒层除尘器的结构图。

图 4-38(a)为正常过滤状态,含尘气体切向引入预分离器(旋风筒 2),粗粉尘被分离下来,然后经插入管 4 进入过滤室 5,由上而下地通过滤层,使细粉尘被阻留在颗粒表面或颗粒层空隙中。气体通过净气室 7 和打开的换向阀 8 进入净气排气总管 9。当阻力达到给定值时,除尘器开始清灰。

图 4-38(b)为清灰状态,这时关闭换向阀 8,使单筒和净气排气总管 9 切断,反吹空气便按相反方向鼓进颗粒层,使颗粒层处于流态化状态;与此同时,梳耙 10 旋转搅动颗粒层,以便将沉积粉尘吹走,颗粒层又被梳平。被反吹风带走的粉尘又通过插入管 4 进

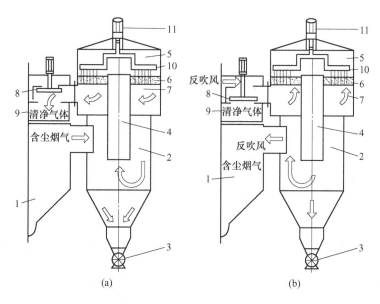

图 4-38 单层靶式旋风颗粒层除尘器结构示意图

(a) 过滤状态；(b) 清灰状态

1—含尘气体总管；2—旋风筒；3—卸灰阀；4—插入管；5—过滤室；6—过滤床层；
7—净气室；8—换向阀；9—净气排气总管；10—梳耙；11—电动机

入旋风筒 2，由于气流速度突然降低和急转弯，使其中所含大部分粉尘沉降下来。含有少量细尘的反吹空气，汇入含尘气体总管 1，进入其他单筒内净化。

这种过滤器通常采用多筒结构，一般为 3~20 个筒，筒径为 1.3~2.8m，排列成单行或双行，用一根含尘气体总管、净气总管和反吹风总管连接起来。每个单筒可连续运行 1~4h（依含尘浓度而定），反吹清灰时只有 50%~70%的粉尘从颗粒层中分离出来，并在旋风筒中沉降。反吹风量约为总气量的 3%~8%。处理高温、高湿含尘气体时，可用热气流反吹。比负荷一般为 2000~3000m³/(m²·h)，含尘浓度高时采用 1500m³/(m²·h)。进口含尘浓度可允许高达 20g/m³，一般为 5g/m³ 以下，其中约 90%在旋风筒中被净化。这种过滤器的除尘效率在 95%以上，压力损失约为 1000~2000Pa。

4.3.6.3 颗粒层除尘器的特点

颗粒层除尘器是利用如硅石、砾石、矿渣、焦炭等颗粒状物料作填料层的一种内部过滤除尘装置，主要靠筛滤、惯性碰撞、拦截、扩散及静电力等多种捕尘机理，使粉尘附着在颗粒滤料及尘粒表面上。

一般的颗粒层除尘器能耐 350℃ 的高温，短时间内可达 450℃，温度再高时，需要用锅炉钢板制造，可达到 450~550℃，其造价比普通钢板高 20%左右。滤料应具有相应的耐高温、耐腐蚀性能，同时应具有一定的机械强度，避免在清灰过程中破碎而影响除尘效果。通常颗粒越小，除尘效率越高，但阻力也会随之上升。颗粒的粒径一般为 2~4mm，粒度越均匀，空隙率越大，除尘性能越好。

可用作颗粒层除尘器的滤料很多，如石英砂、卵石、炉渣、陶粒、玻璃屑等，其中最常用的是石英砂。除尘效率随颗粒层厚度及其上沉积的粉尘层厚度的增加而提高，压力损失也随之增大。过滤层厚度一般为 100～150mm。颗粒层除尘器的过滤风速常取 20～50m/min。

颗粒层除尘器的优点是适于净化高温、易磨损、易腐蚀、易燃易爆的含尘气体；其过滤能力不受灰尘比电阻的影响，除尘效率高。其缺点是对相同设备断面的过滤器而言，在处理相同烟气量时，颗粒层除尘器的阻力比袋式除尘器高，所需设备的断面积比袋式除尘器大。

4.4 电除尘技术与设备

电除尘器按国际通用习惯也可称为静电除尘器，与其他除尘过程的根本区别在于分离力（主要是静电力）直接作用在粒子上，而不是作用在整个气流上，这就决定了它具有分离粒子耗能小、气流阻力小的特点。由于作用在粒子上的静电力相对较大，所以对亚微米级的粒子，电除尘器也能有效捕集。电除尘器对 1～2μm 细微粉尘的捕集效率高达 99%以上；压力损失仅为 200～500Pa；处理烟气量大，处理能力可达 1×10^{5} ～ $1 \times 10^{6} \mathrm{m}^{3}/\mathrm{h}$；能耗低，一般为 0.2～0.4W/m³；能在高温或强腐蚀性气体下操作，正常操作温度高达 400℃。但一次性投资费用高，占地面积大，对粉尘有一定的选择性，且结构复杂，安装、维护管理要求严格。电除尘器是我国重点开发的除尘设备。

4.4.1 电除尘器的除尘过程与性能特点

电除尘器的除尘过程，如图 4-39 所示，电除尘器的放电极（又称电晕极或阴极）和收尘极（又称集尘极或阳极、除尘极）接于高压直流电源，维持一个足以使气体电离的静电场。电除尘器工作过程涉及电晕放电、气体电离、粒子荷电、荷电粒子的迁移和捕集、清灰等过程，粒子荷电、荷电粒子的迁移和捕集、清灰是其中的四个基本过程。

4.4.1.1 电除尘器的除尘过程

（1）电晕放电和气体电离。通常气体只含有极其微量的自由电子和离子，可视为绝缘体。而当气体进入到非均匀场强

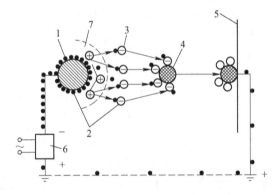

图 4-39 电除尘器的除尘机理示意图
1—电晕极；2—电子；3—离子；4—粒子；
5—集尘极；6—供电装置；7—电晕区

的电场中时，就会发生改变。非均匀电场距离电极表面越近，电场强度越大。当非均匀电场的电位差增大到一定值时，气体中的自由电子有了足够的能量，与气体中性分子发生碰撞并使之离子化，结果又产生了大量电子和正离子，失去能量的电子与其他中性气体分子结合成负离子，这就是气体电离。由于该过程在极短的时间内即可产生大量的自由电子和正负离子，通常也称其为雪崩过程，此时可看见淡蓝色的光点或光环，也能听见轻微的气体爆裂声，这一现象称为电晕放电现象，开始发生电晕放电时的电压称为起晕电压。电晕放电现象首先发生在放电极，所以放电极也称为电晕极。出现电晕后，在电场内形成两个不同的区域，围绕放电极约 2～3mm 的小区域称为电晕区，而电场内其他广大区域称为电

晕外区。

气体电离时，产生的大量自由电子和正负离子向异极移动，因此在电晕外区空间充满了自由电子和正负离子。

（2）粒子荷电。粒子荷电是电除尘过程的第一步，粒子的荷电量越大越容易被捕集。通过电场空间的气体溶胶粒子与自由电子、气体正负离子碰撞附着，便实现了粒子荷电。粒子获得的电荷随粒子大小而异，一般直径为 $1\mu m$ 的粒子大约获得 30000 个电子的电量。在除尘器电晕电场中存在两种截然不同的粉尘荷电机理。一种是气体离子在静电力作用下作定向运动，与粉尘碰撞而使粉尘荷电，称为电场荷电或碰撞荷电；另一种是由气体离子做不规则热运动时与粉尘离子碰撞而导致的粉尘荷电过程，称之为扩散荷电。

（3）带电粒子在电场内的迁移和捕集。荷电粒子在电场力和空气阻力的共同作用下，向集尘板运动，其所达到的终末电力沉降速度称为粒子驱进速度。荷电粉尘的捕集是使其通过延续的电晕电场或光滑的不放电电极之间的纯静电场而实现。前者称单区电除尘器，后者因粉尘荷电和捕集在不同区域完成而被称为双区电除尘器。

（4）清灰。电晕极和集尘极上都有粉尘沉积，粉尘层的厚度为几毫米，甚至几十毫米。粉尘沉积在电晕极上会影响电晕放电，集尘极上粉尘过多会影响荷电离子的驱进速度，对于高比电阻的粉尘还会引起反电晕。集尘极表面上的粉尘沉积到一定厚度后，用机械振打或水膜等适当方式清除电极上沉积的粒子。

4.4.1.2 电除尘器的性能特点

（1）能耗低，压力损失小。电除尘器利用库仑力捕集粉尘，风机仅负担烟气的运载，所以气流阻力小，约 $200\sim500Pa$。另外，虽然除尘器本身的运行电压很高，但电流却非常小，因此除尘器所消耗的电功率很小。

（2）除尘性能优越。电除尘器几乎可以捕集一切细微粉尘及雾状液滴，除尘效率可高达 99% 以上，能分离粒径 $1\mu m$ 左右的细小粒子。从经济方面考虑，一般控制除尘效率为 95%~99%。另外还有设备磨损小，只要设计合理，制造安装正确，维护保养及时，电除尘器一般能长期高效运行，可以做到 10 年一大修。

（3）使用范围广。电除尘器可以在低温低压至高温高压的较宽范围内使用，尤其能耐高达 500℃ 的温度。处理烟气量大，可达 $1\times10^5\sim1\times10^6 m^3/h$。当烟气中的各项指标在一定范围内变化时，电除尘器的除尘性能基本保持不变。

（4）维护保养简单。只要电除尘器种类规格选择得当，设备的安装质量良好，运行严格执行操作规程，日常的维护保养工作量很少。新研制的控制装置能自动选择最佳运行方式，实现了电除尘器的自动化控制和远距离操作运行。

与其他除尘设备相比，电除尘器存在的缺点有：设备结构复杂、钢材耗量多，占地面积大、一次性投资高。电除尘器受粉尘比电阻等物理性质的限制不宜直接净化高浓度含尘气体。但是用于处理 $60000m^3/h$ 以上大流量的烟气或长时间使用电除尘设备时，运行费用比其他除尘器要低。

4.4.2 电除尘器的分类与结构

4.4.2.1 电除尘器的分类

电除尘器的种类繁多，在工程实际中，根据不同的特点，按以下方式进行分类。

A 按集尘极的结构形式分类

按集尘极的结构形式，电除尘器可分为管式和板式两种。

（1）管式电除尘器。结构最简单的管式电除尘器如图4-40所示，它是单管电除尘器。这种电除尘器的集尘极为圆形金属圆管，其直径为150~300mm，管长为2~5m。放电极极线（电晕极）用重锤吊在集尘极圆管中心，圆管的内壁作为集尘的表面。圆管结构电晕极与集尘极的极间距均相等，电场强度的变化较均匀，具有较高的电场强度。含尘气体从管的下方进入管内，净化后的气体从顶部排出。由于单根圆管通过的气体量很小，通常采用多管并列而成，多管式电除尘器的电晕线分别悬吊在每根单管的中心。由于含尘气体从管的下方进入管内，往上运动，故仅适用于立式电除尘器。

（2）板式电除尘器。板式电除尘器是在一系列平行的通道间设置电晕极，如图4-41所示。两平行的集尘极之间的距离一般为200~400mm，通道数有几个到几十个，甚至上百个，其高度为2~12m，有的高达15m。板式电除尘器的几何尺寸，根据工艺要求和净化程度，可设计制造成大小不同的各种规格，电除尘器进口用有效断面积来表示，小的可为几平方米，而大的可达到100m²以上，国外甚至高达500m²以上。板式电除尘器可以采用湿式清灰，但绝大多数采用干式清灰。板式电除尘器的电场强度变化不均匀，清灰方便，制作安装比较容易。

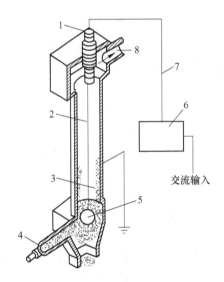

图4-40　管式电除尘器

1—绝缘子；2—放电极；3—收尘极；
4—气体入口；5—重锤；6—高压电源；
7—高压电缆；8—洁净气体出口

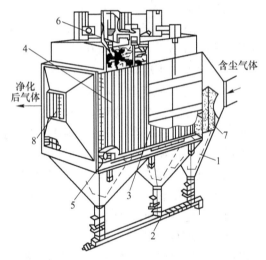

图4-41　板式电除尘器

1—下灰斗；2—螺旋清灰机；3—放电极；4—集尘极；
5—集尘极振打清灰装置；6—放电极振打清灰装置；
7—进气气流分布板；8—出气气流分布板

B 按气体流流动方向分类

按气体流流动方向，电除尘器可分为立式和卧式两种。

（1）立式电除尘器。立式多管电除尘器如图4-42所示，含尘气体在这种除尘器内由下往上垂直流动的过程中完成净化过程。管式电除尘器多为立式电除尘器，它占地面积小，但高度较高，净化后的气体可从其上部直接排入大气，不需另设烟囱。缺点是检修不方便，气体分布不均匀，被捕集的粉尘易产生二次飞扬。

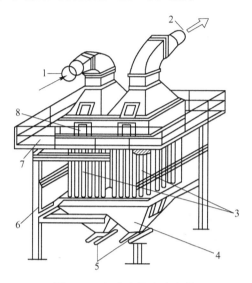

图 4-42　立式多管电除尘器

1—含尘气体入口；2—净气出口；3—管状电除尘器；4—灰斗；5—排灰口；6—支架；7—平台；8—人孔

（2）卧式电除尘器。卧式电除尘器如图 4-43 所示。含尘气流在电除尘器内沿水平方向流动完成净化过程，可根据生产需要适当增加或减少电场的数目。设备高度低，安装维护方便，适于负压操作，对延长风机的寿命及劳动条件均有利。但占地面积较大，基建投资较高。

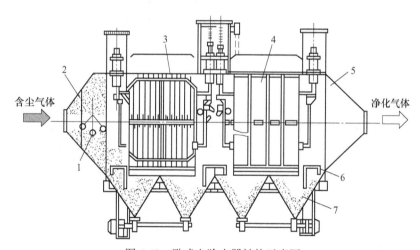

图 4-43　卧式电除尘器结构示意图

1—振打清灰装置；2—均流板；3—电晕极；4—集尘极；5—外壳；6—检修平台；7—灰斗

C　按清灰方式分类

按清灰方式，电除尘器可分为湿式和干式两种。

（1）湿式电除尘器。湿式电除尘器是采用溢流或均匀喷雾等方法，使集尘极表面经常保持一层水膜，当粉尘到达集尘极表面时顺水流走，从而达到清灰的目的。喷水型湿式清灰方式如图 4-44 所示，水膜清灰方式如图 4-45 所示。它具有除尘效率高，无二次扬尘，因无振打设备而工作比较稳定等特点，适用于气体净化或收集无经济价值的粉尘。但净化后的烟气含湿量较高，会对管道和设备造成腐蚀，且清灰产生的泥水需要处理，应配置相应的设备。

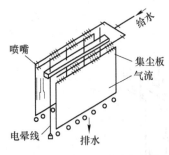

图 4-44　喷水型湿式清灰方式

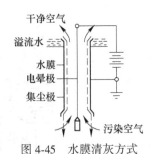

图 4-45　水膜清灰方式

（2）干式电除尘器。在干燥状态下捕集干燥粉尘的电除尘器称为干式电除尘器，操作温度一般高于被处理气体露点 20~30℃，可达 350~450℃，甚至更高。它采用机械振打、电磁振打和压缩空气等方法清除集尘极上的粉尘，有利于回收有经济价值的粉尘，但容易产生二次扬尘。

D　按电极在电除尘器内的配置位置分类

根据粉尘在除尘器内的荷电过程与捕集过程是否分离，可将电除尘器分为单区电除尘器和双区电除尘器，图 4-46 为单区和双区电除尘器的尘粒荷电和分离示意图。

（1）单区电除尘器。单区电除尘器的电晕极和集尘极都装在一个区域内，气体中含尘粒的荷电及分离均在同一个区域内进行。图 4-47 所示的两种单区电除尘器，是目前应用最广泛的一种电除尘器，通常应用于工业除尘和烟气净化。

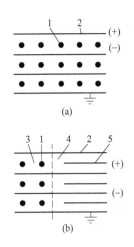

图 4-46　单区和双区电除尘器尘
粒荷电和分离示意图
（a）单区；（b）双区
1—电晕线；2—接地的集尘电极；
3—荷电区；4—集尘区；5—高压板

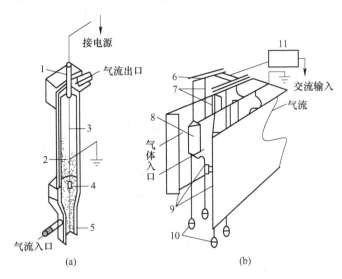

图 4-47　单区电除尘器结构示意图
（a）简单式；（b）复杂式
1—绝缘瓶；2—集尘极表面上的粉尘；3，7—放电极；
4—吊锤；5—捕集的粉尘；6—高压母线；8—挡板；
9—收尘极板；10—重锤；11—高压电源

（2）双区电除尘器。双区电除尘器如图4-48所示，双区电除尘器的电晕极和集尘极分别装在两个不同区域内，在前一个区域内安装电晕极系统以产生离子，称为荷电区，粉尘粒子在此完成荷电过程；而在后一个区域内安装集尘极系统以捕集粉尘，称为收尘区，在此完成已荷电尘粒的捕集。双区电除尘器供电电压较低，结构简单，一般用于空调净化方面。近年来，在工业废气净化中也采用双区电除尘器，但其结构与空调净化有所不同。

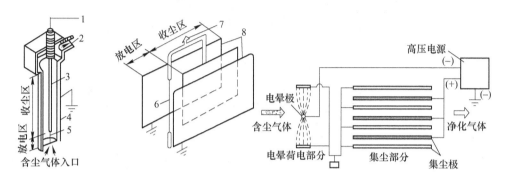

图4-48 双区电除尘器结构示意图

1，7—连接高压电源；2—洁净气体出口；3—不放电的高压电极；4，8—收尘极板；5，6—放电极

E 电-袋复合式除尘器

电-袋复合式除尘器，是一种有机集成了静电除尘和过滤除尘两种除尘机理的新型节能高效除尘器。前级通过电场区预收尘并使粉尘荷电，后级通过滤袋区进一步过滤除尘，充分发挥了电除尘器和袋式除尘器各自的除尘优势，以及两者结合产生新的性能优点，取得了良好的效果。电-袋复合除尘器采用高频高压电源供电、整体式布局，电、袋区过渡结构等多项特色技术，电-袋复合除尘器充分发挥静电除尘器和布袋除尘器的优点，有效地弥补了两种除尘器的缺点，电-袋复合除尘器除尘效率高、设备阻力低，滤袋寿命长。具有运行维护费用低、占地面积小等节能和高可靠性特点。

（1）电-袋复合式除尘器的结构。电-袋复合型除尘器是通过静电除尘器与布袋除尘器有机结合的一种新型高效的除尘器。电-袋复合式除尘器的结构如图4-49所示，它主要由前级电场区和后级布袋区两部分组成，电场区主要包括正负电极、振打机构、高低压供电装置等；布袋区有滤袋及袋笼装置、清灰系统、提升阀、温度监测装置、旁路系统及控制系统等；还包括进气烟箱、气流分布板、导流装置、排气管、灰斗和壳体等装置。

电场区起预除尘作用和荷电作用。通过预除尘后：一能降低滤袋的粉尘负荷量；二能延长滤袋的清灰周期，节省清灰能耗，延长滤袋使用寿命；三能使烟气粉尘中的粗大颗粒被除去，进入后级布袋的粉尘颗粒小，对滤袋的磨损影响小。而通过电场荷电后：一是荷电粉尘在滤袋上沉积的颗粒之间排列规则有序，同极电荷相互排斥，改善了滤袋表面的粉尘结构，使形成的粉尘孔隙率高、透气性好，易于剥落；二是可降低滤袋阻力，避免烟气粉尘中粗颗粒磨损滤袋。

这种电-袋复合式新型除尘器，电除尘设置在前，能有效去除80%以上的粉尘，沉降高温烟气中未熄灭的"红星"颗粒，缓冲均匀气流，布袋除尘器串联在后，收集少量的细粉尘，严把排放关。同时，两收尘区域中任何一方发生故障时，另一区域仍保持一定的收尘效果。

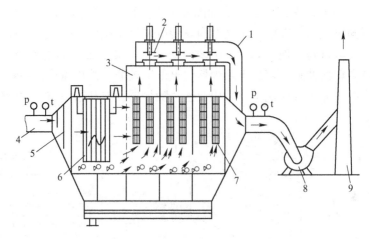

图 4-49 电-袋复合式除尘器结构

1—排气管；2—提升阀；3—净气室；4—烟气入口；5—气流均布板；6—电场；7—滤袋；8—风机；9—烟囱

（2）电-袋复合式除尘器除尘机理。含尘烟气先通过电除尘区，在高压电场下，利用气体的电离，使粉尘颗粒荷电，并在电场力的作用下向极性相反的电极移动，从而将荷电尘粒捕集下来；部分未被捕集的粉尘在负压气流的作用下，从电除尘器的出口进入袋区，通过滤袋过滤作用，粉尘从气流中分离出来，被净化了的干净气体从滤袋内部进入净气室排出。粉尘经过滤袋过滤时，粉尘留在滤袋的外表面形成灰饼层，当过滤粉尘达到一定厚度或一定时间时，除尘器运行阻力加大，除尘器按照差压变送器（或压力控制仪表）或时间继电器，在线检测除尘室与净气室压差。当压差达到设定值时，向脉冲控制仪发出信号，由脉冲控制仪发出指令按顺序触发开启各脉冲阀，使气包内的压缩空气由喷吹管各孔眼喷射到各对应的滤袋，造成滤袋瞬间急剧膨胀。由于气流的反向作用，使积附在滤袋上的粉尘脱落，脉冲阀关闭后，再次产生反向气流，使滤袋急速回缩，形成一胀一缩，滤袋胀缩抖动，积附在滤袋外部的粉饼因惯性作用而脱落，使滤袋得到更新，被清掉的粉尘落入分离器下部的灰斗中。

电-袋复合式除尘技术与单一的除尘设备相比，具有除尘效率高、除尘效率受粉尘性质影响较小、能满足于不同工况条件下的运行要求、高效稳定、运行阻力低、滤袋粉尘负荷量小、粉尘粒径小、对滤袋冲刷小、滤袋使用寿命长、维护量小等技术特点，大大提高了传统除尘器的性能。同时，两收尘区域中任何一方发生故障时，另一区域仍保持一定的收尘效果，具有较强的相互弥补性。

（3）电-袋复合式除尘器技术特点。电-袋复合式除尘器具有以下性能特点：

1）电-袋复合式除尘器的除尘效率高，不受粉尘的比电阻及粒径影响，不受煤种、烟气特性的影响，排放浓度（标态）易控制在 $30mg/m^3$ 以下，且可以保持长期高效、稳定的特点。

2）运行阻力低，滤袋清灰周期长，具有节能功效。电-袋复合式除尘器滤袋的粉尘负荷量小，以及由于荷电效应作用，滤袋形成的粉尘层阻力小，易于清灰，运行阻力比常规布袋除尘器低 500Pa，清灰周期时间是纯布袋除尘器的 2~4 倍，压缩空气消耗量不到纯布袋的 1/3，减少了引风机的功率消耗。

3）滤袋使用寿命长，运行维护费用低。由于电-袋复合式除尘器滤袋清灰周期的延长，清灰次数少，且滤袋粉尘透气性强、运行阻力低，滤袋的负荷差压小，从而大大延长了滤袋使用寿命，在相同条件下比纯袋式除尘器的寿命延长2~3年，运行维护费用也降低了。

4.4.2.2 电除尘器的结构

无论哪种类型的电除尘器，其结构通常都是如图4-43所示的电晕极、集尘极、气流分布装置、外壳、清灰装置、供电装置和集灰斗等几部分组成。

A 电晕极系统

电晕极系统由电晕线、电晕极框架、框架吊杆、支撑绝缘套管及电晕极振打装置等组成。电晕线是产生电晕放电的主要部件，对电晕线的要求是：起晕电压低、发电强度高、电晕电流大、机械强度高、刚性好、耐腐蚀、能维持准确的极间距、易清灰等。

电晕线的种类很多，如图4-50所示，电晕线的形状有圆形线、星形线、螺旋形线、芒刺线、锯齿线、麻花线及蒺藜丝线等，其中RS形是芒刺线的一种。

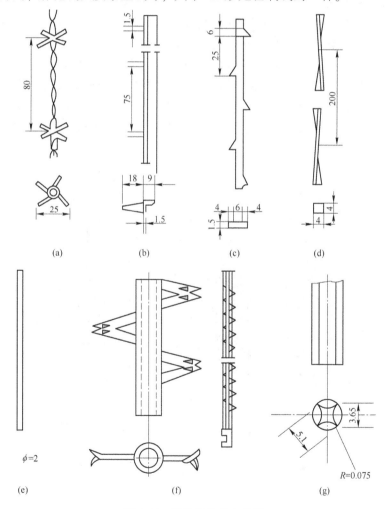

图 4-50 各种形状的电晕线

(a) 2根金属线 ϕ2.5蒺藜丝；(b) 芒刺角钢；(c) 锯齿线；(d) 麻花形；

(e) 圆形线；(f) RS形线；(g) 星形线

圆形电晕线的放电强度与直径成反比，即直径越小，起晕电压越低，放电强度越高。电晕线不宜过细，通常采用直径为 2.5~3mm 的耐热合金钢（镍铬线、不锈钢丝等）制作。星形电晕线常用 4~6mm 的普通钢经冷拉扭成麻花形，力学强度较高，不易断。由于四边带有尖角，起晕电压低，放电均匀，电晕电流较大。多采用框架式结构，适用于含尘浓度低的场合。芒刺形电晕线因其以尖端放电，起晕电压比其他形状的电晕线都低，放电强度高。由于尖端产生的电子和离子流特别集中，增强了极线附近的电风，芒刺点不易积尘，除尘效率高，适用于含尘浓度较高或微粒物比电阻较高的场合。常用形式有芒刺角钢、锯齿形、RS 形等。

电晕线的固定方式如图 4-51 所示，电晕线的固定方式通常有重锤悬吊式、框架式和桅杆式三种。图 4-51（a）所示为重锤悬吊式固定方式，电晕线在上部固定后，下部用重锤拉紧，以保持电晕线处于平衡的伸直状态，设于下部的固定导向装置可防止电晕线摆动，保持电晕极与集尘极之间的距离。图 4-51（b）所示为框架式固定方式，首先用钢管制成框架，然后把电晕极绷紧布置于框架上。如果框架高度尺寸较大，则需每隔大约 0.6~1.5m 增设一横杆，以增加框架的整体刚性。当电场强度很高时，可将框架做成双层，各自采用独立的支架和振打机构。这种方式工作可靠，断线少，采用较多。图 4-51（c）所示为桅杆式固定方式，通过中间的主立杆作为支撑，在两侧各绷 1~2 根电晕线，在高度方向通过横杆分隔成 1.5m 长的间隔。这种方式与框架式相类似，但金属材料较节省。相邻电晕线之间的距离（极距）对放电强度影响较大，极距太大会减弱放电强度，极距太小会因屏蔽作用使放电强度降低，一般极距为 200~300mm，其具体值，需根据集尘极板形状和尺寸等配置情况而定。

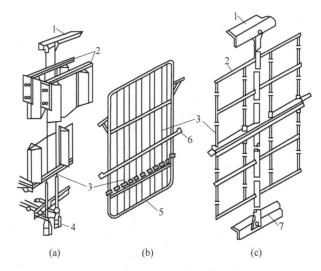

图 4-51　电晕线的固定方式示意图

（a）重锤悬吊式；（b）框架式；（c）桅杆式

1—顶部梁；2—横杆；3—电晕线；4—重锤；5—阴极框架；6—振打砧；7—下部梁

B　集尘极系统

集尘极系统是由集尘极板、上部悬挂装置及下部振打杆等件组成。集尘极的结构对粉尘的二次飞扬、金属消耗量和造价有很大的影响。要求集尘极振打时粉尘的二次飞扬少、单位集尘面积消耗金属量低、造价低、不易变形、易于清灰。

电除尘器的集尘极主要有管状和板状两大类。

小型管式除尘器的集尘极为直径约 $\phi150mm$、长 3m 左右的圆管，大型管式除尘器的集尘极的直径加大到 $\phi400mm$、长 6m。每台除尘器所含集尘管数目少则几个，多则可达 100 个以上。板式集尘极有平板形、鱼鳞形、波浪形、Z 形和 C 形等几种形式。

极板通常采用普通碳素钢 Q235A、优质碳素钢等制作。用于净化腐蚀性气体时，应选用不锈钢。为了抑制粉尘二次飞扬，要在极板上制造出防风沟和挡板，流体流速为 1m/s 左右时，防风沟宽度与板宽比控制为 1∶10。极板之间的间距对电除尘器的电场性能和除尘效率影响较大，间距太小（200mm 以下）时，电压升不高，会影响除尘效率；间距太大（400mm 以上）时，电压升高又受到变压器、整流器容许电压的限制。因此，一般在采用 60~72kV 变压器时，极板间距应取 0.2~0.35m，且集尘极板长一般为 10~20m，高为 10~15m。处理气量 1000m³/s 以上，效率高达 99.5% 的大型电除尘器含有上百对极板。板式除尘器的集尘极板垂直安装，电晕极置于相邻的两极板之间。集尘板通常被悬吊在固定于壳体顶梁的悬吊梁上，其固定形式如图 4-52 所示。极板伸入两槽钢中间，在极板与钢槽之间的衬垫支撑块，在紧固螺栓时能将极板紧紧压住。

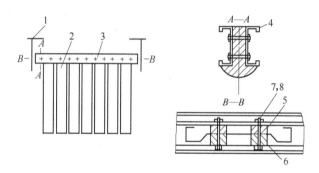

图 4-52　紧固型悬挂方式

1—壳体顶梁；2—极板；3—C 型悬挂梁；4—支撑座；5—凸套；
6—凹套；7—螺栓；8—螺母

C　气流分布装置

气流分布对除尘效率有较大的影响，所以要求气流分布装置对气流分布均匀性要好、阻力损失要小。为了减少涡流，保证气流均匀分布，在除尘器的进出口处应设置渐扩管（进气箱）和渐缩管（出气箱），进气口渐扩管内设置 2~3 层气流分布板，出口的渐缩管处设置一层气流分布板。相邻气流分布板的间距为板高的 0.15~0.2 倍，两者之间装设锤击振打清灰装置。气流分布板的结构形式如图 4-53 所示，气流分布板的结构形式有多种，最常见的有多孔板式、格板式、垂直偏转板式、垂直折板式、槽钢式和百叶窗式等，其中，多孔板因其结构简单，易于制造，使用最为广泛。多孔板通常采用厚度为 3.0~3.5mm 的钢板制成，圆孔直径为 30~50mm，开孔率为 25%~50%，具体需要通过实验确定。电除尘器在正式投入运行前，必须进行测试、调整、检查气流分布是否均匀，要求任何一点的流速不得超过该断面平均流速的 ±40%；在任何一个测定断面上，85% 以上测点的流速与平均流速不得相差 ±25%。

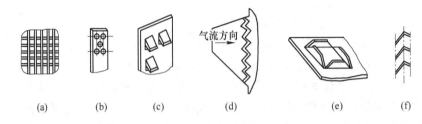

图 4-53　气流分布板的结构形式

（a）格板式；（b）多孔板式；（c）垂直偏转板式；（d）锯齿形；（e）X 型孔板式；（f）垂直折板式

D　外壳

电除尘器的外壳结构主要由箱体、灰斗、进风口风箱及框架等组成。箱体根据实际需要可设计成户外式或户内式（一般横截面大于 $10m^2$ 的电除尘器，多设计成户外式），可设计成单室或双室式。为了保证电除尘器正常运行，壳体要有足够的刚度、强度、稳定性和密封性，即电除尘器的外壳是密封烟气、支撑全部内件质量及外部附加载荷的结构件。外壳的作用是引导烟气通过电场、支撑阴阳极和振打装置，形成一个与外界环境隔离的独立的收尘空间。除尘器外壳材料要视所处理烟气的性质和操作温度而定。电除尘器的外壳有砖结构、钢筋混凝土结构和钢结构。外壳上部安装绝缘瓷瓶和振打机构，下部为集灰斗，中部为收尘电场。外壳需设保温层，以防止含尘气体冷凝结露，粉尘集结电极或腐蚀钢板。外壳和排灰装置都不应漏风，工作要可靠。

E　排灰装置

电除尘器的每个区下面设置一个灰斗，灰斗内表面必须保持光滑，以免滞留粉尘。灰斗的壁与水平方向夹角大于 60°。灰斗有四棱台和棱柱槽等形式。电除尘器灰斗下设置有排灰装置，并保证其工作可靠，密闭性能好，满足排灰要求。常用的排灰装置有螺旋输送机、管式泵、仓式泵、回转下料器和链式输送机等。

F　供电装置

电除尘器的供电装置主要包括升压变压器、整流装置和控制装置等。供电系统选择适当与否，直接影响到电除尘器的性能，因此必须保证供电系统的合理、可靠。实际生产中，电除尘器的电压常用 60~70kV，超高压除尘器的电压高达 80kV 以上。由于电除尘器的工作电压很高，所以就需要升压变压器具有良好的绝缘性与适当的过载能力，以适应除尘器内出现异常工作状态，确保电除尘器的正常运行。整流装置是将升压变压器输出的高压交流电整流为直流电，以便输入电除尘器的电晕极和集尘极形成高压电场。整流装置有机械整流器、电子管整流器、硒整流器、高压硅整流器等几种类型。目前工业电除尘广泛采用硅整流技术制成的各种形式的硅整流设备。电除尘器正常运行的最佳工作电压应维持在要击穿而又未击穿之前的电压。要维持这种状态，只有靠电压自动调节装置来实现。

4.4.3　影响电除尘器性能的主要因素

除尘效率是电除尘器主要的性能指标。影响电除尘器性能的因素很多，大致分为粉尘特性、烟气性质、结构因素和操作因素等。

4.4.3.1　粉尘特性对电除尘器性能的影响

粉尘特性主要包括粉尘粒径分布、黏附性和比电阻等。

（1）粉尘粒径分布。粉尘的粒径不同，在电场中的荷电机制就不同，驱进速度也就不同。对于大于 $1\mu m$ 的尘粒，随着粒径的减小，除尘效率降低。粒径为 $0.1 \sim 1\mu m$ 的尘粒，除尘效率几乎不受粉尘粒径的影响。

（2）尘粒的黏附性。尘粒的黏附性对电除尘器的运行有很大的影响。粉尘的黏附力主要包括分子引力、毛细管黏着力及静电库仑引力。如果粉尘的黏附性较强，会降低电晕放电效果，粉尘难以充分荷电，导致除尘效率降低。

（3）粉尘的比电阻。粉尘的导电性能好坏，对除尘效率影响很大。粉尘比电阻小，导电性能好；粉尘比电阻大，导电性能差。粉尘层的比电阻定义为：

$$\rho = \frac{AR_{\mathrm{m}}}{\delta} \tag{4-61}$$

式中　ρ——粉尘比电阻，$\Omega \cdot cm$；

$\quad A$——集尘面积，cm^2；

$\quad R_{\mathrm{m}}$——平均电阻，Ω；

$\quad \delta$——粉尘层厚度，cm。

粉尘比电阻不仅与粉尘本身的性质和分散度有关，而且还与含尘气体的温度、湿度、粉尘层的密度及化学成分等因素有关，因此，应以实际操作条件下的粉尘比电阻作为影响电除尘器性能的依据。一般情况下，电除尘器运行最适宜的比电阻范围为 $10^4 < \rho < 5 \times 10^{10}\Omega \cdot cm$。

4.4.3.2　烟气性质对电除尘器性能的影响

（1）烟气的温度。烟气的温度不仅对粉尘比电阻有影响，而且对电晕起晕电压、火花放电电压、烟气量等有影响。随烟气温度的上升，起晕电压减小，火花电压降低。烟气温度上升会导致烟气处理量增大，电场风速提高，引起除尘效率下降。当烟气温度超过 300℃ 时，就需要采用耐高温材料并且要考虑电除尘器的热膨胀变形问题。电除尘器通常使用的温度范围是 $100 \sim 250\text{℃}$。

（2）烟气的湿度。在正常情况下，烟气中的水蒸气不会引起极板的腐蚀，对电除尘器的运行是有好处的。但在有孔、门等漏风的地方，由于在这里烟气温度降至露点以下，就会造成酸腐蚀。增湿可以降低比电阻，提高除尘效率。为了防止烟气腐蚀，电除尘器外壳应加保温层，使烟气温度保持在和湿度相对应的露点温度以上。

（3）烟气的含尘浓度。烟气含尘浓度过高，导致离子迁移率降到最低，以致使电流趋近于零，出现电晕闭塞，除尘效果严重恶化。设置预除尘器、降低烟尘浓度或降低烟气流速可以避免电晕闭塞的发生。一般当气体含尘浓度超过 $30g/m^3$ 时，应增加预净化设备。

4.4.3.3　结构因素对电除尘器性能的影响

（1）集尘极板的间距。集尘极板的间距称为通道宽度，用 $2b$ 表示，b 为电晕线到集尘极之间的极间距离。常规电除尘器的通道宽度一般为 $200 \sim 400mm$，$300mm$ 最为普遍，当板间距 $\geqslant 400mm$ 称为宽极距电除尘器。采用宽间距后，集尘极及电晕极的数量减少，因而节约钢材，减少质量，集尘极和电晕极的安装与维修都比较方便。但由于工作电压的增高，供电设备费用也相应的增大。综合技术和经济两方面的因素，通常认为宽间距取400~600mm比较合理。

（2）电晕线的线距。对于卧式电除尘器，当电晕线间距太小时，会由于电屏蔽作用而使导线单位电流值降低，甚至为零；但电晕线的线距也不宜过大，过大会减少电晕线根数，使空间电流密度降低，从而影响除尘效率。设计过程中应选取最佳线距，一般以0.6~0.65倍通道宽度为宜。

4.4.3.4 气流速度及分布对电除尘器性能的影响

电除尘器内气流速度过高，已沉积在集尘板上的尘粒就有可能脱离极板，重新回到气流中，产生二次飞扬；振打清灰时，从极板上剥落下来的尘粒也可能被高速气流卷走。因此，气流速度过大会导致除尘效率降低。从设备尺寸考虑，气速也不能太低，一般断面风速取0.6~1.5m/s为宜。气流分布的均匀性对除尘效率也有较大的影响。若气流分布不均匀，流速低处增加的除尘效率远不能弥补流速高处效率的降低，则总效率下降。

4.4.3.5 操作因素对电除尘器性能的影响

操作因素对电除尘器性能的影响也是多方面的，如伏-安特性、漏风、气流短路、粉尘二次飞扬和电晕线肥大等。即使除尘器设计制造得很合理，但不是在最佳条件下运行，也达不到理想效果。

4.4.3.6 粒子的荷电量和荷电速度对电除尘器性能的影响

粒子的荷电量和荷电速度影响着电除尘器的性能。粒子的荷电理论认为存在电场荷电和扩散荷电两种荷电机制。

A 电场荷电

电场荷电是离子在电场力作用下，做定向运动与粒子相碰撞的结果。粒子的电场荷电过程如下：粒径大于1.0μm左右的较大粒子在电场中被极化，引起电场局部变形，一部分电力线被遮断于粒子上，如图4-54（a）所示。这时有些沿电力线运动的离子和未荷电的粒子发生碰撞而被俘获。粒子荷电后形成的电场与外加电场方向相反，产生斥力，使粒子附近的电力线变形，如图4-54（b）所示，这时粒子只能从电场的较小部分接受电荷，荷电速率相应减慢。粒子继续荷电后，在面向离子流过来的一侧进入粒子的电力线继续减少，最终荷电粒子本身产生的电场和外加的电场正好平衡，粒子上的电荷达到饱和状态，如图4-54（c）所示。

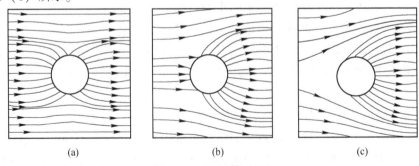

（a）　　　　　　　　　　（b）　　　　　　　　　　（c）

图 4-54　电场荷电过程

（a）未荷电；（b）部分荷电；（c）荷电饱和

如果粒子引入前外电场是均匀的；假定粒子为球形；又假定相邻粒子的电场互不影响，由此可导出饱和荷电量 q_s 的表达式为：

$$q_s = \frac{3\pi\varepsilon_0\varepsilon_p d_p^2 E_0}{\varepsilon_p + 2} \tag{4-62}$$

式中　q_s——粒子的饱和荷电量，C；

ε_0——真空介电常数，8.85×10^{-12} C/(V·m)；

ε_p——粒子的相对介电系数，无因次，ε_p 的范围为 $1 \sim \infty$，如硫磺约为 4.2，石膏约为 5，石英玻璃为 $5\sim10$，金属氧化物为 $12\sim18$，金属约为 ∞；

d_p——粒子直径，m；

E_0——两极间的平均场强，V/m。

由式（4-62）可见，粒子的饱和荷电量主要取决于粒径和场强的大小，尤以粒径影响最大。

设 q_t 为粒子经时间 t 后的瞬时荷电量，q_t/q_s 即为粒子的荷电率，它与荷电时间 t 的关系为：

$$q_t = q_s \frac{t}{t + t_0} \tag{4-63}$$

式中，t_0 为电场荷电时间常数，即荷电率 $q_t/q_s = 50\%$ 的荷电时间，由下式确定：

$$t_0 = \frac{4\varepsilon_0}{N_0 e K_i} \tag{4-64}$$

或

$$t_0 = \frac{8\pi\varepsilon_0 r E}{i} \tag{4-65}$$

式中　K_i——粒子迁移率，$m^2/(s·V)$；

e——电子电量，$e = 1.6 \times 10^{-19}$ C；

N_0——电场中离子的密度，在运行条件下（150~400℃）约为 $10^{14} \sim 10^{15}$ 个/m^3；

E——距电晕线中心 r 处的场强，V/m；

r——距电晕线中心的距离，m；

i——电晕电流密度，A/m。

B　扩散荷电

扩散荷电是离子做不规则热运动和粒子相碰撞的结果。悬浮于有离子的气体中的某一粒子，单位时间内接受离子撞击的次数，依赖于粒子附近离子密度及离子的热运动平均速率，后者又取决于温度和气体的性质。当粒子获得电荷之后，将排斥后来的离子。然而与电场荷电不同，由于热能的统计分布，总会有些离子具有能克服排斥力的扩散速度，因而不存在理论上的饱和电荷。但是随着粒子上积累电荷的增加，荷电速率将越来越低。

怀特（White）利用动力学原理导出不考虑电场影响的扩散荷电电量计算公式为：

$$q_t = \frac{2\pi\varepsilon_0 k T d_p}{e} \ln\left(1 + \frac{e^2\bar{v}N_0 d_p t}{8\varepsilon_0 k T}\right) \tag{4-66}$$

式中　q_t——时间 t 时粒子的扩散荷电量，C；

k——玻耳兹曼常数，1.38×10^{-23} J/K；

T ——气体温度，K；

N_0 ——离子的密度，个/m³；

$\bar{v}$ ——气体离子的平均热运动速度，m/s，$\bar{v} = \sqrt{\dfrac{8kT}{m\pi}}$；

m ——单个气体分子（离子）的质量，kg；

e ——电子电量，$e = 1.6 \times 10^{-19}\mathrm{C}$；

t ——荷电时间，s。

电场荷电和扩散荷电的相对重要性，主要取决于粒子直径。在通常的电除尘器运行条件下，粒径大于 1μm 的粒子，电场荷电一般占优势；而小于 0.2μm 的粒子，扩散荷电则占优势；对于这中间粒径范围的粒子，两种荷电机制都重要。

4.4.4 电除尘器的设计与选型

4.4.4.1 设计电除尘器所需的原始数据

（1）工作状况下需净化的烟气量；

（2）烟气的温度与湿度；

（3）烟气的成分，即各种气体的体积分数；

（4）烟气的含尘浓度；

（5）粉尘的性质，包括粉尘的粒度分布、化学组成、密度、堆积角、比电阻、黏性等；

（6）电除尘器出口烟气允许的含尘浓度；

（7）电除尘器工作时壳体承受的压力。

4.4.4.2 电除尘器的设计

电除尘器的设计是根据需要处理的含尘气体流量和净化要求，确定电除尘器的基本设计参数，并进行详细的结构设计。

A 电除尘器性能参数的设计计算

除尘效率是电除尘器的主要性能指标。

（1）粉尘驱进速度的计算。电场中的荷电粉尘在静电力 F_e 和气流阻力 F_D 的综合作用下产生静电沉降，并向本身带电荷异性的集尘极运动，其运动速度称为驱进速度 ω，单位为 m/s，静电力为：

$$F_e = q_P E_P \qquad (\mathrm{N}) \tag{4-67}$$

式中 q_P ——尘粒的荷电量，C；

E_P ——尘粒所处位置的电场强度，V/m。

粉尘在向集尘极移动时所受的阻力 F_D 可按 Stokes 公式来计算，即

$$F_D = 3\pi\mu d_p\omega/K \qquad (\mathrm{N}) \tag{4-68}$$

式中 μ ——气体介质的动力黏度，Pa·s；

d_p ——粉尘粒子的直径，m；

ω ——粉尘向集尘极移动的驱进速度，m/s；

K ——坎宁汉修正系数（无因次），可近似估算为 $K = 1 + 1.7 \times 10^{-7}/d_p$。

当 $F_e = F_D$ 时，在电场中荷电粒子向集尘极作等速运动，由式（4-67）和式（4-68），可得粒子驱进速度 $\omega(\text{m/s})$ 为：

$$\omega = \frac{q_P E_P K}{3\pi\mu d_p} \tag{4-69}$$

由上式可看出，粒子的驱进速度 ω 与粒子的荷电量、粒径、电场强度以及气体介质的黏度有关，其运动方向与电场力方向一致。此外，由于气流、粒子特性等因素未考虑，所以按式（4-69）计算的驱进速度比实际的驱进速度要大很多。

（2）除尘效率 η 的计算。除尘效率 η 定义为捕集的粉尘量与烟尘中总含尘量的比值。若进入电除尘器的烟气初含尘浓度为 c_0，处理后的烟气含尘浓度为 c_1，则除尘效率 η 为：

$$\eta = \frac{c_0 - c_1}{c_0} \times 100\% \tag{4-70}$$

实际中通常是根据某种电除尘器的结构形式，在一定的运行条件下测得除尘效率后，代入德意希（Deutsch）效率公式中，计算出相应的驱进速度 ω_e，该速度称为有效驱进速度。用 ω_e 描述的除尘效率方程式称为德意希-安德森方程式，即

$$\eta = 1 - \exp\left(-\frac{\omega_e A}{Q}\right) \tag{4-71}$$

式中　A——电除尘器集尘极板的总表面积，m^2；

　　　Q——通过电除尘器的气体量，m^3/s。

若令 $f = A/Q$，则 f 表示了单位时间内单位体积烟气所需的收尘面积，简称为比集尘面积，$\text{m}^2/(\text{m}^3/\text{s})$。比集尘面积是衡量电除尘器除尘能力的一个重要参数，该参数值越大，说明电除尘器的除尘效率越高，相应的一次性投资也就高。粉尘的有效驱进速度的一般范围为 $0.02 \sim 0.2\text{m/s}$，见表4-8。

表4-8　工业粉尘的有效驱进速度

粉尘种类	有效驱进速度 $\omega_e/\text{m}\cdot\text{s}^{-1}$	粉尘种类	驱进速度 $\omega_e/\text{m}\cdot\text{s}^{-1}$
煤灰（飞灰）	$0.01\sim0.04$	冲天炉（铁-焦比=10）	$0.03\sim0.04$
纸浆及造纸	0.08	水泥生产（干法）	$0.06\sim0.07$
平炉	0.06	水泥生产（湿法）	$0.01\sim0.11$
酸雾（H_2SO_4）	$0.06\sim0.08$	多层床式焙烧炉	0.08
酸雾（TiO_2）	$0.06\sim0.08$	红磷	0.03
飘悬焙烧炉	0.08	石膏	$0.16\sim0.20$
催化剂粉尘	0.08	二级高炉（80%生铁）	0.125
烧结机	$0.023\sim0.115$	城市垃圾焚烧炉	$0.04\sim0.12$

B　电除尘器本体的设计计算

根据粉尘的比电阻、有效驱进速度 ω_e、含尘气体的流量 Q 以及预期要达到的除尘效率 η，即可进行除尘器本体的设计计算。设计参数包括集尘极板表面积 A、电场长度 L、电晕极和集尘极的数量和间距等。这里以平板形除尘器为例进行介绍。

（1）集尘极板表面积 A 的计算。集尘极板面积 $A(\text{m}^2)$ 可由下式求得：

$$A = \frac{Q}{\omega_e} \ln \frac{1}{1 - \eta} \qquad (4-72)$$

式中　η——预期达到的除尘效率,%;

　　Q——电除尘器的处理烟气量,$\mathrm{m^3/s}$;

　　ω_e——有效驱进速度,$\mathrm{m/s}$,其值可参考表4-8。

集尘极板表面积 $A(\mathrm{m^2})$ 的数值大小决定了电除尘器的规格大小,由于电除尘器的实际条件与设计时确定的条件和选取的参数可能存在一些出入,所以在确定集尘极板面积时,必须考虑适当增大集尘极板的表面积,即

$$A = K_1 \frac{Q}{\omega_e} \ln \frac{1}{1 - \eta} \qquad (4-73)$$

式中,K_1 为储备系数,$K_1 = 1.0 \sim 1.3$,视生产工艺和环保要求而定。

(2) 集尘极排数 n 的计算。根据电场断面的宽度 B 和所选定的集尘极间距 $2b$,可确定集尘极的排数(或通道数)n 为:

$$n = \frac{B}{2b} + 1 \qquad (4-74)$$

(3) 集尘极高度 h 的计算。根据选定的电场风速(即电除尘器断面风速)$v(\mathrm{m/s})$,可确定集尘极的高度 $h(\mathrm{m})$ 为:

$$h = \frac{Q}{2bvn} \qquad (4-75)$$

(4) 通道横断面积 A_c 的计算。根据通道宽度 $2b$、集尘极的高度 h 和通道数 n,可按下式计算通道横断面积 $A_c(\mathrm{m^2})$ 为:

$$A_c = 2bhn \qquad (4-76)$$

(5) 电场长度 L 的计算。集尘极板面积 A 确定后,再根据集尘极的排数和电场宽度,计算出电场的长度。在计算集尘极板面积 A 时,靠近电除尘器壳体的最外层集尘极按单面计算,其余集尘极均按双面计算。电场长度 $L(\mathrm{m})$ 可按下式计算:

$$L = \frac{A}{2(n + 1)h} \qquad (4-77)$$

目前常用的单一电场长度为 $2 \sim 4\mathrm{m}$,当实际要求的电场长度超过 $4\mathrm{m}$ 时,可将电极沿气流方向分成几段,形成多个电场。采用分场供电时,每个电场可施加不同的电压,一般第一个电场中的气体含尘量高,工作电压相对低一些;后续电场内含尘量逐渐减少,工作电压可逐渐增高,有利于提高除尘效率。

(6) 电场内粉尘停留时间 $t(\mathrm{s})$ 的计算。电场内粉尘停留时间 t 也就是集尘时间,集尘时间可按下式计算:

$$t = \frac{L}{v} \qquad (4-78)$$

粉尘在电场内的停留时间应不小于粉尘颗粒从电晕极漂移到集尘极所需的时间,即

$$t \geqslant \frac{b}{\omega_e} \qquad (4-79)$$

将式 (4-78) 代入式 (4-79),则集尘极板长度应满足

$$L \geqslant \frac{bv}{\omega_e} \qquad (4-80)$$

C 电除尘器的结构设计

电除尘器的机构主要有电晕极、集尘极、清灰装置、气流分布装置、外壳、供电装置和集灰斗等几部分组成，合理设计电除尘器的结构，是保证电除尘器具有良好技术经济指标的重要关键，结构设计的任务就是确定上述各组成部分（在 4.4.2.2 小节中已有介绍，这里不再赘述）。

4.4.4.3 电除尘器的选型

选择设计电除尘器所需要的原始资料与旋风除尘器相同，此外还应特别注意粉尘比电阻及其随运行条件的变化情况。电除尘器的型式和工艺配置，要根据处理的含尘气体性质及处理要求决定，其中粉尘比电阻是重要的因素。比电阻在 $10^4 \sim 2 \times 10^{10} \Omega \cdot cm$ 的范围，可采用普通干式电除尘器，如果比电阻偏高，则采用特殊的电除尘器，如宽间距电除尘器、高温电除尘器等，或在烟气中加入一定量的水雾、NH_3、SO_3 等进行调质处理。对于低比电阻的粉尘，需在电除尘器后加一旋风除尘器或过滤除尘器，则可获得较高的除尘效率。湿式电除尘器既能捕集高比电阻粉尘，又能捕集低比电阻粉尘，除尘效率较高。但除尘器的积垢和腐蚀问题较严重，产生的污泥需要处理。

电除尘器的选择设计的步骤是：（1）确定或计算有效驱进速度 ω_e；（2）根据给定的含尘气体流量 Q 和要求的除尘效率 η，按式（4-72）计算所需的集尘极板面积 A；（3）在相关手册上查出与集尘面积 A 相当的电除尘器规格；（4）验算气速 v。如 v 在所选的电除尘器允许范围内，则符合要求，否则重新选择。

4.5 湿式除尘技术与设备

湿式除尘器是实现含尘气体与水或其他液体密切接触，依靠液滴、液膜、气泡等形式洗涤气体，使粉尘与液体黏附，将尘粒从气流中分离出来的净化装置。湿式除尘器具有结构简单、造价低和净化效率高等优点，适宜净化非纤维性和非水硬性的各种粉尘，尤其是净化高温、易燃易爆气体。此外，它捕集到的粉尘不会发生二次飞扬。但是除尘器排出的污水、污泥可能造成二次污染，需要进行处理，当气体中含有腐蚀性介质时，要考虑防腐。水源不足的地方使用有困难，北方地区冬季要考虑防冻措施。

湿式除尘器以水为媒介物，因此它不适用于疏水性粉尘或遇水容易引起自燃及结垢的粉尘。

湿式除尘器通常由捕集粉尘的净化器和从净化气体中分离液滴的脱水器两部分组成，这两部分的运行直接影响除尘效率。湿式除尘器有以下特点：

（1）在消耗相同能量的情况下，除尘效率比干式机械除尘器要高，能够有效地从气流中去除粒径为 $0.1 \sim 20 \mu m$ 的液态或固态粒子；高能湿式洗涤器（文丘里除尘器）对小于 $0.1 \mu m$ 的粉尘仍有很高的除尘效率。

（2）湿式除尘器适用于处理高温、高湿的烟气以及黏性大的粉尘，但不适用于气体中含有疏水性粉尘或遇水后容易引起自燃和结垢的粉尘。

（3）湿式除尘器结构简单，一次性投资低，占地面积小，操作维护方便。选择适当的液体（根据有害气体的性质确定）既能除尘，又能脱除气态污染物，还能对气体起到降温作用。

（4）湿式除尘器排出的污水泥浆需要进行处理，这将会增加二次处理费用，即运行费用提高；而当净化有腐蚀性气体时，化学腐蚀性转移到水中，因此污水系统要用防腐材料保护。

4.5.1　湿式除尘器分类及性能

4.5.1.1　湿式除尘器的分类

A　按能耗分类

工程上使用的湿式除尘器形式很多，根据能耗可分为高能耗、中能耗和低能耗 3 类。高能耗湿式除尘器，如文丘里洗涤器（图 4-55（f））、喷射雾洗涤器等，除尘效率可达 99.5%以上，压力损失为 2.5~9.0kPa，排烟中的尘粒粒径可小于 0.25μm。中能耗湿式除尘器，如冲击水浴除尘器（图 4-55（c））、机械诱导喷雾洗涤器（图 4-55（g））等，压力损失为 1.5~2.5kPa。低能耗湿式除尘器，如喷雾洗涤塔（图 4-55（a））和旋风洗涤器（图 4-55（b））等，压力损失为 0.25~1.5kPa，对 10μm 以上尘粒的净化效率可达 90%左右。

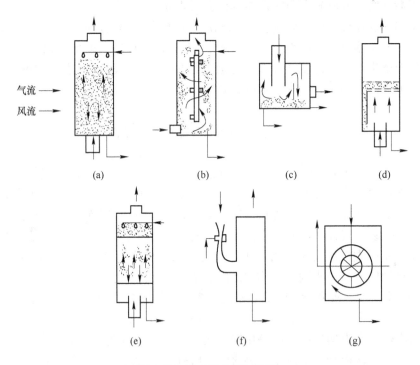

气流 →
风流 →

(a)　　　　(b)　　　　(c)　　　　(d)

(e)　　　　(f)　　　　(g)

图 4-55　湿式除尘器示意图

（a）重力喷雾洗涤器（喷雾器）；（b）旋风洗涤除尘器；（c）自激式除尘器；（d）泡沫除尘器（塔板式）；（e）填料床洗涤器（填料塔）；（f）文丘里洗涤器；（g）机械诱导洗涤器

B　按净化机理分类

根据湿式除尘器的净化机制，可将其分为图 4-55 所示的 7 类。湿式除尘器运行中气液接触表面及捕尘体的形式和大小，取决于一相进入另一相的方法不同。当含尘气体向液体中分散时，如在板式塔洗涤器中，将形成气体射流和气泡形成的气液接触表面，气泡和气体射流即为捕尘体。当液体向含尘气体中分散时，如在重力喷雾塔、离心式喷洒洗涤器、自激喷雾洗涤器、文丘里洗涤器和机械诱导喷雾洗涤器中，将形成液滴形式的气液接触表面，液滴为捕尘体。在填料塔、旋风水膜除尘器中，气液接触表面为液膜，气相中的粉尘由于惯性力、离心力等作用撞击到水膜中被捕集，液膜是这类湿式除尘器的捕尘体。

4.5.1.2 湿式除尘器的性能

湿式除尘器结构简单、造价低，可以有效地将直径 $0.1 \sim 20 \mu m$ 的液滴或固体颗粒从气流中除去。同时，也能脱除部分气态污染物，还能起到对气体降温的作用。湿式除尘器适宜净化非纤维性、非憎水性和不与水发生化学反应的各种粉尘，尤其适宜净化高温、易燃和易爆的含尘气体。但存在设备和管道的腐蚀、污水污泥的处理、因烟气温度降低而导致的烟气抬升减小及冬季排气产生冷凝水雾等问题。在低温寒冷地区湿式除尘器容易冻结，必须采取防冻措施。

湿式除尘器的主要性能、操作指标见表4-9。为简单起见，本表只列出广泛应用的湿式除尘器的性能和操作指标。

表4-9 应用广泛的湿式除尘器的性能及操作指标

设备名称	气流速度/m·s^{-1}	液气比/L·m^{-3}	压力损失/kPa	分割粒径/μm
重力喷雾洗涤器	0.1~2.0	2.0~3.0	0.1~0.5	3.0
填料床洗涤器（填料塔）	0.5~1.0	2.0~3.0	1.0~2.5	1.0
旋风洗涤除尘器	15.0~45.0	0.5~1.5	1.2~1.5	1.0
转筒洗涤器	5.0~12.5	0.7~2.0	0.5~1.5	0.2
冲击式洗涤器	10.0~20.0	10.0~50.0	0~0.15	0.2
文丘里洗涤器	60.0~90.0	0.3~1.5	2.5~9.0	0.1

4.5.2 湿式除尘器的除尘机理

湿式除尘器内含尘气体与水或其他液体相碰撞时，尘粒发生凝聚，进而被液体介质捕获，达到除尘目的。气体与水接触有以下过程：尘粒与预先分散的水膜或雾状液相接触；含尘气体冲击水层产生鼓泡形成细小水滴或水膜；较大的粒子在与水滴碰撞时被捕集，捕集效率取决于粒子的惯性及扩散程度。

因为水滴与气流间有相对运动，气体与水滴接近时，气体改变流动方向绕过水滴，而尘粒受惯性力和扩散的作用，保持原轨迹运动与水滴相撞。这样，在一定范围内尘粒都有可能与水滴相撞，然后由于水的作用凝聚成大颗粒，被水流带走。通常情况下，水滴小且多，比表面积加大，接触尘粒机会就多，产生碰撞、扩散、凝聚效率也高；尘粒的容重、粒径以及与水滴的相对速度越大，碰撞、凝聚效率就越高；但液体的黏度、表面张力越大，水滴直径大，分散的不均匀，碰撞凝聚效率就越低；亲水粒子比疏水粒子容易捕集，这是因为亲水粒子很容易通过水膜的缘故。

4.5.3 湿式除尘器的结构与工作原理

4.5.3.1 湿式除尘器的结构

湿式除尘器的主要结构由烟气进口、分流板净化室、沉淀池、撞击脱水板、防雾格栅、烟气出口、溶液箱、除灰机等部分组成。湿式除尘器的种类很多，不同类型有不同的结构。根据除尘机理湿式除尘器可分为7类，如图4-55所示，下面介绍其中的5类。

A 重力喷雾塔洗涤器

重力喷雾塔洗涤器是湿式除尘器中构造最简单的一种，也称喷雾塔，立式逆流喷雾塔如图4-56所示。在塔内，含尘气体通过喷淋液体所形成的液滴空间时，由于尘粒和液滴之间的碰撞、拦截和凝聚等作用，使较大较重的尘粒靠重力作用沉降下来，与洗涤液一起从塔底排走。为了防止气体出口夹带液滴，常在塔顶安装除雾器，经除雾后净化的气体从上部排入大气，从而实现除尘的目的。

重力喷雾塔洗涤器按其内截面形状，可分为圆形和方形两种。根据除尘器中含尘气体与捕集粉尘粒子的洗涤液运动方向的不同可分为交叉流、向流和逆流三种不同类型的喷淋洗涤除尘器。在实际应用中多用气液逆流型洗涤器，很少用交叉流型洗涤器。向流型喷淋洗涤器主要用于使气体降温和加湿等过程。重力喷雾塔洗涤器的压力损失较小，一般在250Pa以下，操作方便、运行稳定，但净化效率低（对于小

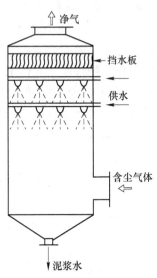

图4-56 立式逆流喷雾塔

于10μm尘粒捕集效率较低），耗水量大，设备庞大，占地面积较大，与高效除尘器联用，起预净化和降压、加湿等烟气调质作用；也可处理含有害气体的烟气。

通过喷雾塔洗涤器的水流速度与气流速度之比为0.015~0.075；气体入口速度范围一般为0.6~1.2m/s；耗水量为0.4~1.35L/m³；一般工艺中应设置沉淀池，使固体沉淀后循环使用。

立式逆流喷雾塔靠惯性碰撞捕集粉尘的效率，可以用卡尔弗特给出的通过率推算式表示：

$$\eta = 1 - \exp\left[-\frac{3Q_L v_L H \eta_D}{2Q_G d_D (v_L - v_G)}\right] \tag{4-81}$$

式中　v_L——水滴的重力沉降速度，m/s；

　　　v_G——空塔断面气流速度，m/s；

　Q_L，Q_G——液体（水）和气体的流量，m³/s；

　　　H——气液接触的总塔高度，m；

　　　η_D——单个液滴的碰撞效率；

　　　d_D——液滴粒径，m。

喷雾塔的空塔断面气流速度v_G大致取水滴沉降速度的50%较合适。直径为0.5mm水滴的沉降速度约为1.8m/s，则v_G取0.9m/s左右。实际空塔断面气流速度一般采用0.6~

1.2m/s。水气比 0.4~1.35L/m³。

B 湿式离心除尘器

湿式离心除尘器可分为两类，一类是借助离心力加强液滴与粉尘粒子的碰撞作用，达到高效捕尘的目的，如中心喷水切向进气的旋风洗涤器、用导向机构使气流旋转的除尘器、周边喷水旋风除尘器等。另一类是使粉尘粒子借助于气流作旋转运动所产生的离心力冲击于被水湿润的壁面上，从而被捕获的离心除尘器。如立式旋风水膜除尘器和卧式旋风水膜除尘器。

a 中心喷水切向进气旋风洗涤器

中心喷水切向进气旋风洗涤器的结构如图 4-57 所示。这种除尘器的下部中心装有若干个喷嘴雾化器，用以向旋转含尘气流中喷射液滴，这样就可以很好地借助离心力，加强液滴与粉尘粒子的惯性碰撞作用。为防止雾滴被气体带出，在中心喷雾器的顶部装有挡水圆盘，而在除尘器的顶部装有整流叶片，用以降低除尘器的压力损失。

根据计算表明，当气体在半径为 0.3m 处以 17m/s 的切线速度旋转时，粉尘粒子受到的离心力远比其受到的重力大 100 倍以上。图 4-58 给出了在 100g 的离心力作用下，不同粒径的尘粒惯性碰撞的捕尘效率。图中曲线表明，液滴尺寸在 40~200μm 的范围内捕尘效果比较好，100μm 时效果最佳。从图中还可以看出，这种除尘器对 5μm 的尘粒捕集效率仍然很高，当液滴粒径为 100μm 时，单个液滴的捕尘效率几乎可达 100%。

中心喷水切向进气旋风洗涤器的入口风速通常为 15~45m/s，最高可达 60m/s。除尘器断面气速大约为 1.2~2.4m/s，气体压力降大约为 500~1500Pa，用于净化气体的耗水量为 0.4~1.3L/m³。这种除尘器常用作文丘里除尘器的脱水器，其净化烟气时的性能，见表 4-10。

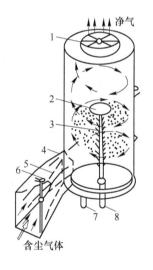

图 4-57 中心喷水切向进气旋风
洗涤器结构示意图

1—整流叶片；2—圆盘；3—喷嘴；

4—气流入口管；5—导流管；6—调节阀；

7—排污水管；8—给水管

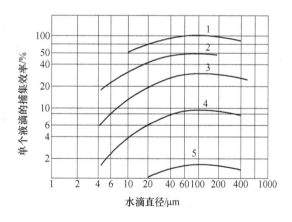

图 4-58 在 100g 离心力下惯性碰撞捕尘效率
与水滴直径的关系

1—$d_p = 5μm$；2—$d_p = 2μm$；3—$d_p = 1μm$；

4—$d_p = 0.5μm$；5—$d_p = 0.2μm$

表4-10　中心喷水切向进气旋风洗涤器的主要性能

粉尘来源	粒径/μm	气体中粉尘的浓度/g·cm⁻³		效率/%
		进气口	排气口	
锅炉飞灰	>2.5	1.12~5.9	0.046~0.106	88.0~98.8
铁矿石、焦炭尘	0.5~20	6.9~55.0	0.069~0.184	99
石灰窑尘	1~25	17.7	0.567	97
生石灰尘	2~40	21.2	0.184	99
铝反射炉尘	0.5~2	1.15~4.6	0.053~0.092	95.0~98.0

b　立式旋风水膜除尘器

立式旋风水膜除尘器,只在器壁由壁流形成水膜。当尘粒借助离心力甩向器壁时,立刻被下流的水膜捕获。国内常用的立式旋风水膜除尘器有 CLS 型旋风水膜除尘器和麻石旋风水膜除尘器两种。

(1) CLS 型旋风水膜除尘器。CLS 型旋风水膜除尘器的结构如图 4-59 所示,外壳由金属材料制成,下流水膜依靠切向喷向筒壁的水雾形成,旋转上升气流甩向壁面的粉尘被水膜黏附并随水冲下。其除尘效率一般在 90% 以上。入口气速通常为 15~22m/s,入口气速不能过大,否则压力损失激增,还会破坏水膜,造成尾气严重带水,使除尘效率降低。筒体的高度不小于筒体直径的 5 倍,以保证旋转气流在洗涤器内的停留时间。按规格不同在筒体上部设有 3~6 个喷嘴,喷水压力为 30~50kPa,耗水量 0.1~0.3L/m³。该种除尘器的压力损失为 0.5~0.75kPa,最高允许进口含尘浓度为 2g/m³,若浓度过高时应设预处理装置。洗涤器筒体内壁保持稳定、均匀的水膜是保证正常工作的必要条件。为此,除保持洗涤器的供水压力恒定外,筒体内表面不得有突出的焊缝或其他凹凸不平的地方,以免水膜流过这些部位时造成飞溅。

(2) 麻石旋风水膜除尘器。麻石旋风水膜除尘器的结构如图 4-60 所示,由圆筒体(用耐腐蚀麻石砌筑成)、环形喷嘴(或溢水槽)、水封池、沉淀池等组成。含尘气体由下部进气管以 16~23m/s 的速度切向进入筒体,形成急剧上升的旋转气流,粉尘粒子在离心力的作用下被推向外筒体的内壁,并被筒壁自上而下流动的水膜捕获。然后随水膜流入锥形灰斗,经水封池排入排灰沟,冲至沉淀池。净化后的烟气从除尘器的出口排出,经排气管、烟道、吸风机后再由烟囱排入大气。除尘器入口气流速度一般约为 18m/s,直径大于 2m 时采用 22m/s。除尘器筒体内气流上升速度取 4.5~5.0m/s 为宜,液气比为 0.15~0.2L/m³,阻力一般为 600~1200Pa。对锅炉排尘的除尘效率一般为 85%~90%。

麻石旋风水膜除尘器具有抗腐蚀性好、耐磨经久耐用,它不仅能净化刨煤机和燃煤锅炉烟气的粉尘,而且也能净化煤粉炉和沸腾炉含尘浓度高的烟气,除尘效率高,一般可达 90% 以上,设备造价低等优点。

麻石旋风水膜除尘器也存在一些不足,如喷嘴易被烟尘堵塞,采用内水槽溢流供水,在器壁上形成的水膜将受到供水量多少的影响而不稳定,所以通常采用外水槽供水。由于外水槽供水是以除尘器内外液面差控制水量,这就保证了形成的水膜较稳定。耗水量大,废水为酸性,需处理后才能排放。该除尘器不适宜急冷急热变化的除尘过程,处理烟气温度以不超过 100℃ 为宜。

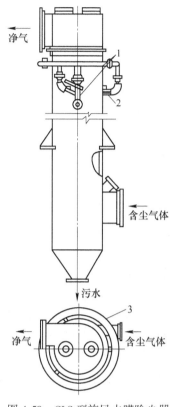

图 4-59 CLS 型旋风水膜除尘器

1，3—水管；2—喷嘴

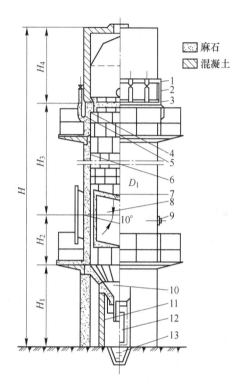

图 4-60 麻石旋风水膜除尘器

1—环形集水管；2—扩散管；3—挡水檐；4—水越入区；
5—溢水槽；6—筒体内壁；7—烟气进口；8—挡水槽；9—通灰孔；
10—锥形灰斗；11—水封池；12—插板门；13—灰沟

c 卧式旋风水膜除尘器

卧式旋风水膜除尘器（也称旋筒式除尘器）是一种阻力不高而效率比较高的除尘器。由于构造简单，操作维护方便，耗水量小，而且不易磨损，因此，在机械、冶金等行业应用的比较多。卧式旋风水膜除尘器的结构如图 4-61 所示，它由内筒、外壳、螺旋导流叶片、集尘水箱和排水设施等组成。外壳和内筒之间装设的螺旋导流叶片，使外壳与内筒之间的间隙被分割成一个螺旋形气体通道。

当气流以高速冲击到水箱内的水面上时，一方面尘粒因惯性作用而落入水中；另一方面气流冲击水面激起的水滴与尘粒相碰，也将尘粒捕获；同时，气流携带着水滴继续做螺旋运动，水滴被离心力甩向外壁，在外壳内壁形成一层 3~5mm 厚的水膜，将沉降到其上的尘粒捕获。可见，旋筒式水膜除尘器综合了旋风、冲击水浴和水膜三种除尘机制，从而达到较高的除尘效率。对各种粉尘的净化效率达 90% 以上，有的高达 98%，压力损失为 0.8~1.2kPa。

实验表明，保持效率高和压力损失低的关键在于各圈形成完整的和强度均匀的水膜。为此，螺旋通道高度（由内筒底至水面的高度）应保持 100~150mm，通道内平均气流速度控制在 11~17m/s，连续供水量为 0.06~0.15L/m³，气量允许波动范围为 20% 左右。这

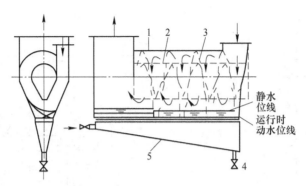

图 4-61　卧式旋风水膜除尘器的结构示意图

1—外壳；2—内筒；3—螺旋导流叶片；4—排灰浆阀；5—灰浆斗

种除尘器适合于非黏固性粉尘及非纤维性粉尘，用于常温和非腐蚀性场合。

d　旋流板塔洗涤器

旋流板塔洗涤器的结构如图 4-62 所示，它是由旋流塔板、集液槽、圆形溢流管、塔体、旋流叶片等组成。旋流板塔洗涤器有较高的除尘效果和良好的传质性能，国内许多中小型锅炉用它同时除尘和脱硫。旋流板塔洗涤器的塔体常用麻石制造，或用碳钢外壳内衬耐磨耐腐蚀材料。塔内安装旋流塔板，其塔板形状如固定的风车叶片。气流通过叶片时产生旋转和离心运动，液体通过中间盲板被分配到各叶片，形成薄液层，与旋转上升的气流形成搅动，喷成细小液滴，甩向塔壁后，液滴受重力作用集流至集液槽，并通过溢流装置流到下一塔板的盲板区。主要除尘机制是尘粒与液滴的惯性碰撞、离心分离和液膜黏附等。这种塔板由于开孔率较大，允许高速气流通过，因此负荷较高，处理能力较大，操作弹性亦较大。但由于板上气液接触时间短，效率一般较低，除尘、除雾的单板效率为 90% 左右。

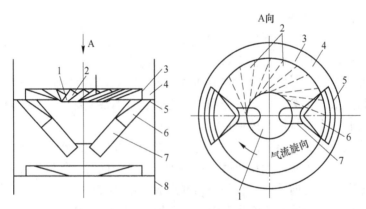

图 4-62　旋流板塔洗涤器

1—盲板；2—旋流叶片（共 24 片）；3—罩筒；4—集液槽；
5—溢流口；6—异形接管；7—圆形溢流管；8—塔壁

C　自激式喷雾除尘器

自激式喷雾除尘器是依靠气流自身的动能，直接冲击液体表面而激起雾滴，使尘粒从气流中分离，达到除尘的目的。该除尘器的优点是在高含尘浓度时能维持高的气流量，耗水量小，一般低于 0.13L/m³（气），压力损失为 0.5 ~ 4kPa，除尘效率一般可达 85% ~ 95%。

　　a　冲击式水浴除尘器

冲击式水浴除尘器的结构如图 4-63 所示，它的除尘过程可分为三个阶段：连续进气管的喷头是淹埋在设备内的水室里，含尘气流经喷头高速喷出，冲击水面并急剧改变方向，气流中的大尘粒因惯性与水碰撞而被捕集，即冲击作用阶段；粒径较小的尘粒随气流以细流的方式穿过水层，激发出大量泡沫和水花，进一步使尘粒被捕集，达到二次净化的目的，这一阶段为泡沫作用阶段；气流穿过泡沫层进入筒体内，受到激起的水花和雾滴的淋浴，得到进一步净化，这一阶段为淋浴作用阶段。

这种除尘器的除尘效率和压力损失与喷头喷射的气流速度、喷头在水室的淹埋深度、喷头与水面接触的周长 L 与气体流量 Q 之比值 L/Q 等有关。实践表明，在一般情况下，随着喷射速度、淹埋深度 h_0 和比值 L/Q 的增大，除尘效率提高，压力损失也增大，当喷射速度和淹埋深度增大到一定值后，除尘效率几乎不变，而压力损失急剧增大。因此提高除尘效率的经济有效途径是改进喷头形式，增大比值 L/Q。冲击式水浴除尘器喷头淹埋深度为 0 ~ 30mm，喷射速度为 8 ~ 14m/s。除尘效率一般达 85% ~ 95%，压力损失为 1 ~ 1.5kPa。

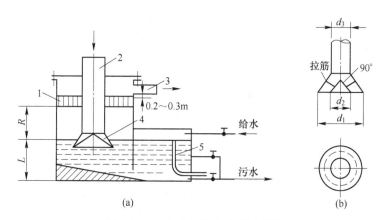

图 4-63　冲击式水浴除尘器示意图
(a) 除尘器；(b) 喷头
1—挡水板；2—进气管；3—排气管；4—喷头；5—溢流管

水浴除尘器阻力 $\Delta p(\mathrm{Pa})$ 可按下式计算：

$$\Delta p = h_0 g + 0.5 v^2 \rho + B (0.5 v^2 \rho)^C \tag{4-82}$$

其中

$$B = 37 - 1.05 \frac{A}{a} \tag{4-83}$$

$$C = 0.4 - 0.004 \frac{A}{a} \tag{4-84}$$

式中　h_0——喷头的埋水深度，mm；

　　　g——重力加速度，m/s²；

　　　v——喷头出口气速，m/s；

    A ——水浴除尘器的净横断面积，m^2；

    ρ ——气体密度，kg/m^3；

    a ——进风管的横截面积，m^2。

  b　冲激式除尘器

　　冲激式除尘器的结构如图 4-64 所示。它主要由进气室、排气管、自动供水系统、S 形通道、挡水板、溢流箱、净气分雾室等组成。含尘气体进入洗涤器后转弯向下冲击水面，粗尘粒由于惯性作用落入水中被水捕获；细粒随气流以 18~35m/s 的速度进入两叶片间的 "S" 形净化室，由于高速气流冲击水面激起的水滴的碰撞及离心力的作用，使细尘粒被捕集。净化后的气体通过气液分离室和挡水板，去除水滴后排出。被捕集的组分、细尘粒，在水中由于重力作用，沉积于泥浆斗底部形成泥浆，再由刮板运输机自动刮出。除尘器内的水位由溢流箱控制，在溢流箱盖上设有水位控制装置，以保证除尘器的水位恒定，从而保证除尘效率的稳定。若除尘器较小，可用简单的浮标来控制水位。

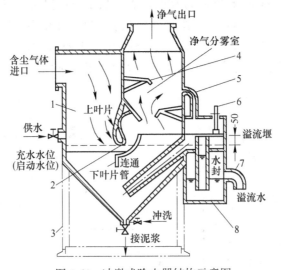

图 4-64　冲激式除尘器结构示意图

1—进气室；2—S 形通道；3—除尘机组支架；4—挡水板；5—通气道；
6—水位控制装置；7—溢流管；8—溢流箱

　　我国生产的冲激式除尘器，结构紧凑、占地面积小，便于安装和管理。其中 CCJ 型采用机械耙清理泥浆和自动供水方式，耗水量为 $0.04L/m^3$；CCJ/A 型采用橡胶排污阀排泥浆，供水无自控，耗水量为 $0.17L/m^3$。对一般除尘系统，控制溢流堰水位高出上叶片底缘 50mm。通过 S 形通道的气流速度为 18~35m/s，除尘效率可达 99%，压力损失为 1~1.6kPa。单位长度叶片的处理气量一般为 5000~7000$m^3/(h \cdot m)$，处理大气量时可采用双叶片的结构形式。

　　与其他湿式除尘器相比，冲激式除尘器的缺点是阻力高、金属消耗量大、价格较贵。

　　D　泡沫式除尘器

　　泡沫式除尘器是依靠含尘气体流经筛板产生的泡沫捕集粉尘的除尘器，又称泡沫洗涤器，简称泡沫塔。这类除尘器一般分为无溢流泡沫除尘器和有溢流泡沫除尘器两类，如图 4-65 所示。

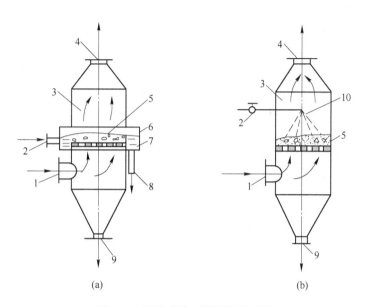

图 4-65　泡沫式除尘器结构示意图

(a) 有溢流泡沫除尘器；(b) 无溢流泡沫除尘器

1—烟气入口；2—洗涤液入口；3—泡沫洗涤器；4—净气出口；5—筛板；

6—水堰；7—溢流槽；8—溢流水管；9—污泥排出口；10—喷嘴

泡沫式除尘器通常制造成塔的形式，根据允许压力降和除尘效率，在塔内设置单层或多层塔板。塔板通常为筛板，通过顶部喷淋（无溢流）或侧部供水（有溢流）的方式，保持塔板上具有一定高度的液面。含尘气流由塔下部导入，均匀通过筛板上的小孔而分散于液相中，同时产生大量的泡沫，增加了两相接触的表面积，使尘粒被液体捕集。被捕集下来的尘粒，随水流从除尘器下部排出。

有溢流泡沫除尘器利用供水管向筛板供水。通过溢流堰维持塔板上的液面高度，液体横穿塔板经溢流堰和溢流管排出。筛孔直径为 $4 \sim 8mm$，开孔率为 $20\% \sim 25\%$，气流的空塔速度为 $1.5 \sim 3.0m/s$，耗水量为 $0.2 \sim 0.3L/m^3$。

无溢流泡沫除尘器采用顶部喷淋供水，筛板上无溢流堰，筛孔直径为 $5 \sim 10mm$，开孔率为 $20\% \sim 30\%$，气流的空塔速度为 $1.5 \sim 3.0m/s$，含尘污水由筛孔漏至塔下部污泥排出口。泡沫式除尘器的除尘效率取决于泡沫层的厚度，泡沫层越厚，除尘效率越高，阻力损失就越大。

E　文丘里洗涤器

湿式除尘器要想得到较高除尘效率，必须实现较高的气液相对运动速度和非常细小的液滴，文丘里洗涤器就是基于这个原理发展起来的。文丘里洗涤器是一种高效湿式洗涤器，常用于除尘和高温烟气降温，也可用于吸收液态污染物。对 $0.5 \sim 5\mu m$ 的尘粒，除尘效率可达99%以上。但阻力较大，运行费用较高。

a　文丘里洗涤器的结构

文丘里洗涤器的结构如图 4-66 所示，它主要由文丘里管本体、供水装置和气水分离器（也称脱水器）等组成，其中文丘里管本体包括收缩管、喉管和渐扩管，如图 4-67 所示。文丘里洗涤器的除尘过程包括雾化、凝聚和脱水三个阶段。前两个过程在文氏管内进行，后一个过程在脱水器内进行。含尘气体进入收缩管后，气速逐渐增大，气流的压力能逐渐变为动能，在喉管处气速达到最大（50~180m/s），气液相对速度很高。在高速气流冲击下，从喷嘴喷出的水滴被高度雾化。喉管处的高速低压使气体湿度达到过饱和状态，尘粒表面附着的气膜被冲破，尘粒被水湿润。在尘粒与液滴或尘粒之间发生着激烈的惯性碰撞和凝聚。进入扩散管后，气速减小，压力回升，以尘粒为凝结核的过饱和蒸汽的凝聚作用加快。凝聚有水分的颗粒继续碰撞和凝聚，小颗粒凝并成大颗粒，易于被其他除尘器或脱水器捕集，使含尘气体得到净化。含尘气体高速通过文丘里管时，能耗损失很大。低阻文丘里除尘器（喉管流速 40~60m/s），压力损失为 1500~5000Pa；高阻文丘里除尘器（喉管流速 60~120m/s），压力损失为 5000~20000Pa。

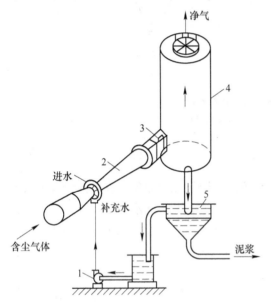 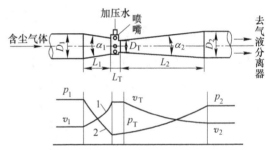

图 4-66   文丘里洗涤器结构示意图
1—循环泵；2—文氏管；3—调节板；
4—分离器；5—沉淀池

图 4-67   文丘里洗涤器的主要结构及形状
1—气流速度沿长度方向变化曲线；
2—气流静压沿长度方向变化曲线

    文丘里洗涤器结构简单、占地面积小、除尘效率高，适用于处理高温或可燃性含尘烟气。但文丘里除尘器压力损失高。

    b   文氏管的结构形式

    图 4-68 所示为文氏管的结构形式。按断面形状，文氏管可分为圆形和矩形两类；按组合方式，文氏管可分为单管和多管组合两种；按喉管构造，文氏管可分为有喉口部分无调节装置的定径文氏管及喉口部分装有调节装置的调径文氏管。调径文氏管要严格保证净化效率时，需要随气流量变化调节喉径，以保持喉管气速不变。喉径的调节方式：圆形文氏管一般采用重砣式，矩形文氏管可采用翼板式、滑块式和米粒式；按水的雾化方式，文氏管可分为有预雾化（用喷嘴喷成水滴）和不预雾化（借助高速气流使水雾化）两类；按供水方式，文氏管可分为有径向内喷、径向外喷、轴向喷雾和溢流供水四类。溢流供水是在收缩管顶部设溢流水箱，使溢流水沿收缩管壁流下，形成均匀水膜。这种溢流文氏管

可以起到消除干湿界面上粘灰的作用。各种供水方式都以利于水的雾化，并使水滴布满整个喉管断面为原则。

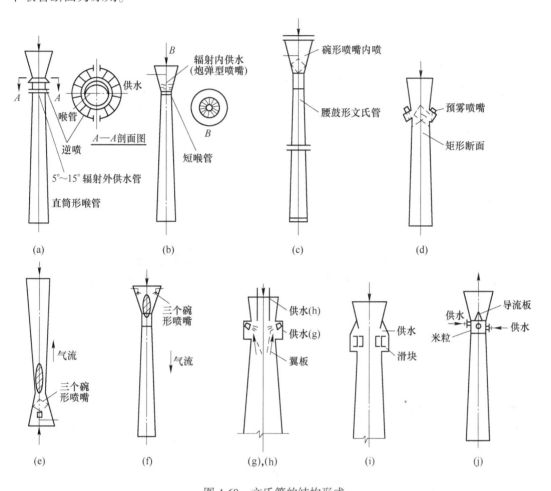

图 4-68 文氏管的结构形式

(a) ~ (c) 圆形定径；(d) 矩形定径；(e) 重砣式定径（倒装）；
(f) 重砣式定径（正装）；(g) ~ (j) 矩形调径

c 文丘里洗涤器的压力损失

文丘里除尘器的压力损失包括文氏管压损和脱水器的压损。文氏管的压力损失一般较高，要准确测定某一操作状态下文氏管的压损是很容易的，但在设计时要想准确的推算文氏管的压损，往往比较困难。原因是影响文氏管压力损失的因素很多，如文氏管的结构尺寸，特别是喉管尺寸、各段管道的加工和安装精度、喷水方式和喷水压力、水气比、气体流动状况等。通常使用的经验公式，都是在特定条件下根据实验得到，因此有一定的局限性，这里给出三种推算公式可供设计时参考。

（1）海斯凯茨（Hesketh）经验公式。Hesketh 考虑到喉管尺寸的影响，根据多种形式文氏管压力损失的实验结果，给出如下计算 $\Delta p(\mathrm{Pa})$ 的经验公式：

$$\Delta p = 0.863\rho A_{\mathrm{T}}^{0.133} v_{\mathrm{T}}^2 \left(\frac{1000 Q_{\mathrm{L}}}{Q_{\mathrm{G}}}\right)^{0.78} \tag{4-85}$$

式中 ρ ——含尘气体密度，kg/m^3；

     A_T ——喉管横断面积，m^2；

     v_T ——喉管气速，m/s；

     Q_L ——洗涤液流量，m^3/s；

     Q_G ——含尘气体流量，m^3/s。

（2）木村典夫给出的经验公式。木村典夫给出径向喷雾时，计算压力损失的公式为：

$$\Delta p = \left[0.42 + 0.79 \times \left(\frac{1000 Q_L}{Q_G} \right) + 0.36 \times \left(\frac{1000 Q_L}{Q_G} \right)^2 \right] \times \frac{\rho v_T^2}{2} \quad （Pa） \qquad （4\text{-}86）$$

或 $$\Delta p = \left[\frac{0.033}{\sqrt{R_T}} + 3.0 R_T^{0.3} \left(\frac{1000 Q_L}{Q_G} \right) \right] \times \frac{\rho v_T^2}{2} \quad （Pa） \qquad （4\text{-}87）$$

式中 R_T ——喉管水力半径，m，$R_T = D_T/4$；

     D_T ——喉管直径，m；

     其余符号物理量意义同前。

（3）卡尔弗特等人给出的公式。为了计算文氏管的压力损失，卡尔弗特等人假定气流的全部能量损失仅用于在喉管处将液滴加速到气流速度，并由此导出文氏管压力损失 Δp（Pa）的近似表达式为：

$$\Delta p = \rho_L v_T^2 \left(\frac{Q_L}{Q_G} \right) \qquad （4\text{-}88）$$

式中 ρ_L ——液体密度，kg/m^3；

   Q_L/Q_G ——液气比；

     其余符号物理量意义同前。

在处理高温气体（700~800℃）时，按式（4-87）计算的压力损失 Δp 应乘以温度修正系数 K，即

$$K = 3 (\Delta t)^{-0.28} \qquad （4\text{-}89）$$

式中 Δt ——文氏管进、出口气体的温度差，℃。

d   文丘里洗涤器的除尘效率

文丘里除尘器的除尘效率取决于文氏管的凝聚效率和脱水器的除雾效率。凝聚效率指的是因惯性碰撞、拦截、凝聚等作用，使尘粒被水滴捕集的百分率。而脱水效率指的是尘粒与水分离的百分数。通常只计算凝聚效率，推算文氏管凝聚效率的公式有多种，这里仅引用卡尔弗特的推算公式。

文丘里洗涤器捕集粒子的最重要机制是惯性碰撞，卡尔弗特等人从这一点出发，给出了如下简明的凝聚效率公式：

$$\eta_1 = 1 - \exp \left[\frac{2 Q_L v_T \rho_L d_D}{55 Q_G \mu} F(St, f) \right] \qquad （4\text{-}90）$$

式中 η_1 ——文氏管的凝聚效率，%；

     v_T ——喉管气速，m/s；

     ρ_L ——液体（水）密度，kg/m^3；

     d_D ——液滴平均直径，m，对于水-空气系统，在20℃和常压下，有：

$$d_D = \frac{5000}{v_T} + 29 \times \left(\frac{1000Q_L}{Q_G}\right)^{1.5}$$

St——按喉管内气流速度 v_T 确定的斯托克斯准数，由式 $St = \dfrac{Cd_p^2\rho_p v_T}{18\mu d_D}$ 计算；

d_p——尘粒粒径，m；

ρ_p——尘粒粒子的真密度，kg/m^3；

μ——含尘气体的动力黏度，$Pa \cdot s$；

C——坎宁汉修正系数；

而　　　$F(St, f) = \dfrac{1}{2St}\left[-0.7 - 2St \cdot f + 1.4\ln\left(\dfrac{2St \cdot f + 0.7}{0.7}\right) + \dfrac{0.49}{0.7 + 2St \cdot f}\right]$　　（4-91）

式中，f 为经验系数；其余符号物理量意义同前。

f 综合了没有明确包含在式（4-90）中的各种参数的影响，这些参数包括：除碰撞以外的其他捕集作用、流至文氏管壁上的液体损失、液滴不分散及其他影响因素等。为了使设计更稳妥，对于疏水性粉尘，取 $f = 0.25$；对于亲水性气溶胶，如可溶性化合物、酸类及含有 SO_2 和 SO_3 的飞灰等，取 $f = 0.4 \sim 0.5$；在液气比低于 $0.2L/m^3$ 以后，f 值逐渐增大。而对于大型除尘器，取 $f = 0.5$。

卡尔弗特等经过一系列简化后，文丘里除尘器除尘效率的公式为：

$$\eta_1 = 1 - \exp\left(\frac{-6.1 \times 10^{-9}\rho_p\rho_L d_p^2 f^2 \Delta p C}{\mu^2}\right)　　　（4-92）$$

式中　ρ_p——粉尘粒子的密度，g/cm^3；

ρ_L——液体密度，g/cm^3；

d_p——粉尘粒子的粒径，μm；

μ——含尘气体动力黏度，$10^{-1}\ Pa \cdot s$；

Δp——文丘里洗涤器的压力损失，$9.8Pa$；

C——坎宁汉修正系数。

对于 $5\mu m$ 以下粉尘粒子的除尘效率，可按海斯凯茨公式计算：

$$\eta = (1 - 4525.3\Delta p^{-1.3}) \times 100\%　　　（4-93）$$

式中，Δp 为文丘里洗涤器的压力损失，Pa。

从上面凝聚效率推算公式可以看到，文氏管的凝聚效率与喉管内气流速度 v_T、粉尘粒径 d_p、液滴直径 d_D 及液气比 Q_L/Q_G 等因素有关。v_T 愈高，液滴被雾化得愈细，尘粒的惯性力也愈大，则尘粒与液滴的碰撞、拦截的概率愈大、凝聚效率愈高。要达到同样的凝聚效率 η_1，对粒径和密度都较大的粉尘，v_T 可取小些；反之，则要取较大的 v_T 值。气流量波动较大时，为了保持 η_1 基本不变，常采用调径文氏管，一般随着气量变化调节喉径，保持喉口内气速 v_T 基本稳定。

增大液气比可以提高净化效率，若喉管内气速过低，液气比增大会导致液滴增大，这对凝聚不利。所以液气比增大必须与喉管内气速相适应才能获得高效率。使用文丘里除尘器时，液气比取值范围一般为 $0.3 \sim 1.5L/m^3$，以选用 $0.7 \sim 1.0L/m^3$ 的为多。

e 文丘里洗涤器的设计计算

文丘里洗涤器的设计有两个主要内容：净化气体量和文氏管的主要尺寸的确定。净化气体量可以根据生产工艺物料平衡和燃烧装置的燃料计算来求，也可以采用直接测量的烟气量数据。对于烟气量的设计计算，都是以文氏管前的烟气性质和状态参数为准。为了简化设计计算，计算时可以不考虑其漏风系统、烟气温度的降低、烟气中水蒸气对烟气体积的影响。

确定文氏管几何尺寸的基本原则是：保证净化效率和减小流体阻力。文氏管的几何尺寸包括收缩管、喉管和扩散管的直径和长度，以及收缩管和扩散管的扩张角等。

(1) 收缩管主要尺寸的计算。收缩管有圆形和矩形两种。收缩管进气端的截面积 A_1 通常按与之相连的进气管道形状计算，计算公式为：

$$A_1 = \frac{Q_t}{3600 v_1} \quad (\text{m}^2) \tag{4-94}$$

式中　Q_t——进气口的气体流量，m^3/h；

v_1——收缩管进气端气体的速度，m/s，此速度与进气管内的气流速度相同，通常取 $v_1 = 15 \sim 22\text{m/s}$。

圆形截面收缩管进气端的管径 D_1（m）均可按下式计算：

$$D_1 = 1.128 \sqrt{A_1} = 0.0188 \sqrt{Q_t/v_1} \tag{4-95}$$

矩形截面收缩管进气端的高度 h_1(m) 和宽度 b_1(m)，按下式计算：

$$h_1 = \sqrt{(1.5 \sim 2.0) A_1} = (0.0204 \sim 0.0235) \sqrt{\frac{Q_t}{v_1}} \tag{4-96}$$

$$b_1 = \sqrt{\frac{A_1}{1.5 \sim 2.0}} = (0.0136 \sim 0.0118) \sqrt{\frac{Q_t}{v_1}} \tag{4-97}$$

式中，1.5~2.0 为高宽比 (h_1/b_1) 的经验数值。

(2) 扩散管主要尺寸的计算。扩散管出气端截面积 A_2(m²)，可按下式计算：

$$A_2 = \frac{Q_t}{3600 v_2} \tag{4-98}$$

式中　v_2——扩散管出气端气体速度，m/s，一般取 $v_2 = 18 \sim 22\text{m/s}$。

圆形截面扩散管出气端的管径 D_2(m) 可按下式计算：

$$D_2 = 1.128 \sqrt{A_2} = 0.0188 \sqrt{Q_t/v_2} \tag{4-99}$$

矩形截面扩散管出气端的高度 h_2(m) 和宽度 b_2(m)，按下式计算：

$$h_2 = \sqrt{(1.5 \sim 2.0) A_2} = (0.0204 \sim 0.0235) \sqrt{\frac{Q_t}{v_2}} \tag{4-100}$$

$$b_2 = \sqrt{\frac{A_2}{1.5 \sim 2.0}} = (0.0136 \sim 0.0118) \sqrt{\frac{Q_t}{v_2}} \tag{4-101}$$

(3) 喉管主要尺寸的计算。喉管截面积 A_T (m²)，通常按下式计算：

$$A_T = \frac{Q_t}{3600 v_T} \tag{4-102}$$

式中　v_T——通过喉管的气流速度，m/s。

v_T 通常按照除尘器应用的具体条件来确定：用于降温时，若除尘效率要求不高，v_T 可以取 40~60m/s；净化含亚微米级粉尘粒子时，若要求的除尘效率较高，v_T 可以取 80 ~ 120m/s，甚至 150m/s。

圆形喉管直径 D_T 的计算方法同收缩管和扩散管一样，一般有 $D_T \approx D_1/2$；小型矩形文丘里洗涤器的喉管高宽比仍可取 $h_T/b_T = 1.2 \sim 2.0$，但对于卧式的且通过大气量的矩形文丘里洗涤器，其喉管宽度 b_T 不应大于 600mm，而喉管的高度 h_T 不受限制。

喉管长度 L_T，取 $L_T = (0.15 \sim 0.30)d_{0T}$，$d_{0T}$ 为喉管的当量直径。喉管截面为非圆形时，喉管的当量直径 d_{0T}（m），按下式计算：

$$d_{0T} = \frac{4A_T}{q} \tag{4-103}$$

式中　q——喉管的周边长，m。

通常喉管长度为 200~350mm，最长不超过 500mm。

（4）收缩角和扩散角的确定。收缩管的收缩角 θ_1 越小，文丘里除尘器的气流阻力就越小，因此通常取 23°~30°。当文丘里除尘器用于气体降温时，θ_1 取 23°~25°；而用于除尘时，θ_1 取 23°~28°，最大可达 30°。扩散管的扩散角 θ_2 的取值一般与 v_2 有关，v_2 越大，θ_2 越小；反之，v_2 越小，θ_2 越大。θ_2 增大不仅会增大阻力，而且捕尘效率也将降低，一般取 $\theta_2 = 6° \sim 7°$。

（5）收缩管和扩散管长度计算。圆形收缩管的长度 L_1（m）和扩散管的长度 L_2（m），可按下式计算：

$$L_1 = \frac{D_1 - D_T}{2}\cot\frac{\theta_1}{2} \tag{4-104}$$

$$L_2 = \frac{D_2 - D_T}{2}\cot\frac{\theta_2}{2} \tag{4-105}$$

矩形文氏管的收缩管长 L_1（m），可按下列两式计算，取两式最大值作为收缩管的长度：

$$L_{1h} = \frac{h_1 - h_T}{2}\cot\frac{\theta_1}{2} \tag{4-106}$$

$$L_{1b} = \frac{b_1 - b_T}{2}\cot\frac{\theta_1}{2} \tag{4-107}$$

式中　L_{1h}——用收缩管进气端高度 h_1 和喉管高度 h_T 计算的收缩管长度，m；

L_{1b}——用收缩管进气端宽度 b_1 和喉管宽度 b_T 计算的收缩管长度，m。

同理，矩形文氏管的扩散管长度 L_2（m），按以下两式计算，两式最大值作为扩散管的长度：

$$L_{2h} = \frac{h_2 - h_T}{2}\cot\frac{\theta_2}{2} \tag{4-108}$$

$$L_{2b} = \frac{b_2 - b_T}{2}\cot\frac{\theta_2}{2} \tag{4-109}$$

式中　　L_{2h}——用扩散管出口端高度 h_2 和喉管高度 h_T 计算的扩散管长度，m；

　　　　L_{2b}——用扩散管出口端宽度 b_2 和喉管宽度 b_T 计算的扩散管长度，m。

4.5.3.2　湿式除尘器的工作原理

湿式除尘器的工作原理：含尘烟气由烟气进口经分流板均匀撞击在液面上，激起大量的气泡和水滴，形成强烈的水花。当烟气改变方向，粉尘粒子则通过惯性碰撞、拦截、扩散、凝并等多种效应被捕集下来，如图 4-69 所示。其中惯性碰撞和拦截作用是湿式除尘器的主要除尘机制。惯性碰撞主要取决于尘粒质量，拦截作用主要取决于粒径大小。其他作用在一般情况下是次要的，只有在捕集很小的尘粒时，才受到布朗运动引起的扩散作用的影响。

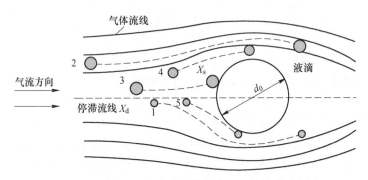

图 4-69　不同粒径的球形颗粒在液面上的捕获示意图

湿式除尘器的除尘方式主要有 4 种：（1）液体介质与尘粒之间的惯性碰撞和拦截；（2）微细尘粒与液滴之间的扩散接触；（3）加湿的尘粒相互凝并；（4）饱和态高温烟气降温时，以尘粒为凝结核凝结。

A　惯性碰撞作用

当含尘气流在运动过程中，遇到障碍物（水滴），气流会改变方向，绕过水滴进行运动。运动轨迹由直线变为曲线，其中细小的尘粒随气流一起绕流，粒径较大的（大于 $0.3\mu m$）和质量较大的尘粒因具有较大的惯性而脱离气流的流线保持直线运动，从而与水滴相撞，该效应称之为惯性碰撞。尘粒的惯性越大，气流曲率半径越小，尘粒脱离流线而被水滴捕集的可能性越大。惯性碰撞作用可以用斯托克斯准数（即惯性碰撞参数）St 描述，即

$$St = \frac{Cd_p^2 \rho_p u_t}{18\mu d_D} \tag{4-110}$$

式中　　d_p——尘粒粒径，m；

　　　　ρ_p——尘粒粒子的真密度，kg/m^3；

　　　　u_t——尘粒与水滴之间的相对运动速度，$u_t = u_p - u_D$，m/s；

　　　　u_p——在流动方向上粒子的速度，m/s；

　　　　u_D——液滴的速度，m/s；

　　　　μ——含尘气体的黏度，Pa·s；

　　　　d_D——液滴的直径，m；

　　　　C——坎宁汉修正系数，无量纲，对于粒径小于 $5\mu m$ 的粒子，必须考虑 C。

由式（4-110）可知，惯性碰撞主要取决于尘粒质量及其与水滴的相对速度；同时也与水滴的大小有重要关系，一般来说，水滴小时，惯性碰撞作用增强，有利于从含尘气体中分离尘粒。但水滴直径不是愈小愈好，直径太小的水滴容易随气流一起运动，降低气液相对运动速度，不利于从含尘气体中把尘粒分离出来。这是因为惯性碰撞参数 St 与尘粒和水滴之间的相对运动速度 u_t 成正比，而与水滴直径 d_D 成反比。所以，对于给定的含尘系统，要提高 St 值，必须提高气液之间的相对运动速度并减小水滴直径。

惯性碰撞除尘效率为：

$$\eta_t = 1 - \exp(-KL\sqrt{St})$$ (4-111)

式中　K——关联系数，K 值取决于设备几何结构和系统操作条件；

　　　L——液气比，$L/1000m^3$。

B　拦截效应

拦截是指尘粒在水滴上直接被阻截，尘粒被水润湿进入水滴内部，或黏附在水滴表面，使尘粒与含尘气流分离。被拦截的尘粒必须质量很小，且具有一定尺寸，当流线绕过水滴拐弯时，尘粒不会离开流线，这时只要尘粒处在围绕捕集物（水滴）流过而相距捕集物不超过 $d_p/2$ 的流线上，尘粒就与水滴接触而被拦截。

尘粒在水滴上的拦截效应可用直接拦截比描述，该比值称为拦截参数 K_p，可表述为：

$$K_p = \frac{d_p}{d_D}K$$ (4-112)

式（4-112）表明，拦截效应主要取决于尘粒的粒径 d_p 与水滴直径 d_D 的大小，d_p 愈大，d_D 愈小，则拦截参数 K_p 愈大，拦截效率愈高。

由拦截效应而取得的捕集效率如下：

对于圆柱形捕集单元，捕集效率为：

$$\eta_p = (1 + K_p) - \frac{1}{1 + K_p}$$ (4-113)

对于球形捕集单元，捕集效率为：

$$\eta_p = (1 + K_p)^2 - \frac{1}{1 + K_p}$$ (4-114)

C　扩散效应

在湿式除尘器中，扩散效应是指粒径小于 $0.3\mu m$ 的尘粒做不规则的热运动时，尘粒与水滴接触而被捕集。因为尘粒质量小，不可能发生惯性撞击，又因尘粒尺寸小，也不容易被拦截。微小尘粒从高浓度区域向低浓度区域移动的过程称为扩散，扩散主要是布朗运动的结果。一般来说尘粒粒径愈小，扩散系数愈大，除尘效率愈高，水滴周围气膜厚度愈大，水滴与气流的相对速度愈大，除尘效率愈低。

扩散效应可用一个无量纲准数——斯密特（Schmidt）准数 Sc 描述：

$$Sc = \frac{\mu}{\rho D_B} = \frac{\nu}{D_B}$$ (4-115)

式中　ν——流体的运动黏度，$\nu = \mu/\rho$；

　　　D_B——布朗扩散系数，无量纲。

对于圆柱形捕集单元，扩散捕集效率为：

$$\eta_c = 2\sqrt{\frac{2}{Sc}} \tag{4-116}$$

对于球形捕集单元，扩散捕集效率为：

$$\eta_c = \frac{2\sqrt{2}}{(Scd_p)^{1/2}} \tag{4-117}$$

D　冷凝作用

如果通过控制流动气体流的热力学性质来引起气流冷凝，微粒在冷凝过程中能起到成长核的作用。然后表面覆盖了液体的微粒更容易通过上述主要捕集机理被捕集。通常获得冷凝的方法是把较低压力下的蒸汽和气体压缩到较高的压力，在饱和气流中引入蒸汽，或直接冷却气流。

总捕尘效率 η 要高于某一单独机理的捕集效率，并不单是各机理效率简单的叠加。因为一种粒径的粉尘可由不同的机理以致其几种机理的联合作用而捕集，但只能计算一次。若已知单独机理的除尘效率，则各机理同时作用的总捕集效率可近似用下式表示：

$$\eta = 1 - (1 - \eta_t)(1 - \eta_p)(1 - \eta_c) \tag{4-118}$$

式中　　η_t，η_p，η_c ——分别为惯性碰撞、拦截、扩散的除尘效率。

4.5.4　湿式除尘器的设计

4.5.4.1　湿式除尘器的设计步骤

湿式除尘器的设计步骤包括如下几点：

(1) 收集需要处理的废气的有关资料，包括废气流量、废气温度、废气密度、废气中粉尘的浓度、粉尘的密度、尘粒的粒径分布，以及当地政府对该污染源下达的粉尘排放标准等。

(2) 确定要达到的处理效率。

(3) 根据废气和粉尘的特点、性质及需要达到的处理效率，选取恰当的湿式除尘设备。

(4) 根据工程经验，选取湿式除尘设备的有关参数。

(5) 计算各种粒径粉尘的分级除尘效率和总除尘效率，计算出的总除尘效率与要求达到的除尘效率进行比较，如达到要求可继续向下计算，如没有达到要求，则重新选择设备参数，再计算分级除尘效率和总除尘效率，直至达到要求为止。

(6) 计算湿式除尘设备的其他结构参数。

(7) 计算湿式除尘设备的阻力降。

4.5.4.2　湿式除尘器的设计示例

例 4-1　某厂排废气的流量为 40000m³/h，废气温度为 20℃（与除尘水温一样），废气中尘粒浓度为 3500mg/m³，尘粒密度为 5×10^3 kg/m³，尘粒粒度分布如下表所示：

粒径范围/μm	<1.0	1.0~4.0	4.0~10.0	>10.0
平均粒径/μm	0.5	2.0	5.0	15.0
含量/%	56	24	10	10

试设计一湿式除尘器，使废气处理后尘粒浓度达到出口浓度低于 100mg/m³ 的要求。

解: (1) 要求的总除尘效率为:

$$\eta = (1 - 100/3500) \times 100\% = 97.1\%$$

(2) 由于废气中尘粒的粒径很小,$d_p \leq 1\mu m$ 的尘粒占据了较大的比例,再加之要求的除尘效率很高,所以宜选择文丘里除尘器,且文氏管的喉管气速选择为 120m/s,液气比为 1.0L/m³。

(3) 计算液滴的平均粒径。根据下式计算:

$$d_D = \frac{586 \times 10^3}{v_T}\left(\frac{\sigma}{\rho_L}\right)^{0.5} + 1682 \times \left(\frac{\mu}{\sqrt{\sigma\rho_L}}\right)^{0.4}\left(\frac{Q_L}{Q_G}\right)^{1.5}$$

查表得,在温度20℃时:液体表面张力 $\sigma = 7.275 \times 10^{-2}$N/m,气体黏度 $\mu = 102 \times 10^{-5}$Pa·s,所以得:

$$d_D = \frac{586 \times 10^3}{120} \times \left(\frac{7.275 \times 10^{-2}}{10^3}\right)^{0.5} + 1682 \times \left(\frac{102 \times 10^{-5}}{\sqrt{7.275 \times 10^{-2} \times 10^3}}\right)^{0.4} \times \left(\frac{1}{1000}\right)^{1.5} = 42\mu m$$

(4) 计算除尘效率。利用式 (4-90) 计算各粒级粉尘的分级效率,以 $d_p = 0.5\mu m$ 为例,气体黏度 $\mu = 1.81 \times 10^{-5}$Pa·s,尘粒粒径为 d_p 的粉尘密度,$\rho_p = 1.29$kg/m³。

首先计算坎宁汉修正系数:

$$C = 1 + \frac{6.21 \times 10^{-10} \times T}{d_p} = 1 + \frac{6.21 \times 10^{-10} \times 293}{0.5 \times 10^{-6}} = 1.36$$

取 $f = 0.5$,根据式 (4-110) 计算 St:

$$St = \frac{Cd_p^2\rho_p u_t}{18\mu d_D} = \frac{1.36 \times (0.5 \times 10^{-6})^2 \times 5 \times 10^3 \times 120}{18 \times 1.81 \times 10^{-5} \times 42 \times 10^{-6}} = 14.91$$

代入式 (4-91),计算得:

$$F(St, f) = \frac{1}{2 \times 14.91} \times \left[-0.7 - 2 \times 14.91 \times 0.5 + 1.4\ln\left(\frac{2 \times 14.91 \times 0.5 + 0.7}{0.7}\right) + \right.$$

$$\left. \frac{0.49}{0.7 + 2 \times 14.91 \times 0.5}\right] = -0.377$$

根据式 (4-90),计算粉尘粒径 $d_p = 5\mu m$ 的分级除尘效率:

$$\eta_1 = 1 - \exp\left[\frac{2Q_L v_T \rho_L d_D}{55Q_G \mu}F(St, f)\right]$$

$$= 1 - \exp\left[-\frac{2}{55} \times \frac{1}{1000} \times \frac{42 \times 10^{-6} \times 10^3}{1.81 \times 10^{-5}} \times 120 \times 0.377\right]$$

$$= 0.978$$

同理可计算出其他粒径粉尘的分级效率:

<1μm	1~4μm	4~10μm	>10μm
97.8%	99.3%	100%	100%

由此可得,总的除尘效率为:

$$\eta = 0.56 \times 97.8\% + 0.24 \times 99.3\% + 0.1 \times 100\% + 0.1 \times 100\%$$

$$= 98.6\% > 97.1\%$$

可见达到了除尘要求。

（5）确定文氏管的几何尺寸。喉管直径 d_{0T} 可按下式计算：

$$d_{0T} = \sqrt{\frac{4Q_t}{3600\pi v_T}} = \sqrt{\frac{4 \times 40000}{3600 \times 3.14 \times 120}} = 343mm \approx 340mm$$

喉管长度 L_T 为：

$$L_T = 1.0 d_{0T} = 340mm$$

（6）计算压力损失 Δp。首先校核喉管气速 v_T：

$$v_T = \frac{4Q_t}{3600\pi d_{0T}^2} = \frac{4 \times 40000}{3600 \times 3.14 \times 0.34^2} = 122.38m/s$$

$$\Delta p = -1.03 \times 10^{-3} v_T^2 \left(\frac{Q_L}{Q_G}\right) = -1.03 \times 10^{-3} \times (122.38 \times 100)^2 \times \frac{1}{1000}$$

$$= -154.26 cmH_2O$$

$$1cmH_2O = 98.0665Pa$$

4.6　除尘设备的选择

除尘设备的种类和形式很多，正确地选择除尘器，是保证除尘设备正常运转并完成除尘任务的前提条件。选择除尘器时，必须全面考虑除尘效率、压力损失、设备投资、占用空间、操作及对维修管理的要求等因素，其中最重要的是除尘效率。一般来说，选择除尘器时应考虑以下因素：

（1）根据粉尘性质选择除尘设备。被捕集粉尘的性质直接影响装置的性能，尤其是粉尘的粒径分布，对除尘装置的性能影响更大。通常先根据粉尘的粒径分布和装置的除尘效率来选择装置种类。

选择除尘器，除首先考虑粉尘的粒径分布外，还必须全面了解粉尘的其他物理性质。例如，对于湿式洗涤器，粉尘的湿润性应为首先考虑的因素；对于电除尘器，则应考虑粉尘的比电阻；对于含有易燃易爆粉尘或气体的净化，则不宜选用电除尘器，最适合的是湿式洗涤器；对于含水率高，黏附性强的粉尘，则不宜选用袋式除尘器。

（2）根据气体含尘浓度选择除尘设备。对于运行状况不稳定的系统，要注意烟气处理量和含尘浓度变化对除尘效率和压力损失的影响。含尘浓度大，应选用高效率除尘器或多极串联的形式，粉尘分散度高则要选择高性能的除尘器。含尘浓度较高时，在电除尘器或袋式除尘器前应设置低阻力的预净化设备，去除较大尘粒，以使设备更好地发挥作用。例如，降低除尘器入口的含尘浓度，可以提高袋式除尘器过滤速度，防止电除尘器产生电晕闭塞。对湿式除尘器则可减少泥浆处理量，节省投资及减少运转和维修工作量。通常为了减少喉管磨损及防止喷嘴堵塞，对文丘里、喷淋塔等湿式除尘器，希望含尘浓度在 $10g/m^3$ 以下，袋式除尘器的适宜含尘浓度为 $0.2 \sim 10g/m^3$，电除尘器适用于含尘浓度在 $30g/m^3$ 以下。

（3）根据运行条件选择除尘设备。除尘系统的运行条件也是影响除尘装置性能的重要因素。运行条件主要是指除尘系统的操作工况（如温度、压力等）和气体的性质。如前所述，分级效率曲线是选择除尘器的重要依据。但是，分级效率曲线仅适用于某一特定温度和压力状况及特定的含尘气体，即随运行条件的改变，曲线必然发生变化。所以，选择除尘装置时，还必须考虑除尘装置本身对运行条件的适应性。

烟气温度对除尘器性能主要有三个方面的影响：一是对气体体积流量的影响。气体体积流量的改变会使含尘浓度改变，并且决定除尘设备体积的大小和设备费用。二是各种除尘器因其结构材料不同，对温度有一定的适应范围。表 4-11 列出了各种除尘器的最高使用温度。也可以说，除尘器结构材料的选择应符合处理烟气温度的需要。如多管旋风除尘器用于高温除尘时，采用铸铁制造旋风子，袋式除尘器用于高温时应选择耐温滤料等。三是温度还影响气体的黏度、密度和粉尘的比电阻等技术参数。如黏度增大将使粉尘的沉降速度减小。

表 4-11　各种除尘器的耐温性

除尘器种类	旋风除尘器	袋式除尘器		电除尘器		湿式洗涤器
		普通滤料	玻璃丝滤料	干式	湿式	
最高使用温度/℃	400	80~120	250	350	80	400
备注	特高温者（<1000℃）可采用内衬耐火材料以提高耐温性	温度随滤料种类而异	聚四氟乙烯滤料的耐温性和价格与之差不多	高温时易产生粉尘比电阻随温度而变化的问题	温度过高会产生使绝缘部分失效的问题	特高温时，在入口内衬的耐火材料，由于与水接触，存在因冷却而出现的问题

除尘系统通常是在常压下运行。气体压力对除尘机制的影响较小，但当除尘系统运行压力比大气压力高或低很多时，就需要按压力容器来设计除尘器。当生产过程本身产生高压时，可以利用其克服除尘过程的压力损失，选择高能洗涤器将变得经济可靠。

对于含尘气体中同时含气态污染物时，采用湿式洗涤器可同时实现除尘和脱除气态污染物的双重效果；对于湿度很大的气体，容易造成机械式除尘器的堵塞，易使袋式除尘器的滤料结块，因此选用湿式洗涤器可能是适当的；当处理腐蚀性气体时，则必须考虑除尘设备的防腐问题。

（4）根据排放标准选择除尘设备。选择的除尘器必须满足达标排放的要求。应严格执行《大气污染物综合排放标准》（GB 16297—1996）等相关标准，按标准所规定的时段控制要求确定排放限值，并按标准规定选择烟囱高度。

4.7　本章小结

本章介绍了除尘器的分类、机械式除尘器（包括：重力沉降室、惯性除尘器和旋风除尘器）、过滤式除尘器（包括：圆筒形袋式除尘器、扁平袋式除尘器）、电除尘器（包括：立式电除尘器、卧式电除尘器）和湿式除尘（包括重力喷雾塔洗涤器、湿式离心除尘器、自激式喷雾除尘器、泡沫式除尘器、文丘里洗涤器）的性能。

详细介绍了重力沉降室的结构、粉尘沉降原理、重力沉降室的结构尺寸确定、除尘效率计算、压力损失的计算等，惯性除尘器的结构形式与特点、惯性沉降的基本原理、除尘机理、碰撞式惯性除尘器和折转式惯性除尘器的结构，旋风除尘器的分类、结构、工作原理、分离理论、旋风除尘器各部分尺寸的确定、压力损失的计算、除尘效率计算等，以及几种常用旋风除尘器的结构特点及旋风除尘器的选型。

介绍了袋式除尘器的分类、除尘机理、结构、工作原理、袋式除尘器滤料与选用、滤料的材质及特点、滤料结构，详细介绍了袋式除尘器的除尘效率、压力损失、处理风量、过滤速度、烟气温度等工作性能参数、袋式除尘器的设计计算（其中包括：过滤速度的计算、过滤面积的计算、滤袋直径 D 和长度 L 的确定、压力损失的计算与选择、滤袋的布置及吊挂固定、除尘效率的计算、滤料与清灰方式的确定）、袋式除尘器的设计与选择，还介绍了颗粒层除尘器分类和几种常见的颗粒层除尘器结构与特点。

介绍了电除尘器的除尘过程与性能特点、电除尘器的分类、结构（包括：立式、卧式和电-袋复合式除尘器）与除尘机理、影响电除尘器性能的主要因素、电除尘器的设计与选型、电除尘器本体的设计计算（包括：集尘极板表面积 A 的计算、集尘极排数 n 的计算、集尘极高度 h 的计算、通道横断面积 A_c 的计算、电场长度 L 的计算、电场内粉尘停留时间 t 的计算）与选型。

介绍了湿式除尘器分类及性能、湿式除尘器的除尘机理、结构与工作原理（包括：重力喷雾塔洗涤器、湿式离心除尘器、自激式喷雾除尘器、冲击式水浴除尘器和冲激式除尘器、泡沫式除尘器、文丘里洗涤器）、文丘里洗涤器的压力损失、除尘效率、收缩管主要尺寸的计算、扩散管主要尺寸的计算、喉管主要尺寸的计算、收缩角和扩散角的确定、收缩管和扩散管长度计算、湿式除尘器的设计步骤及设计示例等内容。

思 考 题

4-1 通常按捕集分离尘粒的机理可分为哪 4 大类？说明捕集分离尘粒的特点。

4-2 重力沉降室的结构通常可分为_____气流沉降室和_____气流沉降室两种。

4-3 说明惯性沉降的基本原理和除尘机理。惯性除尘器的结构形式主要有哪两种形式？

4-4 按除尘效率和处理风量旋风除尘器分为哪 3 种？按进气方式旋风除尘器分为哪两大类？按气流组织旋风除尘器分为哪 3 种？

4-5 常用旋风除尘器有哪几种？说明其结构、特点。详述高效耐磨旋风除尘器和母子式多管旋风除尘器结构特点。

4-6 说明旋风除尘器的选型原则和基本步骤。

4-7 设计一锅炉烟气重力沉降室，已知烟气量 $Q = 2800\text{m}^3/\text{h}$，烟气温度 150℃，此温度下烟气动力黏度 $\mu = 2.4 \times 10^{-5}\text{Pa} \cdot \text{s}$，运动黏度 $\nu = 2.9 \times 10^{-5}\text{m}^2/\text{s}$（近似取空气的值），烟尘真密度 $\rho_\text{p} = 2100\,\text{kg/m}^3$，要求能去除 $d_\text{p} \geqslant 30\mu\text{m}$ 的烟尘。

4-8 某旋风除尘器的进口宽度为 0.12m，气流在器内旋转 4 圈，入口气速为 15m/s，颗粒真密度为 1700g/m^3，载气为空气，温度为 350K，空气在此温度时的动力黏度为 $2.08 \times 10^{-5}\text{Pa} \cdot \text{s}$。试计算在此条件下，此旋风除尘器的分割粒径 d_c50。

4-9 已知处理气量 $Q = 5000\text{m}^3/\text{h}$，烟气密度 $\rho = 1.2\text{kg/m}^3$，允许压降 $\Delta p = 900\text{Pa}$，选用 XLP/B 型旋风除尘器，试求出其各部分尺寸。

4-10 详述袋式除尘器的除尘机理。按滤袋的形状可分为哪两种袋式除尘器？按清灰方式袋式除尘器分为哪 6 种？并详述其各自的结构与特点。详述滤料的结构、材质及特点。

4-11 按床层的状态颗粒层除尘器可分为＿＿＿＿＿＿、＿＿＿＿＿＿和＿＿＿＿＿＿颗粒层除尘器。

4-12 常见的颗粒层除尘器有哪几种？说明其结构与特点。

4-13 已知一水泥磨的废气量为 $6120m^3/h$，含尘浓度为 $50g/m^3$，气体温度为 $100℃$。若该地区粉尘排放标准为 $150mg/m^3$（标准状态），试设计该设备的袋式除尘系统（忽略流体在系统中的温度变化）。

4-14 影响袋式除尘器除尘效率的因素主要有哪些？袋式除尘器应用应注意事项有哪些？

4-15 简述电除尘器的除尘过程与性能特点。按集尘极的结构形式电除尘器可分为哪两种？说明其结构。

4-16 详述电-袋复合式除尘器的结构、除尘机理、技术特点。详述影响电除尘器性能的主要因素有哪些？

4-17 电除尘器的结构通常都是由＿＿＿＿＿＿、＿＿＿＿＿＿、＿＿＿＿＿＿、＿＿＿＿＿＿、＿＿＿＿＿＿、＿＿＿＿＿＿等几部分组成。并详述这几部分的结构特点。

4-18 在 $1×10^5Pa$ 和 $20℃$ 下运行的管式电除尘器，集尘圆管直径为 $0.25m$，长为 $2.5m$，含尘气体流量为 $Q = 0.085m^3/s$，若集尘极附近的平均场强为 $E_p = 100kV/m$，粒径为 $1.0\mu m$ 的粉尘荷电量 $q_p = 0.3 × 10^{-15}C$，计算该粉尘的理论分级效率（$1×10^5Pa$ 和 $20℃$ 下，空气动力黏度 $\mu = 1.82 × 10^5Pa \cdot s$）。

4-19 单通道板式电除尘器的通道高 5m，长 6m，集尘板间距 300mm，实测气量为 $6000m^3/h$，入口含尘浓度为 $9.3g/m^3$，出口含尘浓度为 $0.5208g/m^3$。试计算其他条件相同时，相同的烟气气量增加到 $9000m^3/h$ 时的效率。

4-20 若管式电除尘器的电晕电流密度 $i = 1.0mA/m$，距电晕线中心 $r = 3.0cm$ 处的场强 $E = 2×10^6 V/m$。试计算粒子荷电时间常数 t_0 及荷电率达 90% 时所需的荷电时间 t。

4-21 根据湿式除尘器的净化机制，湿式除尘器可分为：＿＿＿＿＿＿、＿＿＿＿＿＿、＿＿＿＿＿＿、＿＿＿＿＿＿、＿＿＿＿＿＿和＿＿＿＿＿＿。

4-22 详述立式逆流喷雾塔、中心喷水切向进气旋风洗涤器、CLS 型立式旋风水膜除尘器、麻石旋风水膜除尘器、卧式旋风水膜除尘器、旋流板塔洗涤器、冲击式水浴除尘器、冲激式除尘器、泡沫式除尘器、文丘里洗涤器的结构特点。

4-23 文氏管的结构形式有哪几种形式？湿式除尘器的除尘方式有哪 4 种方式？并详细说明。

4-24 湿式除尘器的设计步骤包括哪几点？

4-25 有一水浴洗涤器，除尘器断面尺寸 $1.5m×2m$，进风管直径 $d = 0.5m$，喷头出口风速 $v = 12m/s$，喷头埋水深度 $h_0 = 20mm$，气体密度 $\rho = 1.293kg/m^3$，计算该水浴洗涤器的阻力 Δp。

4-26 某文丘里洗涤器的喉部气流速度为 $122m/s$，水气比为 $1.0L/m^3$，气体动力黏度为 $2.08×10^{-5}Pa \cdot s$，实验系数 f 取为 0.25，尘粒密度为 $1.50g/cm^3$，求洗涤器的压力损失 Δp 和 $d_p = 1.0\mu m$ 尘粒的除尘效率 η_1。

5 气态污染物吸收净化技术与设备

【学习指南】

本章主要了解吸收净化设备的类型及填料吸收塔、湍球吸收塔、板式吸收塔、喷淋（雾）吸收塔、连续鼓泡层吸收塔和文丘里吸收塔的结构，掌握物理吸收的气液相平衡和化学吸收的气液相平衡、吸收传质机理、吸收速率方程式、吸收塔的物料平衡，熟悉并掌握填料塔的设计计算，填料塔附件的设计与选择，板式吸收塔的计算，吸收剂的选择原则，吸收剂的种类及选择，吸收工艺的配置，吸收净化技术应用实例等内容。

吸收净化技术是利用气态污染物中各组分在液体溶剂中物理溶解度或化学反应活性不同，而将其中的一个或几个污染物组分溶于吸收剂内，达到净化的目的。吸收净化技术具有效率高、设备简单等特点，广泛应用于气态污染物的治理中，它不仅是减少或消除气态污染物向大气排放的重要途径，而且还能将污染物转化为有用的产品。

气体吸收过程是气相中某些组分在气液相界面上溶解，并在气相和液相内由各组分浓度差推动或同时伴有化学反应的传质过程。气态污染物的吸收操作一般采用填料塔、喷雾塔、板式塔和鼓泡塔等塔器。吸收设备的主要功能是造成足够的相界面使两相充分接触。若吸收过程溶质与吸收剂不发生显著的化学反应，可视为单纯的气态污染物溶于吸收剂的物理吸收过程；若溶质与吸收剂有显著的化学反应发生，则为化学吸收过程。用水吸收二氧化碳属物理吸收；用氢氧化钠溶液吸收二氧化碳则属化学吸收。一般来说，吸收过程中伴有的化学反应能大大提高单位体积液体所能吸收气态污染物的量并加快吸收速率，有时还可以将废气中的污染物转化为有用的副产品，如用纯碱吸收处理含 NO_x 的废气，可获得亚硝酸钠副产品。

与化工生产的吸收过程相比较，吸收净化废气的特点是废气量往往较大，气态污染物含量较低，要求净化程度高，因而具有吸收效率高、吸收速率快等特点的化学吸收常常成为首选的手段。如含 SO_2、H_2S、NO_x、CO_2 等污染物的废气，通常用化学吸收法处理。

5.1 气液相平衡

5.1.1 物理吸收的气液相平衡

气液相开始接触时，主要表现为吸收过程，随着溶液中吸收质浓度的不断增大，吸收的速度会不断减慢，而解吸的速度则不断地增大，当吸收过程的传质速率等于解吸过程的传质速率时，气液两相就达到了动态平衡，简称相平衡或平衡。平衡时气相中的组分分压称为平衡分压，液相吸收剂（溶剂）所溶解组分的浓度称为平衡溶解度，简称溶解度。平衡浓度是吸收的极限。吸收过程的气液平衡关系是判断吸收的可能性、吸收过程的限度和吸收过程计算的基础。

在一定温度和压力下，当混合气体中可吸收组分（吸收质）与液相吸收剂接触时，部分吸收质向吸收剂进行质量传递（吸收过程），同时也发生液相中吸收质组分向气相逸出的质量传递过程（解吸过程）。

气体的溶解度与气体和溶剂的性质有关，并受温度和压力的影响。由于组分的溶解度与该组分在气相中的分压成正比，故溶解度也可用组分在气相中的分压表示。图 5-1 给出了几种气体的溶解度曲线。由图可以看出，气体的溶解度与温度有关，多数气体的溶解度随温度的升高而减小。温度相同时，溶解度随吸收质（溶质）分压的升高而增大。升高气相总压，可使分压升高，溶解度随之增大。不同性质的气体在同一温度、同一分压下的溶解度不同。因此，采用溶解力强、选择性好的溶剂，提高总压和降低温度，都有利于增大被溶解气体组分的溶解度。但当总压不高，只有几十万帕时，可以忽略总压对溶解度的影响。

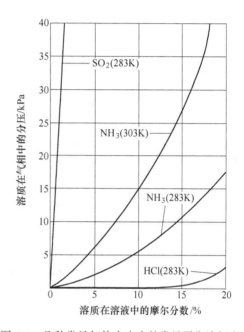

图 5-1　几种常见气体在水中的常见平衡溶解度

如果吸收过程不发生明显的化学反应，单纯被吸收组分溶于液体的过程，称为物理吸收。物理吸收时常用亨利定律来描述气液相间的平衡关系。当总压不高（一般小于 5×10^5 Pa）时，在一定温度下，稀溶液中溶质的溶解度与气相中溶质的平衡分压成正比。

（1）若以体积摩尔浓度表示溶质在液相中的组成，则亨利定律表示为：

$$p_e = \frac{c}{H} \tag{5-1}$$

式中　p_e——溶质在气相中的平衡分压，MPa；

c——单位体积溶液中溶质的摩尔浓度，$kmol/m^3$；

H——溶解度系数，$kmol/(m^3 \cdot MPa)$。

（2）当液相组成用摩尔分数表示时，则液相上方气体中溶质的分压与其在液相中的摩尔分数之间存在如下关系，即

$$p_e = Ex \tag{5-2}$$

式中　x——平衡状态下，溶质在溶液中的摩尔分数；

E——亨利系数，单位与 p_e 相同，其值随物系特性及温度而变，由实验测定或查相关手册。难溶气体的 E 值很大，易溶气体的 E 值很小。

（3）若溶质在气相与液相中的组成分别用摩尔分数 y 及 x 表示时，亨利定律又可写成

如下形式：

$$y_e = mx \tag{5-3}$$

式中　y_e——与 x 相平衡的气相中溶质的摩尔分数；

　　　m——相平衡常数，无量纲。其值也通过实验测定，根据 m 值的大小可以判断不同气体的溶解度大小，m 值越小，表明该气体的溶解度越大。对于一定的物系，m 值是温度和压强的函数。

比较式（5-1）～式（5-3），可得三个比例常数之间的关系为：

$$y_e = \frac{Ex}{p_z} \tag{5-4}$$

$$E = \frac{c_M}{H} \tag{5-5}$$

式中　p_z——总压，Pa；

　　　c_M——吸收混合液的总浓度，$kmol/m^3$。

溶液中溶质的浓度 c 与摩尔分数 x 的关系为：

$$c = c_M x \tag{5-6}$$

溶液的总浓度 c_M 可用 $1m^3$ 溶液为基准来计算，即

$$c_M = \frac{\rho_m}{M_m} \tag{5-7}$$

式中　ρ_m——混合液体的平均密度，kg/m^3；

　　　M_m——混合液体的平均摩尔质量，$kg/kmol$。

对稀溶液，式（5-7）可近似为：

$$c_M = \frac{\rho_s}{M_s} \tag{5-8}$$

式中　ρ_s——溶剂密度，kg/m^3；

　　　M_s——溶剂的摩尔质量，$kg/kmol$。

将式（5-8）代入式（5-5）可得：

$$E \approx \frac{\rho_s}{HM_s} \tag{5-9}$$

（4）若以摩尔比表示，则亨利定律可写成如下形式：

$$Y_e = mX \tag{5-10}$$

式中　Y_e——摩尔比，$Y_e = \dfrac{y}{1-y}$；

　　　X——摩尔比，$X = \dfrac{x}{1-x}$。

5.1.2　化学吸收的气液相平衡

为了加快净化速率，提高净化效率，实际气态污染物净化过程，通常采用化学吸收法。此时，气体溶于液体中，且与液体中某组分发生化学反应，被吸收的组分既遵从相平衡关系又遵从化学平衡关系。设吸收组分 A 进入液体后，与溶液中所含的 B 组分发生化

学反应生成反应产物 M 和 N，则气、液间平衡与化学反应平衡可表示为：

$$aA(液) + bB \xrightarrow{\text{化学平衡}} mM + nN$$

$$\Big\| \text{气液相平衡} \tag{5-11}$$

$$aA(气)$$

化学平衡常数为：

$$K = \frac{a_M^m a_N^n}{a_A^a a_B^b} = \frac{c_M^m c_N^n}{c_A^a c_B^b} \times \frac{\gamma_M^m \gamma_N^n}{\gamma_A^a \gamma_B^b} \tag{5-12}$$

式中　　a_M，a_N，a_A，a_B ——各组分活度；

　　　　c_M，c_N，c_A，c_B ——各组分浓度；

　　　　γ_M，γ_N，γ_A，γ_B ——各组分活度系数；

　　　　a，b，m，n ——各组分计量系数。

如果令 $K_\gamma = \dfrac{\gamma_M^m \gamma_N^n}{\gamma_A^a \gamma_B^b}$（理想溶液的 $K_\gamma = 1$），则

$$K' = \frac{K}{K_\gamma} = \frac{c_M^m c_N^n}{c_A^a c_B^b} \tag{5-13}$$

因此

$$c_A = \left(\frac{c_M^m c_N^n}{K' c_B^b} \right)^{\frac{1}{a}}$$

　　由于溶质在液相中有化学反应发生，进入液相的溶质 A 转变成了游离的 A 与化合态的 A 两部分。该气液体系气相为理想气体，液相为稀溶液，则与游离态 A 的浓度 c_A 平衡的气相分压为：

$$p_{eA} = \frac{1}{H} c_A = \frac{1}{H} \left(\frac{c_M^m c_N^n}{K' c_B^b} \right)^{\frac{1}{a}} \tag{5-14}$$

由式（5-14）可以看出，游离态 A 的浓度 c_A 的大小同时受相平衡与化学平衡关系的影响。显然游离态 A 的浓度 c_A 只是进入液相的 A 的一部分，与物理吸收相比，在 $1/H$ 相同时，组分 A 在气相中的平衡分压相对较低。或者说气相分压相同时，发生化学反应后，组分 A 的溶解度增加。

　　以下介绍几种化学吸收相平衡与化学平衡的关联类型。

　　（1）被吸收组分与溶剂相互作用

$$A(液) + B(液) \rightleftharpoons M(液)$$

$$\Big\|$$

$$A(气)$$

　　设被吸收组分（溶质）A 在液相中的总浓度为溶剂化产物 M 和未溶剂化 A 的浓度之和，即 $c_A^0 = c_A + c_M$，由式（5-13）可得：

$$K' = \frac{c_M}{c_A c_B} = \frac{c_A^0 - c_A}{c_A c_B}$$

$$c_A = \frac{c_A^0}{1 + K'c_B}$$

对于常压或低压下的稀溶液，由亨利定律得：

$$p_{eA} = \frac{1}{H}c_A = \frac{1}{H(1 + K'c_B)}c_A^0 \qquad (5-15)$$

由于稀溶液中溶剂是大量的，c_B 可视为常数，K' 也不随溶质浓度而变，式（5-15）中分母可视为常数，表观上亨利定律仍然适用，但表观上的亨利系数值却缩小了 $(1 + K'c_B)$ 倍，成为 $1/[H(1 + K'c_B)]$，即 A 的溶解度增大了。浓溶液时，由于 K' 与溶质浓度有关，不遵守亨利定律。

（2）被吸收组分（溶质）在溶液中离解

$$A(液) \Longleftrightarrow M^+ + N^-$$
$$\Updownarrow$$
$$A(气)$$

离解平衡常数为：

$$K' = \frac{c_{M^+}c_{N^-}}{c_A} \qquad (5-16)$$

当溶液中没有同离子存在时，$c_{M^+} = c_{N^-}$，由式（5-16）得：

$$c_{N^-} = \sqrt{K'c_A}$$

进入液相中的 A 的总浓度为：

$$c_A^0 = c_A + c_{N^-} = c_A + \sqrt{K'c_A} \qquad (5-17)$$

由亨利定律 $p_{eA} = \dfrac{c_A}{H}$ 得：

$$c_A^0 = Hp_{eA} + \sqrt{K'c_A} \qquad (5-18)$$

式（5-18）表示溶质 A 在溶液相中离解后，进入液相的 A 组分为物理溶解量与离解溶解量之和。用水吸收 SO_2 即属于此类型，SO_2 溶于水后生成的 H_2SO_3 又进一步离解为 H^+ 与 HSO_3^-。

（3）被吸收组分与溶剂中活性组分作用

$$A(液) + B(溶剂) \Longleftrightarrow M(液)$$
$$\Updownarrow$$
$$A(气)$$

设溶剂中活性组分 B 的起始浓度为 c_B^0，平衡转化率为 R，无副反应，则溶液中活性组分的平衡浓度为 $c_B = c_B^0(1 - R)$，生成物 M 的平衡浓度为 $c_M = c_B^0 R$，化学平衡常数 K' 为：

$$K' = \frac{c_M}{c_A c_B} = \frac{c_B^0 R}{c_A c_B^0(1 - R)} = \frac{R}{c_A(1 - R)} \qquad (5-19)$$

式中

$$R = \frac{K'c_A}{1 + K'c_A}$$

溶液中 A 组分的总浓度 c_A^0 为：

$$c_A^0 = c_A + c_B^0 R = c_A + c_B^0 \frac{K'c_A}{1 + K'c_A} = Hp_{eA} + c_B^0 \frac{K'Hp_{eA}}{1 + K'Hp_{eA}}$$

因物理溶解量 c_A 很小，可以忽略不计，则

$$c_A^0 = c_B^0 R = c_B^0 \frac{ap_{eA}}{1 + ap_{eA}} \tag{5-20}$$

式中，$a = HK'$ 为溶解度系数与化学平衡常数之积。

由式（5-20）可见，液相吸收能力 c_A^0 与气相中 A 组分分压 p_A 的关系既与亨利系数 $1/H$ 有关，又与化学平衡常数 K' 有关。其次，溶液的吸收能力 c_A^0 随 a 及 p_A 增加而增大，但 c_A^0 只能趋近于而不能大于 c_B^0。还可以看出，溶质在吸收剂中的浓度与其气相分压间呈曲线变化关系，这与亨利定律描述的两者呈直线关系是不同的，这也是伴有化学反应的吸收与物理吸收在气液平衡关系上的一个重要区别。当吸收剂中活性组分与溶质间反应计量系数不为 1 时，其 c_A^0 的表达式会更复杂，但处理原则是一样的。

5.2 吸 收 速 率

5.2.1 吸收传质机理

吸收是气态污染物从气相向液相转移的过程，由于影响吸收过程的因素很复杂，许多学者对吸收传质机理提出的理论很多，如刘易斯（W. K. Lewis）和惠特曼（W. G. Whitman）提出的双膜理论（亦称滞留膜理论）、Higbie 提出的溶质渗透理论和 Danckwerts 提出的表面更换理论。其中，"双膜理论"一直占有重要的地位，它不仅适用于物理吸收，也适用于化学吸收，该理论的基本论点如下：

（1）相互接触的气、液两流体之间存在着稳定的相界面，界面两侧各有一层有效滞留膜，分别称为气膜和液膜，吸收质以分子扩散的方式通过双膜层。

（2）在相界面处，气、液两相达到平衡。

（3）在膜层以外的气、液两相中心区，由于流体充分湍流，吸收质浓度均匀，即两相中心区内浓度梯度皆为零，全部浓度变化集中在两相有效膜内。通过以上假设，就把整个复杂的相际传质过程简化为经由气、液两膜的分子扩散过程。

图 5-2 为双膜理论示意图。相互接触的气、液两相间存在一稳定的相界面，在相界面两侧存在着气膜和液膜，在气膜以外的气相称为气相主体，在液膜以外的液相称为液相主体。气体的吸收过程包括：被吸收组分从气相主体通过气膜边界向气膜移动；被吸收组分从

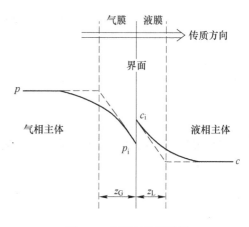

图 5-2 双膜理论示意图

气膜向相界面移动；被吸收组分在相界面处溶入液相；溶入液相的被吸收组分从气液相界面向液膜移动；溶入液相的被吸收组分从液膜向液相主体移动。整个相际传质过程的阻力全部集中在两个有效膜层里。在相主体浓度一定的情况下，两膜的阻力便决定了传质速率的大小。对于具有固定相界面的系统及流动速度不高的两流体间的传质，双膜理论与实际情况是相当符合的。根据这一理论来确定相际传质速率关系，以及用该理论来设计传质设备。

5.2.2　吸收速率方程式

根据生产任务进行吸收设备的设计计算，核算混合气体通过指定设备所能达到的吸收程度，都需要知道吸收速率。吸收速率是指单位时间内单位相际传质面积上吸收溶质的量，根据"双膜理论"，吸收速率＝吸收系数×吸收推动力。推动力是指浓度差，吸收系数的倒数称为吸收阻力。由于吸收系数及其相应推动力的表达方式及范围不同，出现了多种形式的吸收速率方程式，下面结合图 5-2 分别加以介绍。

（1）气膜吸收速率方程式。气膜吸收速率方程式为：

$$N_A = k_G(p_G - p_i) \tag{5-21}$$

其中

$$k_G = \frac{Dp}{RTz_G p_{Bm}}$$

式中　N_A——单位时间内溶质 A 扩散通过单位面积的物质的量，即传质速率，kmol/($m^2 \cdot s$)；

p_G，p_i——溶质 A 在气相主体和相界面处的分压，kPa；

k_G——以（$p_G - p_i$）为推动力的气相分吸收系数或气相传质系数，kmol/($m^2 \cdot s \cdot kPa$) 或 m/s；

D——溶质 A 在气相介质中的扩散系数，m^2/s；

p——混合气体总压，kPa；

z_G——气相有效滞留膜层厚度，m；

p_{Bm}——惰性组分 B 在气膜中的平均分压，kPa；

R——通用气体常数，8.314kJ/(kmol·K)；

T——绝对温度，K。

当气相的组成以摩尔分数表示时，相应的气膜吸收速率方程式为：

$$N_A = k_y(y_G - y_i) \tag{5-22}$$

其中

$$k_y = pk_G$$

式中　y_G，y_i——分别为溶质 A 在气相主体和相界面处的摩尔分数；

k_y——以（$y_G - y_i$）为推动力的气相分吸收系数或气相传质系数，kmol/($m^2 \cdot s$)。

（2）液膜吸收速率方程式。液膜吸收速率方程式为：

$$N_A = k_L(c_i - c_L) \tag{5-23}$$

其中

$$k_L = \frac{D_L}{z_L}$$

式中　k_L——以（$c_i - c_L$）为推动力的液相分吸收系数或液相传质系数，kmol/($m^2 \cdot s \cdot kPa$) 或 m/s；

c_L，c_i——分别为溶质 A 在液相主体和相界面处的浓度，$kmol/m^3$；

    D_L——溶质 A 在液相介质中的扩散系数，m^2/s；

    z_L——液膜的厚度，m。

液膜吸收系数的倒数 $1/k_L$ 表示吸收质通过液膜的传递阻力，它的表达形式与液膜推动力（$c_i - c_L$）相对应。

当液相的组成以摩尔分数表示时，相应的液膜吸收速率方程式为：

$$N_A = k_x(x_i - x_L) \tag{5-24}$$

其中
$$k_x = ck_L$$

式中 c——溶液总浓度，$kmol/m^3$；

    k_x——液膜吸收系数，$kmol/(m^2 \cdot s)$。它的倒数 $1/k_x$ 是与液膜推动力（$x_i - x_L$）相对应的液膜阻力。

（3）总吸收速率方程式。总吸收速率方程式为：

$$N_A = K_G(p_G - p_e) = K_L(c_e - c_L) \tag{5-25}$$

$$N_A = K_Y(Y - Y_e) = K_X(X_e - X) \tag{5-26}$$

式中 K_G——以压力差为推动力的气相总吸收系数，$kmol/(m^2 \cdot s \cdot kPa)$，$\dfrac{1}{K_G} = \dfrac{1}{Hk_L} + \dfrac{1}{k_G}$；

    K_Y——以浓度差为推动力的气相总吸收系数，$kmol/(m^2 \cdot s)$，$\dfrac{1}{K_Y} = \dfrac{1}{k_y} + \dfrac{m}{k_x}$；

    K_L——以浓度差为推动力的液相总吸收系数，m/s，$\dfrac{1}{K_L} = \dfrac{1}{k_L} + \dfrac{H}{k_G}$；

    K_X——以浓度差为推动力的液相总吸收系数，$kmol/(m^2 \cdot s)$，$\dfrac{1}{K_X} = \dfrac{1}{k_x} + \dfrac{1}{mk_y}$。

对于易溶气体，吸收速率主要取决于气膜阻力，液膜阻力可以忽略，该吸收过程为气膜控制。相反，难溶气体则可以忽略气膜阻力，而只考虑液膜阻力，吸收过程为液膜控制。介于易溶与难溶之间的气体，吸收过程为双膜控制，气膜和液膜的阻力要同时考虑。

5.2.3 吸收塔的物料平衡

图 5-3 为一逆流连续接触式废气净化吸收塔示意图。以下标"1"代表塔底截面，下标"2"代表塔顶截面。对于稳定过程，单位时间进、出吸收塔的气态污染物量，可通过全塔物料衡算确定，即

$$G(Y_1 - Y_2) = L(X_1 - X_2) \tag{5-27}$$

式中 G——单位时间通过吸收塔任一截面单位面积的惰性气体的量，$kmol/(m^2 \cdot s)$；

    L——单位时间通过吸收塔任一截面单位面积的纯吸收剂的量，$kmol/(m^2 \cdot s)$；

    Y_1，Y_2——分别为在塔底和塔顶的被吸收组分的气相摩尔比，kmol 被吸收组分/kmol 惰性气体；

    X_1，X_2——分别为在塔底和塔顶的被吸收组分的液相摩尔比，kmol 被吸收组分/kmol 吸收剂。

对于图 5-3，若在塔的任意截面与塔底之间进行物料衡算，则有：

$$G(Y_1 - Y) = L(X_1 - X) \tag{5-28}$$

或

$$Y = \frac{L}{G}X + \left(Y_1 - \frac{L}{G}X_1\right) \tag{5-29}$$

如图 5-4 所示，式（5-29）为一直线，其斜率为 L/G 称为液气比，这条直线称为吸收操作线，式（5-29）称为吸收操作线方程，该方程由操作条件决定。对于一定的气液系统，当温度压力一定时，平衡关系全部确定，即平衡线 OC 在图 5-4 上的位置是确定的。操作线方程式的作用是说明塔内气液浓度变化的情况，更重要的是通过气液浓度变化的情况与平衡关系的对比，确定吸收推动力，对于吸收操作来说，操作线必须位于平衡线之上，操作线与平衡线之间的距离反映了吸收推动力的大小。对于图 5-4 中的任意点 A，垂直线段 AD 等于吸收推动力 $Y_1 - Y_e$，而水平线段 AC 等于吸收推动力 $X_e - X_1$。

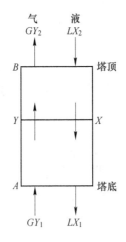

图 5-3　逆流吸收塔物料衡算图

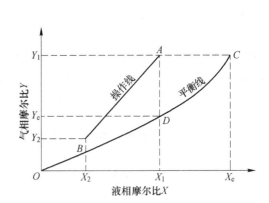

图 5-4　逆流吸收塔的操作线与推动力

在设计计算时，气体进塔和出塔浓度 Y_1、Y_2 以及惰性气体量 G 都已知，液相进塔浓度 X_2 也已知，由式（5-27）可知：

$$\frac{L}{G} = \frac{Y_1 - Y_2}{X_1 - X_2} \tag{5-30}$$

由式（5-30）分析可知，当 X_1 最大时，L 最小，而根据气液平衡，X_1 取最大值时，与 Y_1 达到平衡，此时操作线与平衡线相交，吸收推动力为零，根据 Y_1 从平衡线上查出 X_e。如果平衡线是直线，则根据平衡常数，由下式计算 X_e：

$$X_e = \frac{Y_1}{m} \tag{5-31}$$

则得出最小吸收剂量 L_{min} 为：

$$L_{min} = \frac{Y_1 - Y_2}{X_e - X_2}G = \frac{Y_1 - Y_2}{Y_1/m - X_2}G \tag{5-32}$$

最小液气比为：

$$(L/G)_{\min} = \frac{Y_1 - Y_2}{X_e - X_2} \tag{5-33}$$

实际采用的液气比必须大于最小液气比，其具体大小由综合经济核算确定。当吸收剂用量 L 为最小吸收剂用量时，所需塔高为无穷大，设备费用无穷大；随着吸收剂用量增加，吸收剂的消耗量、液体的输送功率等操作费用增加，但塔高降低，设备费用随之减少。因此，应寻找包括操作费用及设备费用在内的总费用的最低点，选取适宜的液气比。根据经验，吸收剂用量为最小吸收剂用量的 1.1~2.0 倍，即

$$L/G = (1.1 \sim 2.0)(L/G)_{\min} \tag{5-34}$$

5.3　吸收净化技术与设备

吸收净化是利用溶液、溶剂或水来吸收有害气体中的有害物，从而使废气得以净化的方法。不同的吸收剂可处理不同的有害气体。能够用吸收法净化的气态污染物主要有 SO_2、H_2S、CO、HF、NO_x、碳氢化合物等。

5.3.1　吸收净化机械设备的类型与结构

5.3.1.1　吸收净化设备的类型

在气态污染物净化中，因气体量大而浓度低，所以常选用以气相为连续相、湍流程度高、相界面大的吸收设备，吸收净化设备的类型如图 5-5 所示。

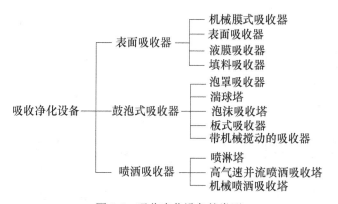

图 5-5　吸收净化设备的类型

工业气态污染物吸收设备结构形式有多种，常用的有填料吸收塔、板式吸收塔、各种喷雾塔，另外还有喷淋吸收塔和文丘里吸收器。填料塔内充填了许多薄壁环形填料，从塔顶淋下的溶剂在下流过程中沿填料的各处表面均匀分布，并与自下而上的气流很好的接触，此种设备由于气、液两相不是逐次而是连续接触，因此这类设备称为连续（微分接触）式设备。板式塔内各层塔板之间有溢流管，吸收液从上层向下层流动，板上设有若干通气孔，气体由此自下层向上层流动，在塔板内分散成小气泡，两相接触面积增大，湍流程度增强，气、液两相逐级接触，两相组成沿塔高呈阶梯式变化，因此这类设备称为逐级接触（级式接触）设备。

5.3.1.2 吸收净化机械设备的结构

A 填料吸收塔

填料塔以填料作为气液接触的基本构件，其结构如图 5-6 所示，塔体为直立圆筒，筒内支撑板上堆放一定高度的填料。气体从塔底送入，经填料间的空隙上升。吸收剂自塔顶经喷淋装置均匀喷洒，沿填料表面下流。填料的润湿表面就成为气液连续接触的传质表面，净化气体最后从塔顶排出。填料塔具有结构简单、操作稳定、适用范围广、便于用耐腐蚀材料制造、压力损失小、适用于小直径塔等优点。塔径在 800mm 以下时，较板式塔造价低、安装维修容易，但用于大直径塔时，则存在效率低、质量大、造价高及清理检修麻烦等缺点。随着新型高效、高负荷填料的研发，填料塔的适用范围在不断扩大。

B 湍球吸收塔

湍球塔是高效吸收设备，属于填料塔中的特殊塔型，如图 5-7 所示。它是以一定数量的轻质小球作为气液两相接触的媒体。塔内装有开孔率较高的筛板，一定数量的轻质小球置于筛板上。吸收液从塔上部的喷头均匀地喷洒在小球表面，而需要处理的气体由塔下部的进气口经导流叶片和筛板穿过湿润的球层。当气流速度达到足够大时，小球在塔内湍动旋转，相互碰撞。气、液、固三相接触，由于小球表面的液膜不断更新，使得废气与新的吸收液接触，增大了吸收推动力，提高了吸收效率。净化后的气体经过除雾器脱去湿气，

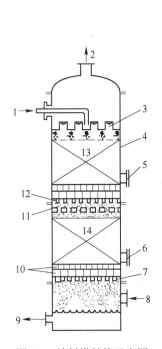

图 5-6 填料塔结构示意图

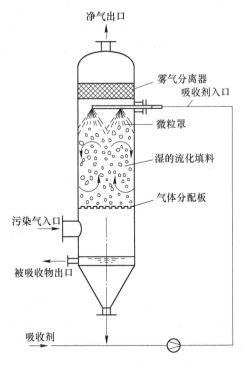

图 5-7 湍球塔结构示意图

1—液体入口；2—气体出口；3—液体分布器；4—外壳；
5—填料卸出口；6—人孔；7，12—填料支撑；8—气体入口；
9—液体出口；10—防止支撑板堵塞的大填料和中等填料层；
11—液体再分布器；13，14—填料

从塔顶部的排出管排出塔体。

湍球塔的优点是气流速度高、处理能力大、设备体积小、吸收效率高；能同时对含尘气体进行除尘；由于填料剧烈的湍动，一般不易被固体颗粒堵塞。其缺点是随着小球运动，有一定程度的返混；段数多时阻力较高；塑料小球不能承受高温，且磨损大，使用寿命短，需经常更换。湍球塔常用于处理含颗粒物的气体或液体以及可能发生结晶的过程。

C　板式吸收塔

如图 5-8 所示，板式吸收塔通常是由一个呈圆柱形的壳体和沿塔高按一定间距水平设置的若干层塔板所组成。操作时，吸收剂从塔顶进入，依靠重力作用由顶部逐板流向塔底排出，并在各层塔板的板面上形成流动的液层；气体由塔底进入，在压力差的推动下，由塔底向上经过均布在塔板上的开孔，以气泡形式分散在液层中，形成气液接触界面很大的泡沫层。气相中部分有害气体被吸收，未被吸收的气体经过泡沫层后进入上一层塔板，气体逐板上升与板上的液体接触，被净化的气体最后从塔顶排出。

板式吸收塔的类型很多，主要按塔内所设置的塔板结构不同分为有降液管和无降液管两大类，如图 5-9 所示。在有降液管的塔板上，有专供液体流通的降液管，每层板上的液层高度可以由溢流挡板的高度调节，在塔板上气液两相呈错流方式接触，常用的板型有泡罩塔、浮阀塔和筛板塔等；在无降液管的塔板上，没有降液管，气液两相同时逆向通过塔板上的小孔呈逆流方式接触，常用的板型有筛孔和栅条等形式。除此以外，还有其他类型的塔盘，如导向筛板塔、网孔塔、旋流板塔等。与填料塔相比，板式塔的空塔速度高，因而生产能力大，但压降较高。直径较大的板式塔，检修清理较容易，造价较低。在大气污染治理中用得比较多的板式塔主要是筛板塔和旋流板塔。

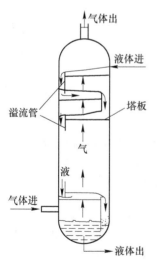

图 5-8　板式塔结构示意图

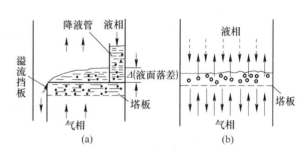

图 5-9　板式塔结构类型

（a）有降液管塔板；（b）无降液管塔板

D　喷淋（雾）吸收塔

图 5-10 为各种喷淋塔的结构图，喷淋塔结构简单、压降低、不易堵塞、气体处理能力大、投资费用低。其缺点是效率较低、占地面积大，气速大时，雾沫夹带较板式塔重。

在喷淋塔内，液体呈分散相，气体为连续相，一般气液比较小，适用于极快或快速化学反应吸收过程。为保证净化效率，应注意使气、液分布均匀、充分接触。喷淋塔通常采用多层喷淋，旋流喷淋塔可增加相同大小的塔的传质单元数，卧式喷淋塔的传质单元数较少。喷淋塔的关键部件是喷嘴。

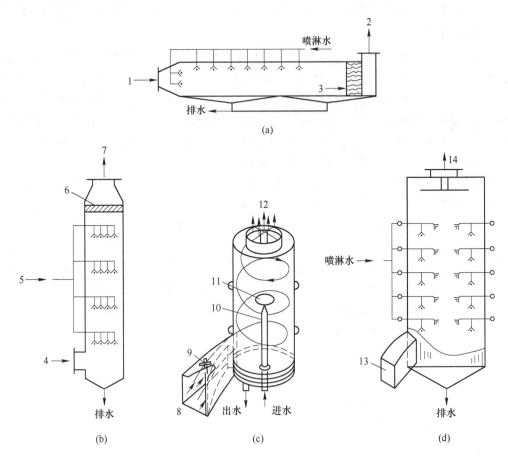

图 5-10 各种类型的喷淋塔

(a) 卧式喷淋塔；(b) 立式喷淋塔；(c) 旋流喷淋塔；(d) 外部喷嘴型旋流喷淋塔

1，4，8，13—气体进口；2，7，12，14—气体出口；3，6—除雾器；

5—喷淋水；9—调节板；10—多管喷嘴；11—防爆盘

目前，国内外大型锅炉烟气脱硫大部分采用直径很大（>10m）的喷淋塔，由于新的通道很大的大型喷头的使用，尽管钙法脱硫液中悬浮物的体积分数高达 20% ~ 25% 以上，也不会堵塞。一般采用很大的液气比以弥补喷淋塔传质效果差的不足。

机械喷洒吸收器是利用机械部件回转产生的离心力，使液体向四周喷洒而与气体接触。其特点是效率高、压降低，适合于用少量液体吸收大量的气体；缺点是结构复杂，需要较高的旋转速度，因此消耗能量较多，同时它还不适用于处理强腐蚀性的气体和液体。图 5-11 为带有浸入式转动锥体的吸收器。通过附有圆锥形喷洒装置的直轴转动，从而将液体喷散，达到气液两相接触进行传质。如图中箭头所示，气体是沿盘形槽间曲折孔道通过机械喷洒吸收器。当液体自上而下通过各层盘形槽流动时，附着于轴上的喷洒装置将液体截留，使其沿机械喷洒吸收器的横截面方向喷洒。这样，不仅使液体通过机械喷洒吸收器的时间延长，更重要的是，能使气液两相密切接触。

E 连续鼓泡层吸收塔

连续鼓泡层吸收塔，如图5-12所示。在鼓泡吸收塔的圆柱形塔内存有一定量的液体，气体从下部多孔花板下方通入，穿过花板时被分散成很细的气泡，在花板上形成一鼓泡层，使气液间有很大的接触面。由于该塔型可以保证足够的液相和足够的气相停留时间，故它适于进行中速或慢速反应的化学吸收。鼓泡塔中易发生纵向环流，导致液体在塔内上下翻滚搅动、纵向返混，效率降低，可采用塔内分段或设置内部构件、加入填料等措施减少返混的影响。

鼓泡塔中液体可以流动，也可以不流动；液体与气体可以逆流，也可以并流。鼓泡塔的空塔速度通常较小（一般为30~1000m/h）不适宜处理大流量气体；压力损失主要取决于液层高度，通常较大。国内有用鼓泡塔进行废气治理（如软锰矿浆处理含 SO_2 烟气）的报道，治理效果很好。

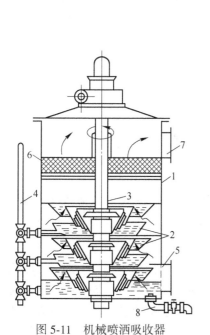

图 5-11 机械喷洒吸收器

1—外壳；2—盘形槽；3—装有喷洒器的轴；4—液体进口；
5—气体进口；6—除雾器；7—气体出口；8—液体出口

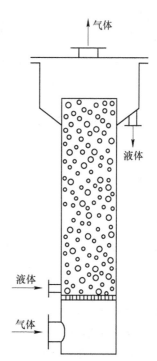

图 5-12 连续鼓泡层吸收塔

F 文丘里吸收塔

文丘里吸收塔与湿式除尘器中文丘里除尘器的原理和构造基本相同。文丘里吸收塔有多种形式，如图5-13为气体引流式文丘里吸收器，它依靠气体带动吸收液进入喉管，与气体接触进行吸收。图5-14是靠吸收液引射气体进入喉管的吸收器，这样可以省去风机，但液体循环能量消耗大，仅适用于气量较小的场合，气量大时，需要几台文丘里吸收器并联使用。

在文丘里吸收器中，由于喉管内气速低，一般为 20~30m/s，液气比要较文丘里除尘器的高得多，通常为 5.5~11L/m³。文丘里吸收器是一种并流式吸收器，随着气体分子不断被吸收，逐渐接近平衡浓度，直到没有更多地吸收发生为止。

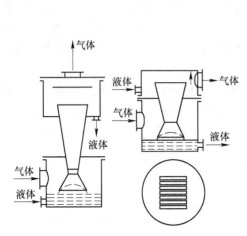

图 5-13　气体引流式文丘里吸收器

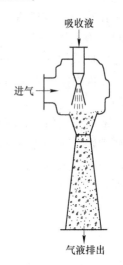

图 5-14　液体引射式文丘里吸收器

5.3.2　吸收净化机械设备的设计

5.3.2.1　填料塔的设计计算

填料塔主要由塔体、填料、填料支承装置、液体喷淋装置、液体再分布装置、气体进口管等部件组成，其设计程序如下。

A　收集资料

根据实际调查或设计任务书给定的气、液物料系统和温度、压力条件，查阅相关文献资料，若无合适数据可供采用时，则应通过实验找出气、液相平衡关系。

B　确定流程

吸收流程可采用单塔逆流流程或并流流程，也可采用单塔吸收、部分吸收剂再循环的流程，或采用多塔串联、部分吸收剂循环（或无部分循环）的流程。部分吸收剂再循环的主要作用是提高喷淋密度，保证完全润湿填料和除去吸收热，其次是可以调节产品的浓度。当设计计算所得填料层过高时，应将其分为数塔，然后加以串联。有时填料层虽不太高，由于系统容易堵塞或其他原因，为了维修方便也可分为数塔串联。

C　计算吸收剂用量

对于废气处理，一般气、液相浓度都较低，吸收剂的最小用量可按下式计算

$$L_{\min} = \frac{Y_1 - Y_2}{Y_1/m - X_2} G \tag{5-35}$$

式中　$L_{\min}$——最小液相摩尔流率，kmol/(m² · h)；

　　　Y_1，Y_2——气相进、出口摩尔分数，kmol 溶质/kmol 混和气；

X_2——液相进口摩尔分数，kmol 溶质/kmol 溶液；

m——气相液相平衡常数；

G——气相摩尔流率，kmol/(m^2·h)。

为了保证填料表面充分润湿，必须保证一定的喷淋密度，所以，一般取吸收剂的用量为

$$L = (1.2 \sim 2.0)L_{min} \tag{5-36}$$

D 选择填料

填料是填料塔的核心部分，是影响填料塔经济性的重要因素。填料的作用是增加气液两相的接触表面和提高气相的湍流程度，促进吸收过程的进行。对于给定的设计条件，有多种填料可供选用，因此需要对各种填料进行综合比较选优。为了使填料塔发挥良好的效能，填料至少应符合三方面要求：一是要有较大的比表面积、良好的润湿性能和有利于液体均匀分布的形状；二是要有较高的空隙率；三是要求单位体积填料质量轻、造价低、坚固耐用、不易堵塞，有足够的机械强度，对于气液两相介质都有良好的化学稳定性。

填料的种类很多，大致可分为通用型填料和精密填料两大类。如图 5-15 所示，拉西环、鲍尔环、矩鞍和弧鞍填料等属于通用型填料，其特点是适用性好，但效率低，一般由金属、陶瓷、塑料、焦炭和玻璃纤维等材质制成。θ 网环和波纹网填料属于精密填料，其特点是效率较高，但要求苛刻，应用受到限制，其主要材质是金属材料。部分填料也可用非金属材料制成。

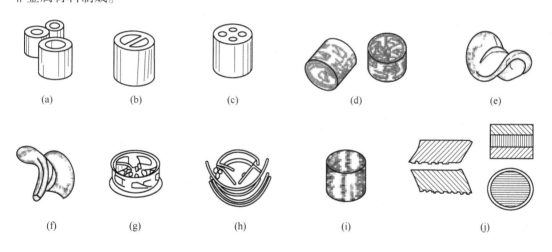

图 5-15 填料种类示意图
(a) 拉西环；(b) θ环；(c) 十字环；(d) 鲍尔环；(e) 弧鞍；(f) 矩鞍；
(g) 阶梯环；(h) 金属鞍环；(i) θ 网环；(j) 波纹网

填料在填料塔内的装料方式有乱堆（散装）和整砌（规则排列）两种。乱堆填料装卸方便，压降大，一般直径在 50mm 以下的填料多采用乱堆方式装填；整砌装填常用规整填料整齐砌成，压降小，适用于直径在 50mm 以上的填料。

E 填料塔直径的计算

填料塔直径应根据生产能力和空塔气速 v 确定。选择小的空塔气速，则压力降小，动力消耗少，操作弹性大，设备投资大，而生产能力低；低气速也不利于气液充分接触，使

分离效率降低。若选择较高的空塔气速 v ，则不仅压降大，而且操作不稳定，难于控制。

先用泛点和压降通用关联图计算泛点空塔气速 v ，操作空塔气速 v 常为泛点气速的 $50\% \sim 80\%$ 。图 5-16 为填料塔泛点和压降的通用关联图，该图显示了泛点与压降、填料因子、液气比等参数之间的关系。当操作空塔气速 v 确定后，填料塔直径 D 由下式计算

$$D = \sqrt{\frac{4Q}{\pi v}} \tag{5-37}$$

式中　D——塔的内径，m；

　　　Q——操作条件下混和气体的体积流量，m^3/s。

由式（5-37）计算出来的塔径不是整数时，需根据有关标准规定进行圆整，以便于塔设备的制造和维修。直径在 1m 以下时，间隔为 100mm；直径在 1m 以上时，间隔为 200mm。塔径确定后，应对填料尺寸进行校核。

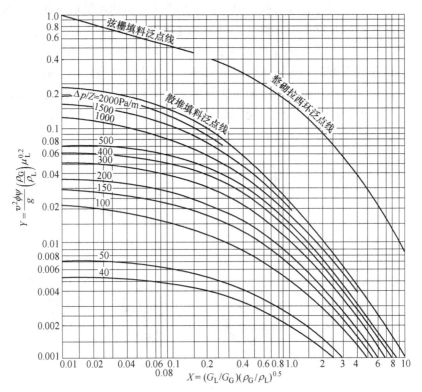

图 5-16　填料层的压力降和填料塔泛点之间的通用关联图

g—重力加速度，m/s^2；ϕ—填料因子，$1/m$；μ_L—液体的黏度，$mPa \cdot s$；

G_G，G_L—气、液相的质量流量，kg/h；ρ_G，ρ_L—气体与液体的密度，kg/m^3；

ψ—液体密度校正系数，等于水与液体的密度之比；v—空塔气速，m/s

F　填料层的总高度计算

填料层的高度是非常重要的，如果填料层太高，塔内液流的器壁效应将很严重，这将导致填料表面利用率下降。因此，当填料层高度超过一定数值时，塔内填料要分层，层与层之间加设液体再分布器，以保证塔截面上液体喷淋均匀。

从理论上讲，填料层的传质是连续进行的，气、液两相组成连续变化，因此用传质单元数计算填料层高度最为合适。所以，一般采用传质单元法计算填料层的总高度 Z，即

$$Z = H_{OG}N_{OG} \tag{5-38}$$
$$Z = H_{OL}N_{OL} \tag{5-39}$$

式中　H_{OG}，H_{OL}——分别为气相、液相总传质单元高度，其值多以经验数据为准，m；

　　　N_{OG}，N_{OL}——分别为气相、液相总传质单元数。

从理论上讲，填料层内的传质是连续进行的，气、液两相组成连续变化，因此用传质单元数法计算填料层高度最为合适。但计算传质单元数时依据的相平衡数据与传质动力学参数有所偏差，因此应该对填料层总高度的理论计算值进行修正，引入 1.3~1.5 的安全系数，即

$$Z_S = (1.3 \sim 1.5)Z \tag{5-40}$$

式中，Z_S 为填料层实际总高度。

G　填料塔的高度计算

填料塔的高度主要取决于填料层的高度，另外还要考虑塔顶空间、塔底空间及塔内附属装置等。如图 5-17 所示，填料塔的高度可按下式计算

$$H = H_d + Z + (n-1)H_f + H_b \tag{5-41}$$

式中　H——塔高（从 A 至 B，不包括封头、支座高），m；

　　　Z——塔料层高度，m；

　　　H_f——液体再分布器的空间高度，m；

　　　H_d——塔顶空间高度（不包括封头部分），一般取 $H_d = 0.8 \sim 1.4$m；

　　　H_b——塔底空间高度（不包括封头部分），一般取 $H_b = 1.2 \sim 1.5$m；

　　　n——填料层分层数。

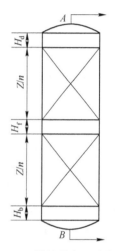

图 5-17　填料塔高度计算图

H　填料层的分段

为了减少放大效应，提高塔内填料的传质效率，对于较高的填料层需要进行合理的分段。

I　压力降的计算

全塔压力降由填料层压力降和塔内件压力降两部分组成。如果计算出的全塔压力降超过限定值，则需要调整填料的类型、尺寸或降低操作气速，然后重复计算，直至满足条件为止。

5.3.2.2　填料塔附件的设计与选择

填料塔的附件包括填料紧固装置、填料支撑装置、液体分布装置及再分布装置、气液体进口与出口装置、除雾装置等。

A　填料紧固装置

为保持填料塔正常稳定的操作，在填料床层的上端必须安装填料压紧器或床层定位器，防止在高气速或负荷突然变动时填料层发生松动。通常情况下，陶瓷、石墨等脆性材

料使用填料压紧器；而金属、塑料以及所有规整填料则使用床层定位器。填料压紧器主要有与支承栅板结构相同的栅条压板（如图 5-18（a）所示）、丝网压板和填料压紧器。当塔径大于 1200mm 时，简单的填料压紧网板结构不易达到足够的压强，而塔径越大，所需压强越接近上限值 1400Pa。所以在设计填料压紧器时，除适当加钢圈及栅高度外，通常要加金属块以达到所需压强，压块的安装方向应与栅条方向一致。

B　填料支承装置

填料支承装置的作用是支承填料及填料上的持液量，因此填料支承装置应有足够的强度。由于填料不同，使用的支撑装置也不同，常用的填料支撑装置有栅板型、孔管型和驼峰型等三种，如图 5-18 所示。对于散装填料最简单的支撑装置是栅板型支撑装置（如图 5-18（a）所示）；孔管型支撑装置适用于散装填料和用法兰连接的小塔（如图 5-18（b）所示）；驼峰型支撑装置适于直径 1.5m 以上大塔（如图 5-18（c）所示）。

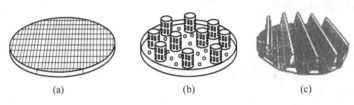

（a）　　　　　　　　　　　（b）　　　　　　　　　　（c）

图 5-18　填料支承装置

（a）栅板型支撑装置；（b）孔管型支撑装置；（c）驼峰型支撑装置

C　液体分布装置及再分布装置

液体分布装置也称液体分布器，它对填料塔的操作影响很大。对于液体分布装置，若液体分布不均匀，则填料层内的有效润湿面积会减小，并可能出现偏流和沟流现象，影响传质效果。液体分布装置按结构可分为槽式、管式、喷洒式和盘式，如图 5-19 所示。二级槽式液体分布装置如图 5-19（a）所示，它由主槽（一级槽）和分槽（二级槽）组成，主槽置于分槽之上，加料液体由置于主槽上方的进料管进入主槽中，再由主槽按比例分配到各分槽中。排管式液体分布装置如图 5-19（b）所示，它由进液口、液位管、液体分布管和布液管等组成。喷洒式液体分布装置如图 5-19（c）所示，一般用于直径小于 600mm 的塔中，其优点是结构简单；缺点是小孔易于堵塞，因而不适用于处理污浊液体，操作时液体的压头必须维持恒定，否则喷淋半径改变会影响液体分布的均匀性，此外，当气量较大时会产生并夹带较多的液沫。盘式孔流型液体分布装置如图 5-19（d）所示，它是在盘底上开布液孔与升气管，气体从升气管上升，而液体从小孔中流下。

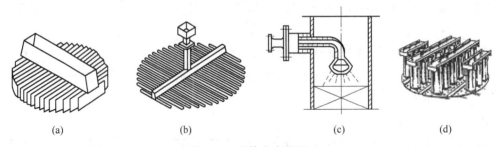

（a）　　　　　　　（b）　　　　　　　（c）　　　　　　　（d）

图 5-19　液体分布装置

（a）二级槽式；（b）排管式；（c）喷洒式；（d）盘式孔流型

液体再分布装置如图 5-20 所示，液体沿填料层向下流动时，有一种逐渐偏向塔壁的趋势，即壁流现象。为改善壁流造成的液体分布不均，在填料层中每隔一定高度应设置液体再分布装置。结构简单的液体再分布装置为截锥式再分布装置，适用于直径在 600 ~ 800mm 以下的塔。如图 5-20（a）所示，结构最简单，是将截锥筒体焊在塔壁上，截锥筒本身不占空间，其上下仍能充满填料；如图 5-20（b）所示的结构是在截锥筒的上方加设支承板，截锥下面要隔一段距离再放填料。

安排再分布装置时，应注意其自由截面积不得小于填料层的自由截面积，以免当气速增大时首先在此处发生液泛。对于整砌填料，一般不需要设再分布装置，因为在这种填料层中液体沿竖直方向流下，没有趋向塔壁的效应。

D　液体进口与出口装置

液体进口管通常与液体分布装置相连，其结构由液体分布装置确定。液体的出口装置既能便于塔内排液，又能将塔内部与外部大气隔离。常用的液体出口装置可采用液封装置，如图 5-21（a）所示，这种装置一般用负压的塔。若塔的内外压差较大时，又可用倒U 形管密封装置，如图 5-21（b）所示，把塔的下部当作缓冲器，使其具有一定的液体，以保持液面恒定。

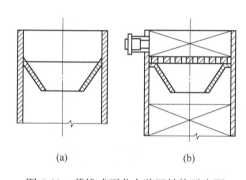

图 5-20　截锥式再分布装置结构示意图

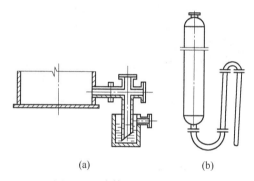

图 5-21　液体出口装置示意图

E　气体进口与出口装置

为了获得填料塔的最佳性能，必须设计合理的气体进、出口装置。气体进口装置应具有既能防止塔内下流的液体进入管内淹没气体通道，又能使气体在塔截面上分布均匀、防止固体颗粒沉积的功能。对于塔径小于 2.5m 的小塔，可采用简单进气与分布装置，它有气流直接进塔装置和带缓冲挡板的简单进料装置两种方式，当气流进入时，缓冲挡板的阻挡作用使气体从两侧面环流向上，并均匀地分布到填料层中。

当塔径大于 2.5m 时，采用上述的气流进入装置效果较差，这时应采用底部敞开式气体进口管，如图 5-22 所示，管端封口作为缓冲挡板，这种形式的进气装置性能好，应用最广泛，对于大直径、高气相负荷时更为适用。它有各种不同的变体以适应不同的需要，其中之一是带中间缓冲挡板的进气管，如图 5-23 所示，它加大了进口管直径，同时加一中间缓冲挡板将其分割成两个进口。该挡板只挡住下一半，进入的气体被挡住一部分，其余部分则从上方通过，进入第二个进口，这样可使气体较均匀地分配入塔。

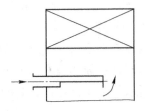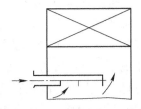

图 5-22　底部敞开式气体进口管示意图　　　　图 5-23　带中间缓冲挡板的进气管示意图

F　除雾装置

气体出口装置应能保证气体的畅通，并能防止液滴的带出与积聚。当气体夹带液滴较多时，需安装除雾装置，以分离出气体中夹带的雾滴。常用的除雾装置有折流板除雾器、丝网除雾器、填料除雾器和旋流除雾器。折流板除雾器是最简单的除雾装置，如图 5-24 所示。丝网除雾器如图 5-25 所示，它的主要元件是针织金属或塑料丝网，由于比表面积大、空隙率大、机构简单以及除雾效率高（效率可达 90%～99%）、压力降小而广泛用于填料塔的除雾沫装置中。但是，丝网除雾器不宜用于液滴中含有固体物质的场合。

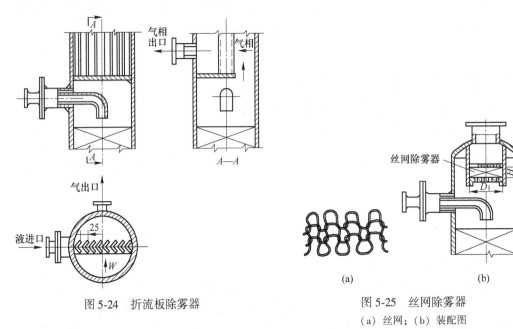

图 5-24　折流板除雾器　　　　　　　图 5-25　丝网除雾器
　　　　　　　　　　　　　　　　　　（a）丝网；（b）装配图

5.3.2.3　板式吸收塔的计算

（1）板式吸收塔理论板数的计算。由塔的某一端开始，根据"离开同一个理论板的气、液相组成（摩尔比）呈平衡关系，相邻板间的气、液组成（摩尔比）服从操作线方程的原则"，进行逐板计算，直至两相组成（摩尔比）达到塔的另一端点的组成（摩尔比）为止。在计算过程中，平衡线的使用次数即为理论板数。如从塔底端点开始进行逐板计算，其步骤为：

1）由已知的气体初始组成（摩尔比）Y_0 和吸收分离要求 E_A，求出塔顶尾气组成（摩尔比）Y_{out}，$Y_{out} = (1 - E_A)Y_0$。

2）由给定的操作条件确定高浓端（X_{out}，Y_0）和低浓端（X_0，Y_{out}），得出操作线方程。

3）从塔底（也可以由塔顶）开始，作逐板计算。用平衡关系，由 X_1 求出 Y_1，用操作线方程，由 Y_1 求出 X_2；再用平衡关系，由 X_2 求出 Y_2，如此反复逐板计算，直至求出的 Y_N 等于（或刚小于）Y_{out} 为止。运算过程中，使用吸收相平衡关系的次数 N，即为吸收所需的理论板数。

（2）板式吸收塔实际所需塔板数的计算。实际塔内，各板上气、液间并未达平衡，因而实际所需塔板数大于理论塔板数，实际所需的塔板数 N_p 可用下式计算：

$$N_p = N/\eta \tag{5-42}$$

式中，η 为塔效率。

5.3.3 吸收工艺

5.3.3.1 吸收剂的选择原则

所谓吸收剂一般是指对气体混合物中各组分具有不同的溶解度而能选择性吸收其中一种组分或几种组分的液体。水是最廉价的吸收剂，但是为了提高吸收效率，常采用某些物质的溶液或浆液作吸收剂。

吸收剂性能的优劣，往往是决定吸收操作效果是否良好的关键，因此，选择吸收剂应遵循以下原则：

（1）吸收剂对混合气体中被吸收组分应具有良好的选择性，对被吸收组分以外的其他组分的吸收能力要小或基本不吸收。

（2）吸收剂对被吸收组分的溶解能力要大，以减少吸收剂用量和吸收设备尺寸。

（3）吸收剂的挥发度（蒸气压）要低，以减少吸收剂的挥发损失，从而避免新的污染。

（4）有利于被吸收组分的回收利用或便于处理，以节约资源和避免二次污染。

（5）化学稳定性高，腐蚀性小，无毒、不易燃。

（6）沸点高，热稳定性高，黏性低，不易起泡，能改善吸收塔内气流的流动状况，提高吸收率，降低泵的功耗，减少传热阻力。

（7）吸收剂价廉易得，能就地取材，易再生，易于综合利用。

满足以上各项要求是不客观的，在实际工程中，应根据所处理对象及目的，权衡各方面的因素，综合平衡而定。

5.3.3.2 吸收剂的种类及选择

吸收剂有水、增溶剂、酸性吸收液、碱性吸收液、有机吸收液、固体吸收剂等。

（1）水。水是常用的吸收剂，价廉易得，工艺简单，是许多吸收过程，尤其是物理吸收的首选吸收剂。例如用水洗涤除去煤气中的 CO_2 和废气中的 SO_2，除去含氟废气中的 HF 和 SiF_4，除去废气中的 NH_3 和 HCl 等。这些气态物质在水中的溶解度大，并随着气相分压的增大而增加，随着吸收温度的降低而增大。因而理想的操作条件是加压和低温下吸收，降压和升温下解吸。用水作吸收剂的优点是：价廉易得，吸收流程、设备和操作都比较简单；其缺点是设备庞大、净化效率低、动力消耗大。

（2）增溶剂。水既可以直接作吸收剂，又可以用水溶液作吸收剂。从而增大某些被吸收物质的溶解度，加大吸收效果。例如，氮氧化物在稀硝酸中的溶解度比在水中的溶解度大，所以可用稀硝酸吸收氮氧化物。许多有机物在水中不溶或微溶，不能直接用水作吸收剂，但可以利用同时亲水和亲某种不溶于水的吸收质基团，使吸收质在水中乳化，破乳后又可与水分离，以便回收。

（3）酸性吸收液。酸性吸收液用于吸收碱性气体，如用硫酸、硝酸吸收 NH_3 等。吸收碱性气体常用各种酸性液作吸收剂。

（4）碱性吸收液。碱性吸收液用于吸收能与碱性物质发生反应的气体。如 SO_2、HCl、H_2S、Cl_2 等；可以是碱溶液，如 NaOH、氨水、$Ca(OH)_2$ 等；也可以是碱性盐溶液，如 Na_2CO_3、$CaCO_3$ 等。吸收酸性气体常用各种碱性液作吸收剂。

（5）有机吸收液。有机废气一般可用有机吸收剂吸收，如用汽油吸收烃类气体、苯和沥青烟等。聚乙醇醚、冷甲醇、二乙醇胺等均可作有机溶剂，同时也能部分去除 H_2S 等。

（6）固体吸收剂。粉状或粒状吸收剂，这种情况应用较少。

总之，对于物理吸收，要根据"相似相溶"的原则，去选择吸收剂，从而加大被吸收组分的溶解度。对于化学吸收，要选择能与待吸收气体快速反应的物质作吸收剂。工业上净化有害气体常用的吸收剂，如表 5-1 所示。

表 5-1　工业上净化有害气体常用的吸收剂

有害气体名称	吸收过程中常用的吸收剂
SO_2	H_2O、NH_3、NaOH、Na_2CO_3、Na_2SO_3、$Ca(OH)_2$、$CaCO_3/CaO$、碱性硫酸铝、MgO、ZnO、MnO
NO_x	H_2O、NH_3、NaOH、Na_2SO_3、$(NH_4)_2SO_3$、$FeSO_4$、EDTA-Fe(Ⅱ)
HF	H_2O、NH_3、Na_2CO_3
HCl	H_2O、NaOH、Na_2CO_3
Cl_2	NaOH、Na_2CO_3、$Ca(OH)_2$
H_2S	H_2O、Na_2CO_3、乙醇胺、环丁砜
含 Pb 废气	CH_3COOH、NaOH
含 Hg 废气	$KMnO_4$、NaClO、H_2SO_4、$KI\text{-}I_2$

5.3.3.3　吸收工艺的配置

吸收工艺的配置与选择需要考虑吸收剂的选择、吸收剂的性质和特点、吸收设备的选择及其特性、吸收剂的再生、废气的组成及性质、被吸收组分的浓度、能量消耗、影响吸收的因素、吸收的温度、压力、操作控制、经济性等多方面的因素。

气态污染物的净化工艺包括两方面：一是气态污染物的吸收净化工艺，净化工艺包括预处理部分（冷却、除尘等）与吸收部分（吸收设备的维护、操作、净化后废气的处理处置）；二是吸收富液的处理与处置工艺。

（1）烟气的预冷却。生产过程产生的高温烟气需要预先冷却到适当温度，一般为333K 左右后再进行吸收，常用的冷却方法有：1）直接增湿冷却，即用水直接喷入烟气管道中增湿降温，方法虽简单，但要考虑水冲管壁和形成酸雾腐蚀设备，以及可能造成沉积物阻塞管道和设备等问题。2）在低温热交换器中间接冷却，此法回收余热不多，而所需热交换器太大，若有酸性气体易冷凝成酸性液体而腐蚀设备。3）用预洗涤塔（或预洗涤段）冷却，同时实现降温与除尘，是目前广为采用的方法。

（2）烟气的除尘。某些废气除含有气态污染物外，还常含有一定的烟尘，所以在吸收之前应设置专门的高效除尘设备，如用预洗涤塔同时降温除尘。

（3）设备和管道的结垢与堵塞。结垢和堵塞是影响吸收装置正常运行的主要原因。首先要清楚结垢的机理、影响结垢和造成堵塞的原因，然后有针对性地从工艺设计、设备结构、操作控制等方面来解决。虽然各种净化方法造成的结垢机理不同，但防止结垢的方法和措施却大体相同，如控制溶液或料浆中水分的蒸发量，控制溶液的 pH 值，控制溶液中易于结晶物质不要过于饱和，严格控制进入吸收系统的尘量，改进设备结构设计，选择不易结垢和堵塞的吸收器等。

（4）除雾。任何湿式洗涤系统都有产生"雾"的问题。雾除了含有水分，还含有溶解了气态污染物的盐溶液。雾中液滴的直径多在 $10\sim60mm$ 之间，所以在工艺上要对吸收设备提出除雾的要求。

（5）气体的再加热。用湿法处理烟气时，经吸收净化后排出的气体，由于温度低，热力抬升作用减少，扩散能力降低，为降低污染，应尽量升高吸收后尾气的排放温度以提高废气的热力抬升高度，有利于减少废气对环境的污染。如有废热可利用时，可将其用来加热原烟气，使之温度升高后再排空。

（6）塔内降温。为了解决反应过程中产生的热量以降低吸收温度，通常在吸收塔内安置冷却管。

5.3.3.4 富液的处理

吸收操作不仅达到净化废气的目的，而且还应合理地处理吸收废液。若将吸收废液直接排放，不仅浪费资源，而且更重要的是其中的污染物转入水体中易造成二次污染，达不到保护环境的目的。所以，在采用吸收法净化气态污染物的流程中，需要同时考虑气态污染物的吸收及富液的处理问题。如用碳酸钠溶液吸收废气中的 SO_2，就需要考虑用加热或减压再生的方法脱除吸收后的 SO_2，使吸收剂恢复吸收能力，可循环使用，同时收集排出的 SO_2，既能消除 SO_2 污染，净化了空气，同时又可以达到废物资源化（SO_2 可用于制备硫酸等）的目的。

5.4 吸收净化技术的应用

5.4.1 吸收净化技术在烟气脱硫中的应用

氨法烟气脱硫工艺，就是利用氨作吸收剂除去烟气中 SO_2 的工艺。湿式氨法脱硫工艺是采用一定浓度的氨水作吸收剂，在一结构紧凑的吸收塔内洗涤烟气中的 SO_2，达到净化烟气的目的。形成的脱硫副产品是可作农用肥的硫酸铵，不产生废水和其他废物，脱硫率在 90%～99%，能严格保证出口 SO_2 浓度保持在 $200mg/m^3$ 以下。氨法脱硫工艺主要由吸收和中和结晶两部分组成, 其工艺流程如图 5-26 所示。

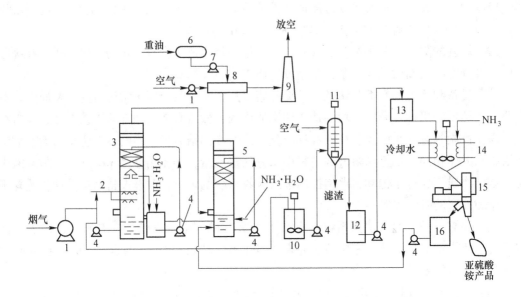

图 5-26　湿式氨法洗涤脱硫工艺流程

1—风机; 2—预热段; 3—1 号洗涤塔; 4—泵; 5—2 号洗涤塔; 6—重油罐;

7—油泵; 8—加热炉; 9—烟囱; 10—饱和液槽; 11—灰渣过滤器; 12—母液槽;

13—母液高位槽; 14—中和结晶器; 15—离心机; 16—离心母液槽

(1) 吸收过程。烟气经过吸收塔, 其中的 SO_2 被吸收液吸收, 并生成亚硫酸铵与硫酸氢铵。

(2) 中和结晶。由吸收产生的高浓度亚硫酸铵与硫酸氢铵吸收液, 先经灰渣过滤器滤去烟尘, 再在结晶反应器中与氨气中和反应, 同时用水间接搅拌冷却, 使亚硫酸铵结晶析出。

5.4.2　吸收法在净化含氮氧化物废气中的应用

在 HNO_3 生产和燃煤等的过程中产生 NO_x, 可采用吸收法进行净化处理。按吸收剂的种类可分为水吸收法、酸吸收法、碱吸收法、氧化-吸收法和配位吸收法等。由于吸收剂的种类较多, 来源广, 适应性强, 为中小企业广泛采用。

(1) 用稀硝酸吸收法净化含 NO_x 废气。由于 NO 在稀硝酸的溶解度比在水中大得多, 见表 5-2, 所以可用硝酸吸收法净化含 NO_x 废气。

表 5-2　一氧化氮在硝酸水溶液中的溶解度

硝酸浓度/%	0	0.5	1.0	2	4	6	12	65	99
溶解度(标态)/$m^3 \cdot m^{-3}$	0.041	0.7	1.0	1.48	2.16	3.19	4.20	9.22	12.5

采用稀硝酸吸收净化含氮氧化物废气的工艺流程, 如图 5-27 所示。该过程采用的吸收液为 15%~20%的硝酸, 含有 NO_x 的废气由吸收塔下部进入, 与吸收液逆流接触, 净化

后的尾气在回收能量之后排空。吸收过 NO_x 的硝酸经加热器加热后进入漂白塔，利用二次空气进行漂白，冷却后循环使用。吹出的 NO_x 再进入吸收塔进行吸收。此过程为物理吸收，当空塔速度小于 0.2m/s，净化效率可达 67%~87%。

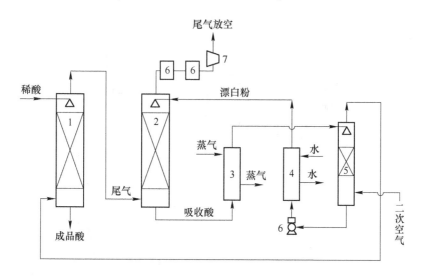

图 5-27 用稀硝酸吸收净化 NO_x 工艺流程

1—硝酸吸收塔；2—尾气吸收塔；3—加热器；4—冷却器；5—漂白塔；

6—尾气预热器；7—尾气透平机

（2）用水吸收法净化含 NO_x 废气。水吸收 NO_x 时，水与 NO_2 反应生成硝酸和亚硝酸：

$$2NO_2 + H_2O \longrightarrow HNO_3 + HNO_2 \tag{5-43}$$

生成的亚硝酸在通常情况下很不稳定，很快发生分解：

$$3HNO_2 \longrightarrow HNO_3 + 2NO + H_2O \tag{5-44}$$

NO 不与水发生反应，它在水中的溶解度也很低（0℃时，100g 水中可溶解 NO 7.34mL、100℃时 NO 完全不溶解）。水不仅不能吸收 NO，在水吸收 NO_2 时还将放出部分 NO，因而常压下水吸收法效率不高，特别不适用于燃烧废气脱硝，因为燃烧废气中 NO 占总 NO_x 的 95%。

5.4.3 吸收法在净化含氟废气中的应用

含氟废气通常是指含有 HF 和 SiF_4 的废气。主要来源于冶金工业的电解铝和炼钢过程及化学工业的黄磷、磷肥等生产过程。图 5-28 为用碳酸钠溶液吸收炼铝厂含氟废气制取冰晶石的工艺流程示意图。

用 Na_2CO_3 或 NH_3 来吸收废气，不仅可以净化铝厂含氟废气，而且可以用于磷肥厂含 SiF_4 的废气治理。含氟烟气，主要是 HF，经除尘后进入吸收塔，在塔内 Na_2CO_3 与 HF 发生反应，吸收塔出来的净化气，经气水分离器分离水分后排放。吸收液进入循环槽，在吸收过程放出的 CO_2 的酸化作用下与 $NaAlO_2$ 制备槽来的 $NaAlO_2$ 发生合成冰晶石的反应；合成的冰晶石经沉降结晶、过滤、干燥即得成品冰晶石。此合成的冰晶石 Na_3AlF_6 的反应是在吸收塔内循环过程中完成的，故称为塔内合成法。

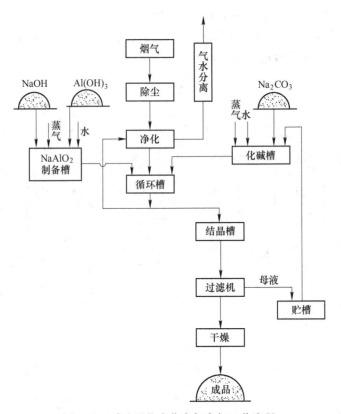

图 5-28　碱法吸收净化含氟废气工艺流程

5.5　本　章　小　结

本章介绍了物理吸收的气液相平衡和化学吸收的气液相平衡、吸收传质机理、吸收速率方程式、吸收塔的物料平衡，详细介绍了吸收净化设备的类型、填料吸收塔、湍球吸收塔、板式吸收塔、喷淋（雾）吸收塔、连续鼓泡式吸收塔和文丘里吸收塔的结构，填料塔的设计计算，填料塔附件的设计与选择，板式吸收塔的计算，吸收剂的选择原则，吸收剂的种类及选择，吸收工艺的配置，吸收净化技术应用实例等内容。

思　考　题

5-1 吸收过程可以分为_____和_____两类。

5-2 气液相平衡包括_____和_____两种平衡。

5-3 详细说明吸收传质理论的基本论点有哪 3 点？

5-4 根据气液两相界面的形成方式，吸收净化设备可分为哪 3 大类？并说明每类的特点。

5-5 详细说明填料吸收塔、鼓泡式吸收塔、喷淋吸收塔、湍球吸收塔和板式吸收塔的结构。

5-6 说明吸收剂的选择原则？吸收剂主要有哪几种？填料有哪几种？

5-7 气态污染物的净化工艺主要包括哪两个？

5-8 详细说明填料塔的填料紧固装置、填料支撑装置、液体分布装置和再分布装置、液体、气体进出口装置各有哪些结构形式？

5-9 空气中含有丙酮，吸入水吸收，已知入口丙酮气相摩尔分率为 0.06，空气流量在标准状态下为 1400m³/h，若气相总吸收系数为 0.4kmol/(m²·h)。要求丙酮的回收率为 98%，该吸收率遵循的亨利定律为 $y=1.68x$，设计一座在 20℃ 常压下的填料吸收塔。

5-10 某矿石焙烧炉排出炉气冷却至 20℃ 后，送入填料吸收塔中用水洗涤，去除其中的 SO_2。已知操作压力为 101.325kPa，炉气的体积流量为 2000m³/h，炉气的混合分子量为 32.16，洗涤水耗量为 45200kg/h，吸收塔选用填料为：（1）25mm×25mm×2.5mm 乱堆瓷拉西环；（2）50mm 瓷矩鞍填料，若取空塔流速为液泛流速的 70%，试分别求出所需的塔径及每米填料的压强降。

5-11 空气和氨的混合物在直径为 0.8m 的填料塔中，用水吸收其中所含氨的 99.5%，每小时所送入的混合气体量为 1400kg，混合气体的总压力为 101.3Pa，其中氨的分压为 1.333Pa，所用的气液比为最小值的 1.4 倍，操作温度（20℃）下的平衡关系为 $Y_e=0.75X_1$，总体积吸收系数为 0.088kmol/(m³·s)，求每小时的溶剂水用量与所需的填料层高度。

5-12 已知某低浓度气体溶质被吸收时，平衡关系服从亨利定律，气膜吸收系数 $k_G=2.74\times10^{-7}$ kmol/(m²·s·kPa)，液膜吸收系数 $k_L=6.94\times10^{-5}$ m/s，亨利系数 $H=1.5$ kmol/(m³·kPa)。试求吸收总系数。

5-13 试分析如何提高吸收效率？

6 气态污染物吸附净化技术与设备

【学习指南】

本章要求了解气态污染物吸附净化的基本理论，其中包括吸附等温线、等温吸附方程式、吸附速率等吸附平衡；熟悉物理吸附、化学吸附、吸附等压线、吸附剂的选择原则、常用的工业吸附剂、影响吸附效果的因素、吸附浸渍；掌握吸附剂的加热解吸再生、降压或真空解吸再生、置换再生、溶剂萃取再生和化学再生；熟悉并掌握吸附工艺、吸附净化机械设备的类型及固定床吸附器、移动床吸附器、流化床吸附器、旋转床吸附器的结构、固定床吸附器的设计，移动床吸附器的设计，吸附法净化有机废气，吸附法净化含二氧化硫废气和吸附法净化含氮氧化物废气等内容。

气体吸附是利用多孔性固体吸附剂处理气体混合物，使其中所含的一种或几种气体组分吸附于固体表面上，而与其他组分分开的过程称为吸附。被吸附到固体表面的物质称为吸附质，用来进行吸附的物质称为吸附剂。吸附净化技术因其选择性高、分离效果好、净化效率高、设备简单、操作方便、能分离其他过程难以分离的混合物、可有效地分离浓度很低的有害物质、易实现自动控制，已在化工、环保等领域被越来越广泛地应用。

本章主要介绍吸附净化技术的一些基本理论，即物理吸附和化学吸附，吸附剂、吸附平衡、吸附速率及吸附设备的设计计算和吸附剂的再生等。

6.1 吸附的基本理论

6.1.1 吸附平衡

在一定条件下，当流体与吸附剂充分接触后，流体中的吸附质将被吸附剂吸附，称该过程为吸附过程。随着吸附过程的进行，吸附质在吸附剂表面上的数量逐渐增加，一部分已被吸附的吸附质，由于热运动的结果而脱离吸附剂的表面，回到混合气体中去，称该过程为解吸过程。在一定温度下，当吸附速度和解吸速度相等，即达到吸附平衡时，流体中吸附质的浓度（或分压）称为平衡浓度（或平衡分压），而吸附剂对吸附质的吸附量为平衡吸附量。平衡吸附量又称为静态吸附量或静活性，常用 a_m 表示，它是设计和生产中十分重要的参数。平衡吸附量与平衡浓度（或平衡分压）之间的关系即为吸附平衡关系，通常用吸附等温线或吸附等温式来表示。

6.1.1.1 吸附等温线

吸附过程中出现的 5 种等温吸附线类型，如图 6-1 所示，其形状的差异是由于吸附剂和吸附质分子之间的作用力不同而造成的。Ⅰ型表示吸附剂毛细孔的孔径比吸附质分子尺寸略大时的单分子层吸附；Ⅱ型表示完成单层吸附后再形成多分子层吸附；Ⅲ型表示吸附气体量不断随组分分压增加而增加直至相对饱和值趋于1为止；类型Ⅳ为类型Ⅱ的变形，能形成有限的多层吸附；类型Ⅴ偶然见于分子互相吸引效应很大的情况。

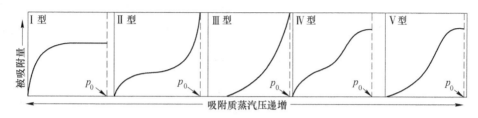

图6-1 吸附等温线类型

6.1.1.2 等温吸附方程式

在等温条件下的吸附平衡，由于各学者对平衡现象的描述采取不同的假定和模型，因而推导出多种经验方程式，即为等温吸附方程式。常用的有弗罗德里希（Freundlich）等温吸附方程式、朗格缪尔（Langmuir）等温吸附方程式、BET方程式等。

（1）弗罗德里希等温吸附方程式。弗罗德里希（Freundlich）经过大量的实验，对Ⅰ型等温吸附线提出如下经验方程式：

$$q = \frac{x}{m} = kp^{\frac{1}{n}} \tag{6-1}$$

式中　q——单位吸附剂在吸附平衡时的饱和吸附量，kg(吸附质)/kg(吸附剂)；

　　　p——吸附质的平衡分压，kPa；

k, n——经验系数，随着温度的变化而变化，在一定温度下对一定体系而言是常数，$n > 1$ 其值由实验确定；

　　　m——吸附剂的量，kg；

　　　x——吸附质的量，kg。

该方程描述了在等温条件下，吸附量和压力的指数分数成正比。压力增大，吸附量也随之增大，但当压力增大到一定程度后，吸附量不再变化。一般认为在中压范围内能很好地符合实验数据。

（2）朗格缪尔等温吸附方程式。朗格缪尔方程式是应用范围较广的实用方程式。朗格缪尔认为，固体表面均匀分布着大量具有剩余价力的原子，此种剩余价力的作用范围大约在分子大小的范围内，即每个这样的原子只能吸附一个吸附质分子，因此吸附是单分子层的。朗格缪尔假定：1）吸附质分子之间不存在相互作用力；2）所有吸附剂表面具有均匀的吸附能力；3）在一定条件下吸附和脱附达到动态平衡；4）气体的吸附速率与该气体在气相中的分压成正比。

设吸附质对吸附剂表面的覆盖率为 θ，则未覆盖率为 $1 - \theta$。若气相分压为 p，则吸附速率为 $k_1 p(1 - \theta)$，解吸速率为 $k_2 \theta$。当吸附达到平衡时有：

$$k_1 p(1 - \theta) = k_2 \theta \tag{6-2}$$

式中　k_1, k_2——分别为吸附和解吸常数。

令 $k_1/k_2 = a$，并代入式 (6-2)，则得 θ 为：

$$\theta = \frac{ap}{1 + ap} \tag{6-3}$$

式中，a 为吸附系数，是吸附作用的平衡常数，a 的大小代表了固体表面吸附气体能力的强弱。

式（6-3）为朗格缪尔等温吸附方程。

如果将覆盖率 θ 表示成 V/V_m，其中 V 是气体分压 p 时被吸附气体在标准状态下的体积；V_m 是吸附剂被盖满一层时被吸附气体在标准状态下的体积。于是式（6-3）可写为：

$$\theta = \frac{V}{V_m} = \frac{ap}{1 + ap} \tag{6-4}$$

由式（6-4）可得：

$$V = \frac{V_m ap}{1 + ap} \tag{6-5}$$

$$\frac{p}{V} = \frac{1}{aV_m} + \frac{p}{V_m} \tag{6-6}$$

当压力很低或吸附很弱时，$ap \ll 1$，式（6-5）成为：

$$V = V_m ap \tag{6-7}$$

当压力很高或吸附很强时，$ap \gg 1$，式（6-5）成为 $V = V_m$。

朗格缪尔方程得到的结果与很多实验现象吻合，是目前常用的、基本的等温式。但在很多体系中，朗格缪尔方程符合 I 型等温线和 II 型等温线的低压部分，不能在比较大的 θ 范围内吻合。

（3）B.E.T 方程。布鲁诺（Brunauer）、埃麦特（Emmett）和泰勒（Teller）三人提出了多分子层吸附理论，即被吸附的分子也具有吸附能力，在第一层吸附层上，由于被吸附分子间存在范德华力，还可以吸附第二层、第三层……形成多层吸附，各吸附层间存在动态平衡。这时的气体吸附量等于各层吸附量的总和，在等温下，可推得吸附等温方程式（B.E.T 方程）。三人联合建立的 B.E.T 方程更好地适应了吸附的实际情况，适用范围较宽，他适用于 I 型、II 型和 III 型等温线。

B.E.T 方程为：

$$V = \frac{V_m C p}{(p_0 - p)[1 + (C - 1)p/p_0]} \tag{6-8}$$

式中　V——被吸附气体分压为 p 时的吸附总量；

　　　V_m——吸附剂表面被单分子层铺满时的吸附量；

　　　p_0——实际温度下被吸附气体的饱和蒸气压，Pa；

　　　C——与吸附热有关的常数。

式（6-8）的重要用途是测定和计算固体吸附剂的比表面积，若由斜率和截距求出 V_m，吸附剂的比表面积为：

$$S_b = \frac{1}{22400} \times \frac{V_m N_0}{22400} \times \frac{\sigma}{W} \tag{6-9}$$

式中　S_b——吸附剂的比表面积，m^2/g；

　　　σ——单个吸附质分子的截面积，m^2；

　　　W——吸附剂质量，g；

　　　N_0——阿伏伽德罗常数，$N_0 = 6.023 \times 10^{23}$。

6.1.2 吸附速率

吸附剂对吸附质的吸附效果，除用吸附容量表示外，还必须以吸附速率来衡量。所谓吸附速率，是指单位质量的吸附剂（或单位体积的吸附剂）在单位时间内所吸附的吸附质量。吸附速率决定了需要净化的混合气体和吸附剂的接触时间，吸附速率快，所需要接触的时间短，需要的吸附设备容积就小。通常吸附质被吸附剂吸附的过程分为三步，如图 6-2 所示。

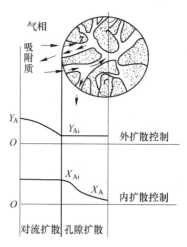

图 6-2　吸附过程与两种极端浓度曲线

（1）外扩散过程。吸附质从气流主体穿过颗粒层周围气膜扩散至吸附剂颗粒的外表面，称为外扩散过程。

（2）内扩散过程。吸附质从吸附剂颗粒的外表面通过颗粒上的微孔扩散进入颗粒内部，达到颗粒的内表面，称为内扩散过程。

（3）吸附过程。在吸附剂内表面上的吸附质被吸附剂吸附，称为表面吸附过程。解吸时则逆向进行，首先进行被吸附质的解吸，经内扩散传递至外表面，再从外表面扩散至流动相主体，完成解吸。

因此，吸附速率取将决于外扩散速率、内扩散速率及吸附本身的速率。在物理吸附过程中，吸附剂内表面上进行的吸附与脱附速率一般较快，而"内扩散"与"外扩散"过程则慢得多。因此，物理吸附速率的控制步骤多为内、外扩散过程。对于化学吸附过程来说，其吸附速率的控制步骤可能是化学动力学控制，也可能是外扩散控制或内扩散控制。通常，较常见的情况是内扩散控制，而外扩散控制的情况则较少见。

对于物理吸附，吸附质 A 的外扩散传质速率方程为：

$$\frac{dq_A}{d\tau} = k_Y a_p (Y_A - Y_{Ai}) \tag{6-10}$$

式中　　dq_A——$d\tau$ 时间内吸附质组分 A 从气相扩散到单位体积吸附剂外表面的质量，kg/m^3；

k_Y——外扩散吸附分系数，$kg/(m^2 \cdot s)$；

a_p——单位体积吸附剂的吸附表面积，m^2/m^3；

Y_A，Y_{Ai}——组分 A 在气相中及固体吸附剂外表面的比质量浓度，kg（吸附质）/kg（无吸附质流体）。

当吸附过程稳定时，其内扩散速率可用 $dq_A/d\tau$ 表示，则吸附质 A 的内扩散传质速率方程为：

$$\frac{dq_A}{d\tau} = k_X a_p (X_{Ai} - X_A) \tag{6-11}$$

式中　　k_X——内扩散吸附分系数，$kg/(m^2 \cdot s)$；

X_A，X_{Ai}——组分 A 在吸附相内表面及外表面的比质量浓度，kg（吸附质）/kg（吸附剂）。

由于内、外表面吸附质 A 的浓度不易测定，式（6-10）、式（6-11）使用起来不方便，吸附速率也常用以下总吸附速率方程来表示：

$$\frac{dq_A}{d\tau} = K_Y a_p (Y_A - Y_A^*) = K_X a_p (X_A^* - X_A) \tag{6-12}$$

式中　K_Y，K_X ——气相和吸附相总传质系数，$kg/(m^2 \cdot s)$；

　　　Y_A^*，X_A^* ——吸附达到平衡时气相和吸附相中吸附质 A 的浓度，kg（吸附质）/kg（吸附剂）。

设吸附达到平衡时，气相的浓度与吸附量的关系可简单表示为：

$$Y_A^* = mX_A \tag{6-13}$$

式中　m ——平衡曲线的斜率。

联立式（6-10）～式（6-13），则得：

$$\frac{1}{K_Y a_p} = \frac{1}{k_Y a_p} + \frac{m}{k_X a_p} \tag{6-14}$$

$$\frac{1}{K_X a_p} = \frac{1}{mk_Y a_p} + \frac{1}{k_X a_p} \tag{6-15}$$

由式（6-14）和式（6-15）可得：

$$K_Y = \frac{1}{m} K_X \tag{6-16}$$

一般吸附过程，开始时较快，随后变慢，且吸附过程涉及多个步骤，机理复杂，传质系数的值目前从理论上推导还有一定的困难，故吸附器设计所需的速率数据多凭经验或模拟实验所得的实验数据，对于一般粒度的活性炭吸附蒸气的吸附过程，总传质系数的值，由以下公式计算：

$$K_Y a_p = \frac{1.6 D u^{0.54}}{\nu^{0.54} d^{1.46}} \tag{6-17}$$

式中　D ——扩散系数，m^2/s；

　　　u ——气体混合物流速，m/s；

　　　ν ——运动黏度，m^2/s；

　　　d ——吸附颗粒直径，m。

式（6-17）是在雷诺数 $Re < 40$ 时，用活性炭吸附乙醚蒸气的实验数据归纳整理而得到的经验式。对化学吸附过程，因需要考虑在吸附剂表面上进行的化学反应对整个过程的影响，情况要复杂得多。

6.2　吸附及吸附剂

6.2.1　物理吸附与化学吸附

根据气体与固体吸附剂之间的作用力不同，吸附过程分为物理吸附过程和化学吸附过程。

6.2.1.1 物理吸附

固体吸附剂与气体分子之间的作用力是分子间引力（即范德华力）的吸附过程称为物理吸附。物理吸附的主要特征有：（1）固体表面与被吸附的气体之间不发生化学反应；（2）对吸附的气体没有特殊的选择性，可吸附一切气体；（3）吸附可以是单分子层吸附，也可形成多分子层吸附；（4）吸附过程为放热过程，因此低温有利于物理吸附，物理吸附放热量很少，约为 $2.09\sim20.9kJ/mol$，与相应气体的液化热相近，因而物理吸附可被看成是气体组分在固体表面上的凝聚；（5）固体吸附剂与气体之间的吸附力弱，因而有较高的可逆性，当改变吸附操作条件，被吸附的气体很容易从固体表面上逸出，工业上正是依据这种可逆性对吸附剂进行再生。

6.2.1.2 化学吸附

固体表面与吸附气体分子之间的作用力是化学键力的吸附过程称为化学吸附。该吸附需要一定的活化能，故又称为活性吸附。化学吸附的主要特征有：（1）由于发生化学反应，因而有明显的选择性；（2）吸附为单分子层或单原子层吸附；（3）吸附热量大，与一般化学反应热相当，约为 $40\sim400kJ/mol$，除特殊情况外，自发的吸附过程是放热过程；（4）从化学吸附中能量变化的大小考虑，被吸附分子的结构发生了变化，成为活性吸附态分子，活性显著升高，由于吸附分子所需的反应活化能比自由分子的反应活化能低，从而加快了反应速率；（5）吸附速率随温度升高而增加，吸附为不可逆吸附。

物理吸附过程和化学吸附过程的区别，见表 6-1。

表 6-1 物理吸附与化学吸附的区别

项 目	物理吸附	化学吸附
类似性质	蒸汽凝结和气体液化	表面化学反应
作用力	范德华力，弱，吸附质分子结构变化小	化学键力，大，分子结构变化大
有无电子转移	无	有
吸附热	低，与凝结热数量级相同	高，与化学反应热的数量级相当
选择性	不高	高
活化能	不需要	需要，又称活化吸附
速率及温度的影响	吸、脱附速率均快，瞬间达到平衡，速率不受温度影响，但温度升高吸附量下降	吸、脱附速率通常较小，较长时间达到平衡，温度升高，吸附、解吸速率都增加
解吸难易	易	难
吸附层	单分子层（低压）或多分子层（高压）	单分子层
吸附剂	一切固体	某些固体
吸附质	低于临界点的一切气	某些能与之起化学反应的气体
温度范围	低温	通常是高温
可逆性	可逆	通常不可逆
某些应用	用于测量固体表面积以及孔隙大小，分离和净化气体和液体	用于测量表面浓度，吸附与脱附速率，估计活性中心的面积，阐明表面反应动力学

注：范德华力是定向力、诱导力和逸散力的总称。

    实际中往往无法严格区分物理吸附和化学吸附，某些系统在较低温度下是物理吸附，而在较高温度下是化学吸附，即物理吸附发生在化学吸附之前，到吸附剂逐渐具备一定的活化能后，才发生化学吸附，实际上的吸附过程是两种吸附同时发生，不过通常情况下，总是以某一种吸附方式为主。

6.2.1.3   吸附等压线

    温度有时可以改变吸附的性质，在低温时，化学吸附速率很低，因为此时具有足够高能量的分子很少，吸附过程主要以物理吸附为主，而且很快达到平衡。由于吸附是放热过程，所以温度的升高，吸附量下降，如图 6-3 中 AB 段所示。吸附量越过最低点后，温度已升至吸附分子的活化温度，开始化学吸附。由于温度升高，活化分子数目迅速增多，所以吸附量随温度上升而增加，达到最高点 C，化学吸附达到平衡。又由于吸附是放热过程，故随温度的继续上升，吸附量又开始下降，平衡向脱附方向移动。

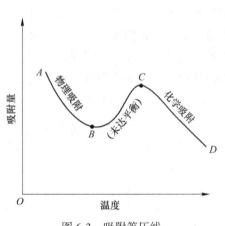

图 6-3   吸附等压线

    对于吸附过程而言，吸附效果取决于两方面的因素：由吸附剂与吸附质本身性质决定的吸附平衡因素，以及由于物质传递所决定的吸附动力学因素，即取决于吸附平衡和吸附速率两个方面。

    吸附平衡是理想状态，是吸附剂与吸附质长期接触后达到的状态；而吸附速率则体现了吸附过程与时间的关系，它反映了吸附过程的操作条件（温度、浓度、压力等）及床层的结构，填充状况，吸附剂的形状、大小，流体在床层中的流动情况等因素对吸附的影响。

    设计一吸附设备或欲强化一吸附过程，必须从这两方面着手。

6.2.2   吸附剂的选择原则及工业吸附剂

6.2.2.1   吸附剂的选择原则

    吸附剂的选择是吸附设计中关键的一步，是直接影响吸附效率的关键一环。吸附剂的选择原则如下：

    （1）具有良好的选择性。活性炭吸附二氧化硫（或氨）的能力，远大于吸附空气的能力，故活性炭能从空气与二氧化硫（或氨）的混合气体中优先吸附二氧化硫（或氨），故对混合气体的分离净化，选择性是选择吸附剂的首选条件之一。

    （2）具有巨大的比表面积。气体吸附剂的比表面积一般在 $500 \sim 3000 \mathrm{m}^2/\mathrm{g}$ 之间，吸附剂的有效表面积包括颗粒的外表面积和内表面积，而内表面积总比外表面积大得多，例如，硅胶的内表面积达 $500 \mathrm{m}^2/\mathrm{g}$，活性炭的内表面积达 $1000 \mathrm{m}^2/\mathrm{g}$，只有具有高度疏松结构和巨大暴露表面积的孔性物质，才能提供如此巨大的比表面积，因此，一般吸附剂都为疏松多孔的物质。

（3）吸附容量大，吸附能力强。吸附容量是指在一定的温度、吸附质浓度下，单位质量（或单位体积）吸附剂所能吸附的最大量。吸附容量除了与吸附剂表面积有关外，还与吸附剂的孔隙大小、孔径分布、分子极性及吸附剂分子上官能团的性质等有关。吸附容量大，可降低处理单位流体所需的吸附剂用量。在大气污染控制工程中，固体吸附剂的吸附容量一般可达 30%~70% ［kg（污染物）/kg（吸附剂）］。

（4）具有良好的机械强度。吸附剂是在温度、湿度、压力等操作条件变化的情况下工作的，这就要求吸附剂有良好的机械强度和稳定性。尤其是采用流化床吸附装置，吸附剂的磨损大，对机械强度的要求更高，否则将破坏吸附的正常操作。

（5）颗粒尺寸要均匀。如颗粒尺寸大小不均匀，就易造成短路和流速分布不均，引起气流返混，降低吸附分离效率；若颗粒太小，则床层阻力过大，严重时会将吸附剂带出吸附器外。

（6）具有良好的再生能力。吸附剂在吸附后需再生重用，不间断地进行吸附与再生操作，再生效果的好坏往往是吸附技术能否使用的关键，要求吸附剂再生方法简单、再生活性稳定。

（7）具有良好的稳定性。选择吸附剂要具有足够的化学稳定性和热稳定性。

（8）价格低廉易得。在实际中很难找到一种吸附剂能同时满足上述所有要求，因此，在选择吸附剂时要权衡多方面的因素。由于目前对吸附过程的实质还了解得不十分清楚，因而鉴别吸附剂吸附性能，还只是依靠实验测定和生产中考察。价格便宜取材广泛的吸附剂使吸附剂操作更加经济可行。

6.2.2.2　常用的工业吸附剂

（1）活性氧化铝和氧化铝。活性氧化铝是由含水氧化铝经加热脱水活化而制成的，有粒状、片状和粉状。是一种极性吸附剂，氧化铝含量大于92%，一般用作催化剂的载体。它有良好的机械强度，可以在移动床、流动床上使用，主要用于空气或气体干燥，碳氢化合物或石油气的浓缩、脱硫、焦炉气精制，含氟废气的净化等。氧化铝炼铝厂直接用电解铝的原料——氧化铝吸附、净化炼铝排放的含氟废气，既净化了废气，又回收了氟化氢作为电解铝的原料。

（2）活性炭。活性炭是许多具有较高吸附性能的碳基物质的总称。一般来说，活性炭是指比表面积大于 $500m^2/g$，含碳量大于 95% 的碳基物质。活性炭的结构特点是具有非极性的表面，为疏水性和亲有机物质的吸附剂。因而有利于从气体或液体混合物中吸附回收有机物，故为非极性吸附剂。活性炭作吸附剂的用途很广，可用于混合气体中有机溶剂蒸气（苯、甲苯、二甲苯、丙酮、乙醇、乙醚、甲醛等）的回收；烃类气体的提浓分离；空气或其他气体的脱臭；SO_2、NO_x、H_2S、Cl_2、CS_2、CCl_4 等废气的净化处理。其特点是吸附容量大、抗酸耐碱、化学稳定性好、易解吸，经过多次吸附和解吸操作，仍能保持原有的吸附性能。通常活性炭对有机物的吸附效果最好，其吸附效率随有机物分子量的增大而提高。其缺点是它具有可燃性，因而使用温度一般不能超过 473K。几乎所有含碳的物质如煤、木材、锯木、骨头、椰子壳等，在低于 873K 进行炭化，所得残碳再用水蒸气或过热空气进行活化处理（近年来还有用氯化锌、氯化镁、氯化钙和硫酸代替蒸汽作活化剂）即可制得。其中最好的原料是椰子壳，其次是核桃壳和水果核等。

（3）硅胶。硅胶是一种坚硬的无定性链状和网状结构的硅酸聚合物颗粒，其分子式为 $SiO_2 \cdot nH_2O$。它是由硅酸钠（即水玻璃）与硫酸或盐酸、酸性溶液反应生成硅酸凝胶，再经过洗涤、干燥、烘焙而成。硅胶是亲水性的极性吸附剂，难于吸附非极性的有机物质。当硅胶吸附气体中的水分时，可达其自身质量的 50%，但其吸收水分后，就降低了对其他气体的吸附能力。硅胶的吸附热很大，吸附水分时能够放出大量的热量，使硅胶容易破损。在工业上，硅胶多用于高湿气体的干燥和从废气中回收极为有用的烃类气体，也可作为催化剂的载体。

（4）沸石分子筛。沸石分子筛常简称为分子筛，它是一种人工合成的沸石，具有许多直径均匀的微孔（孔径 0.3~1nm）和排列整齐的空穴，是具有多孔骨架结构的硅铝酸盐结晶体，其化学通式为：$M_{x/n} \left[(Al_2O_3)_x (SiO_2)_y \right] \cdot mH_2O$。其中，M 为阳离子，主要是 Ca^{2+}、Na^+ 和 K^+ 等金属离子；x/n 为价数为 n 的可交换金属阳离子 M 的数目；m 为结晶水的分子数。

沸石分子筛具有孔径均一的微孔，比孔道小的分子能进入孔穴面被吸附，比孔道大的分子被拒之孔外，因此具有筛分性能。与其他吸附剂比较，其主要优点有：1）具有很高的吸附选择性。因其孔径大小整齐均匀，能有选择性地吸附直径小于某个尺寸的分子。2）沸石分子筛又是一种离子型吸附剂。对极性分子，尤其是水具有较强的亲和力，对一些极性分子在较高的温度和较低的分压条件下，仍有很强的吸附能力。3）具有较强的吸附能力。沸石分子筛孔腔多、孔道小、比表面积大，可容纳大量分子，吸附力强，对低浓度气体净化效果也十分显著。4）热稳定性和化学稳定性高。

（5）其他吸附剂。其他吸附剂有漂白土、蚯蚓粪、焦炭物和白云石粉、吸附树脂和腐殖酸类吸附剂等。

1）吸附树脂。吸附树脂又称树脂吸附剂，最初的吸附树脂是酚、醛类缩合高聚物，以后又出现了一系列交联共聚物，如聚苯乙烯、聚丙烯酯和聚丙烯酰胺类的高聚物。它是一种具有主体网状结构、呈多孔海绵状、化学稳定性好的新型有机吸附剂，不溶于一般溶剂及酸碱，比表面积可达 $800m^2/g$，使用温度 150℃ 以下。吸附树脂按其基本结构可分为非极性、中极性、极性和强极性四类。吸附树脂结构可人为控制，因而它具有适应能力强、应用范围广、有特殊的吸附选择性等特点。

2）焦炭物和白云石粉。焦炭物和白云石粉是特殊用途的吸附剂，一般用于沥青的加热加工和沥青砖、炭电极的生产中，主要作用是吸附沥青烟。吸附饱和后不必再生，直接作为原料使用。

3）腐殖酸类吸附剂。此类吸附剂中富含腐殖酸类物质，是由泥煤、褐煤、风化煤经干燥而制得，可用来吸附 SO_2、SO_3 等有毒气体。

4）漂白土。漂白土是一种天然黏土，主要成分是铝硅酸盐。天然黏土经加热干燥形成多孔结构物质，再经研碎、过筛，取其一定大小的颗粒即可应用。工业上主要用于油类脱臭、脱色，并可再生重复使用。

5）蚯蚓粪。蚯蚓粪是用来清除恶臭物质的理想吸附剂。蚯蚓粪具有大的比表面积，达 $400~800m^2/g$，大于活性氧化铝，相当于硅胶。它具有其他吸附剂所没有的特征，即其内含大量的微生物和消化酶，可将吸附的恶臭物质迅速转化为肥料。

一些常用吸附剂的性质，见表6-2。

表6-2 常用吸附剂的性质

吸附剂类别 特性参数	活性炭	活性氧化铝	硅胶	沸石分子筛		
				4A	5A	13X
堆积密度/kg·m⁻³	200~600	750~1000	800	800	800	800
热容/kJ·(kg·K)⁻¹	0.836~1.254	0.836~1.045	0.92	0.794	0.794	0.794
操作温度上限/K	423	773	673	873	873	873
平均孔径/Å①	15~25	18~48	22	4	5	13
脱附温度/K	373~413	473~523	393~423	473~573	473~573	473~573
比表面积/m²·g⁻¹	600~1600	210~360	600	—	—	—
空隙率/%	33~45	40~45	40~45	32~40	32~40	32~40

①1Å = 10^{-10}m。

6.2.2.3 影响吸附效果的因素

（1）吸附剂的性质。吸附剂的性质，如孔隙率、孔径、粒度等影响比表面积，从而影响吸附效果。

（2）吸附质的性质与浓度。吸附质的性质与浓度，如临界直径、分子量、沸点、饱和性等影响吸附量。若用同种活性炭作吸附剂，对于结构相似的有机物，分子量的不饱和性越大，沸点愈高，愈易被吸附。

（3）吸附剂的活性。吸附剂的活性是吸附剂吸附能力的标志，常以吸附剂上已吸附吸附质的量与所用吸附剂量之比的百分数来表示。其物理意义是单位吸附剂所能吸附吸附质的量。吸附剂的活性分为静活性和动活性。

静活性是在一定温度下，气体中被吸附物（吸附质）的初始浓度达平衡时单位吸附剂上可能吸附的最大吸附量，亦即在一定温度下，吸附达到饱和时，单位量吸附剂所能吸附吸附质的量。

动活性是吸附过程还没有达到平衡时单位量吸附剂吸附吸附质的量。流体通过吸附剂床层时，床层中吸附剂逐渐趋于饱和。一般认为，当流出气体中发现有吸附质时，吸附器中的吸附剂层已失效，这时单位量吸附剂所吸附的吸附质量叫动活性。

（4）接触时间。在进行吸附操作时，应保证吸附质与吸附剂有一定的接触时间，使吸附接近平衡，充分利用吸附剂的吸附能力。

（5）操作条件。低温有利于物理吸附，适当升高温度有利于化学吸附。增大气相主体压力，即增大了吸附质分压，有利于吸附。固定床的气流速度应控制在0.2~0.6m/s。

吸附器的性能也会影响吸附效果。

6.2.2.4 吸附浸渍

吸附浸渍是使吸附剂先吸附某种物质，然后用这种处理过的吸附剂去净化含污染物的废气，利用浸渍物与被吸附物发生反应，或由于浸渍物的催化作用，使吸附剂表面上的污染物发生催化转化，以达到净化废气的目的，该过程称为吸附浸渍。如以磷酸浸渍过的活性炭去净化含胺、氨等污染物的废气，可生成相应的磷酸盐，使含胺、氨废气得到净化。

吸附浸渍在废气净化上应用很多,是一种重要的净化方法。它的优点是由于吸附剂表面上发生物理吸附的同时,还发生污染物参加的化学反应或催化反应,因而提高了过程的净化效率与速率,增大了吸附容量,但由于过程中生成了一些新物质,有时给再生带来困难。如以氧化锌载于活性炭上或用铁碱吸附剂来净化含硫有机废气,吸附剂均不能再生,因而该法只适用于硫含量不高、净化程度要求较高的场所。

常用的浸渍物质有铁、铜、锌、钴、锰、钼等的化合物或它们的混合物,以及卤素、酸、碱等。

6.2.3 吸附剂再生

当吸附剂饱和后需要再生,再生方法有加热解吸再生、降压或真空解吸再生、溶剂萃取再生、置换再生、化学转化再生等。再生时解吸剂流动方向与吸附时废气流向相反,即采用逆流吹脱的方式。

6.2.3.1 加热解吸再生

加热解吸再生是通过升高吸附剂温度,使吸附物脱附,吸附剂得到再生。几乎所有的吸附剂都可用加热再生法恢复吸附能力。不同的吸附过程需要不同的温度,吸附作用越强,脱附时需加热的温度越高。有机物的摩尔体积在 $80\sim90\mathrm{mL/mol}$ 时,一般采用水蒸气、惰性气体或烟道气吹脱,吹脱温度在 $100\sim150\,^{\circ}\mathrm{C}$ 左右,称"加热解吸";而当吸附质的摩尔体积大于 $190\mathrm{mL/mol}$ 时,低温蒸气已不能脱附,需要在 $700\sim1000\,^{\circ}\mathrm{C}$ 的再生炉中进行,称作"高温灼烧",使用的脱附介质为水蒸气或 CO_2 气体。

解吸时,要求解吸气体的流动方向与吸附时废气的流动方向相反,这样床层末端的未吸附部分在解吸后的残留含量几乎为零,再次吸附时,出气中污染物含量就会很低。加热解吸再生的优点是加热迅速,解吸完全,用水蒸气解吸有机物时,解吸的产物易分离;其缺点是吸附剂的导热系数一般较小,冷却缓慢,再生周期较长。

6.2.3.2 降压或真空解吸再生

吸附过程与气相的压力有关,压力高时,吸附进行得很快;当压力降低时,脱附占优势。因此,通过降低操作压力可使吸附剂得到再生。例如,若吸附在较高压力下进行,把压力降低可使被吸附的物质脱离吸附剂进行解吸;若吸附在常压下进行,可采用抽真空的方法进行解吸。该法的优点是无须加热与冷却床层,故又称无热再生法,再生的时间较加热解吸再生可大大缩短。因而该法循环周期短,吸附剂用量少,吸附器尺寸小。其缺点是由于设备内有死角,导致产物纯度与回收率往往不能兼顾,因而降低了设备的利用率。可采用多床层变压吸附来解决此问题。

6.2.3.3 置换再生

置换再生法是选择合适的气体(脱附剂),将吸附质置换与吹脱出来。这种再生方法需加一道工序,即脱附剂的再脱附,以使吸附剂恢复吸附能力。脱附剂与吸附质的被吸附性能越接近,则脱附剂用量越省。若脱附剂被吸附程度比吸附质强,属置换再生;否则,吹脱与置换作用兼有。该法较适用于对温度敏感的物质。

6.2.3.4 溶剂萃取再生

选择合适的溶剂,使吸附质在该溶剂中的溶解性能远大于吸附剂对吸附质的吸附作用，将吸附物溶解下来，这种方法称为溶剂萃取。例如，活性炭吸附 SO_2 后，用水洗涤，再进行适当的干燥，便可恢复吸附能力。

6.2.3.5 化学再生

通过化学反应，使吸附质转化为易溶于水的物质而解吸下来。例如，吸附了苯酚的活性炭，可用氢氧化钠溶液浸泡，使形成酚钠盐而解吸。湿式氧化法也是化学再生法，主要用于再生粉末状活性炭。

生产实际中，上述几种再生法可以单独使用，也可几种方法同时使用。例如，活性炭吸附有机蒸气后，可用通入高温蒸气再生，也可用加热和抽真空的方法再生；沸石分子筛吸附水分后，可用加热吹氮气的方法再生。

6.3 吸附工艺及吸附设备

6.3.1 吸附工艺

吸附工艺过程常采用两个吸附器，一个吸附时另一个脱附再生，以保证工艺过程的连续性。经吸附器吸附后的气体，直接排出系统。吸附剂再生时采用水蒸气作为脱附气体，水蒸气将吸附在表面的 VOCs 脱附并带出吸附器，再通过冷凝将 VOCs 提纯回收。脱附气体也可以进行催化燃烧处理，这就是吸附浓缩-催化燃烧工艺，此时脱附气体应为热空气。图 6-4 为吸附法净化 VOCs 的典型工艺流程。

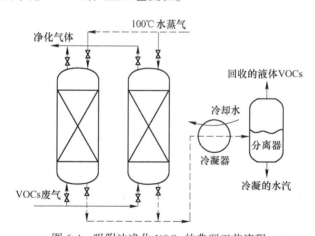

图 6-4 吸附法净化 VOCs 的典型工艺流程

吸附工艺按吸附剂在吸附器中的工作状态可分为固定床、移动床及沸腾（流化）床吸附过程。按操作过程的连续与否，可分为间歇吸附过程和连续吸附过程。

（1）固定床吸附工艺流程。在废气治理中最常用的是将两个以上固定床，组成一个半连续式吸附工艺流程，如图 6-5 所示。废气连续通过床层，当一个达到饱和时，就切换到另一个吸附器进行吸附，而吸附达到饱和的吸附床则进行再生和干燥、冷却，以备重新使用。

（2）移动床吸附工艺流程。移动床吸附工艺流程如图 6-6 所示。控制吸附剂在床层中的移动速度，使净化后的气体达到排放标准。吸附气态污染物后的吸附剂，送入脱附器中进行脱附,脱附后的吸附剂再返回吸附器循环使用。该流程的特点是吸附剂连续吸附和再生,向下移动的吸附剂与待净化气体逆流(或错流)接触进行吸附。

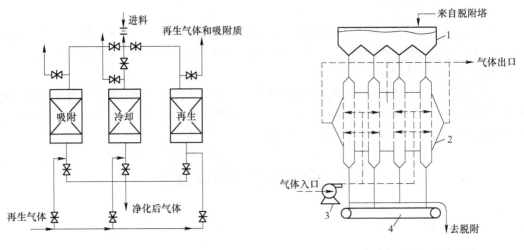

图 6-5 半连续式吸附工艺流程

图 6-6 移动床吸附工艺流程图

1—料斗;2—吸附器;3—风机;4—传送带

(3) 流化床吸附工艺流程。流化床吸附工艺流程如图 6-7 所示。吸附剂在多层流化床吸附器中,借助于被净化气体的较大的气流速度,使其悬浮呈流态化状态。

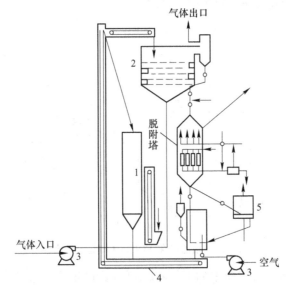

图 6-7 流化床吸附工艺流程图

1—料斗;2—多层流化床吸附器;3—风机;4—皮带传送机;5—再生塔

6.3.2 变压吸附工艺

变压吸附(PSA)技术是近几十年来在工业上新崛起的气体分离技术。由于其具有能耗低、流程简单、产品气体纯度高等优点,在工业上得到了广泛应用。

变压吸附技术的基本原理是利用气体组分在固体吸附材料上吸附特性的差异，通过周期性的压力变化过程实现气体的分离。如果要使吸附和解吸过程吸附剂的吸附容量的差值增加，可采用升高压力和抽真空的方法，即可采用加压吸附、常压解吸；也可采用常压或加压吸附、减压解吸。

变压吸附工艺流程如图6-8所示。每塔操作时间为整个循环的一半，其简单的循环是塔Ⅰ送入原料气升压吸附，将氧排出，塔Ⅱ下吹降压用氧清洗，同时取得富氮。

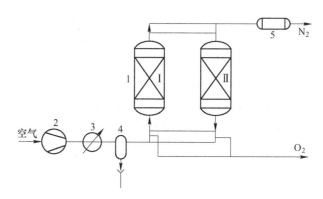

图6-8　变压吸附工艺流程图

1—固定床；2—压缩机；3—冷却器；4—分离器；5—产品气柜

6.3.3　吸附净化机械设备的类型及结构

吸附净化是利用多孔固体吸附剂将流体混合物中的一种或几种有害组分吸留在固体表面上，然后将其从流体中分离出去的净化操作过程。用来实现吸附分离操作的设备称为吸附设备。由于吸附作用可以进行得相当完全，所以在环境工程中，吸附净化常用于废气、废水的净化处理，来回收废气中的有机污染物、治理烟道气中的硫氧化物、一氧化碳和氮氧化物以及废水的脱色、去除恶臭等。

6.3.3.1　吸附净化机械设备的类型

吸附净化设备，按吸附操作的连续与否可分为间歇吸附、半连续吸附和连续吸附；按照吸附剂在吸附器中的工作状态，吸附设备可分为固定床吸附器、移动床吸附器、流化床吸附器和旋转床吸附器等类型。按吸附床再生的方法又可分为升温解吸循环再生（变温吸附）、减压循环再生（变压吸附）和溶剂置换再生等。

6.3.3.2　应用较多的几种吸附器的结构

A　固定床吸附器

固定床吸附器是一种最古老的吸附装置，但目前仍然应用最广。固定床吸附器内的吸附剂颗粒均匀地堆放在多孔支撑板上，成为固定吸附剂床层，仅是气体流经吸附床，根据气流流动方向的不同，固定床可分为立式、卧式和环式三种，如图6-9所示。其中一段式固定床层厚为1m左右，适用于浓度较高的废气净化，其他形式固定床层厚约为0.5m，适用于浓度较低的废气净化。由于固定床吸附器的结构简单、工艺成熟、性能可靠，特别适用于小型、分散、间歇性的污染源治理。

下面简要介绍立式、卧式和环式三种固定床吸附器的结构特点。

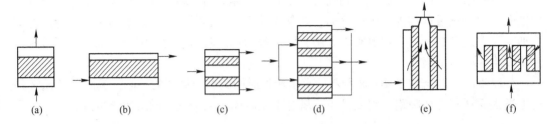

图 6-9　固定床吸附器的床层形式示意图

(a)，(b) 立式一段；(c) 二段；(d) 四段；(e) 圆筒；(f) 组合圆筒

（1）立式吸附器。固定床立式吸附器主要适合于小气量高浓度的情况，该吸附器分为锥形和椭圆形两种。锥形立式吸附器如图 6-10 所示，吸附剂填充在可拆卸的栅板上，栅板安装在主梁上。为了防止吸附剂漏到栅板下面，在栅板上面放置两层不锈钢网或块状砾石层。为了吸附剂再生，最常用的方法是从栅板下方将饱和蒸气通往床层，栅板下面设置的有一定孔径的环形扩散器可直接通入蒸气。为了防止吸附剂颗粒被带出，床层上方用钢丝网覆盖，网上用铸铁固定。

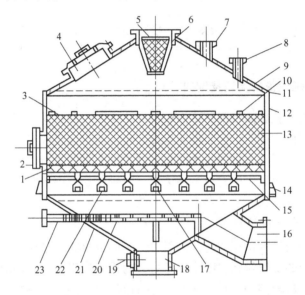

图 6-10　圆锥形立式吸附器

1—砾石；2—卸料机；3—网；4—装料孔；5—原料混合物及通过分配阀用于干燥和冷却的空气入口接管；
6—挡板；7—脱附时蒸气排出管；8—安全阀接管；9—顶盖；10—重物；11—刚性环；12—外壳；13—吸附剂；
14—支撑环；15—栅板；16—净化器出口接管；17—梁；18—视孔；19—冷凝液排放及供水接管；
20—扩散器；21—底锥体；22—梁的支架；23—进入扩散器的水蒸气接管

（2）卧式吸附器。固定床卧式吸附器主要适合处理气量大、浓度低的气体，缺点是床层截面积大，容易造成气流分布不均匀。在图 6-11 所示的吸附器中，待净化的气体从入口接管 2 被送入吸附剂床层的上方空间，净化后的气体从吸附剂床层底部接管 11 排出。用于脱附的饱和蒸气经一定孔径的环形扩散器 17 送入，然后从吸附器顶部接管 8 排出。

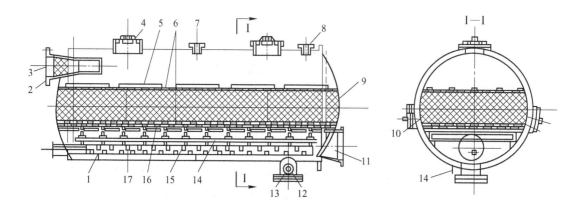

图 6-11　BTP 卧式吸附器

1—壳体；2—吸附时送入蒸气空气混和物及干燥和冷却时送入空气的接管；3—分布网；4—带
有防爆板的装料孔；5—重物；6—网；7—安全阀接管；8—脱附段蒸气出口接管；9—吸附剂层；
10—卸料孔；11—吸附阶段导出净化气体及干燥和冷却时导出废空气的接管；12—视孔；
13—排出冷凝液及供水的接管；14—梁的支架；15—梁；16—可拆卸栅板；17—扩散器

（3）环式吸附器。环式吸附器的结构比立式和卧式吸附器都复杂，但其结构紧凑，吸附截面积大，阻力小，处理能力大，在气态污染物的净化上具有独特的优势。目前使用的环式固定床吸附器多采用纤维活性炭作吸附材料，用以净化有机蒸气，环式吸附器结构如图 6-12 所示。吸附剂填充在具有多孔的两个同心圆筒构成的环隙之间，因此具有较大的吸附截面积。待净化的气体从吸附器的底部左侧接管 2 进入，沿径向通过吸附剂床层，然后从底部中心管排出。

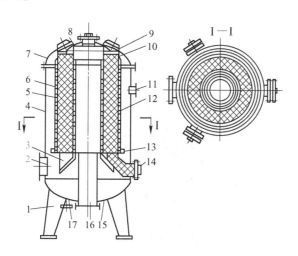

图 6-12　BTP 环形式吸附器

1—支脚；2—蒸气空气混和物及用于干燥和冷却的空气入口接管；3—吸附剂筒底支座；
4—壳体；5，6—多孔外筒和内筒；7—顶盖；8—视孔；9—装料孔；10—补偿料斗；
11—安全阀接管；12—活性炭层；13—吸附剂筒底座；14—卸料孔；15—器底；16—净化气和
废空气出口及水蒸气入口接管；17—脱附排出蒸气和冷凝液及供水用接管

B　移动床吸附器

　　移动床吸附器内固体吸附剂在吸附床上不断的移动，一般固体吸附剂是由上向下移动，而气体或液体则由下向上流动，形成逆流操作。吸附剂在下降过程中，经历了冷却、降温、吸附、增浓、汽提、再生等阶段，在同一装置内交错完成了吸附、脱附过程。如果被净化气体或液体是连续而稳定的，固体和流体都以恒定的速度流过吸附器，其任一断面的组分都不随时间而变化，即操作达到了连续与稳定的状态。适用于稳定、连续、量大的废气净化。其缺点是动力和热量消耗较大，吸附剂磨损严重。

　　典型的移动床吸附装置如图 6-13 所示，最上段是冷却器 7，用于冷却吸附剂，下面是吸附段Ⅰ、精馏段Ⅱ、汽提段Ⅲ，它们之间有分配板 6 分开。吸附段中装有脱附器，它和冷却器一样，也是列管式换热器。在它的下部还装有吸附剂卸料板 5、料面指示器 12、水封管 3、卸料阀 2。下面对该装置的主要部件进行介绍。

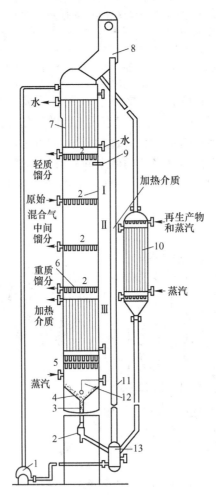

图 6-13　活性炭移动床吸附装置

Ⅰ—吸附段；Ⅱ—精馏段；Ⅲ—汽提段

1—鼓风机；2—卸料阀；3—水封管；4—水封；5—卸料板；6—分配板；7—冷却器；8—料斗；
9—热电偶；10—再生器；11—气流输送管；12—料面指示器；13—收集器

（1）吸附剂加料装置。加料装置一般分为机械式和气动式两种。机械式加料器如图6-14所示，对于图6-14（a）所示的闸板式加料器，固体颗粒的加入速度是靠闸板来调节；对于图6-14（b）所示的星形轮式加料器，固体颗粒的加入靠改变星形轮的转数来实现；而图6-14（c）所示的盘式加料器是以改变转动圆盘的转数来调节吸附剂的加入量。脉冲气动式加料器的操作原理，则是用电磁阀控制的气源周期性地通气与断气，从而使置于圆盘中心上方的气嘴周期性地向存于圆盘上的颗粒物料吹气，致使盘上的物料被周期性的排出。

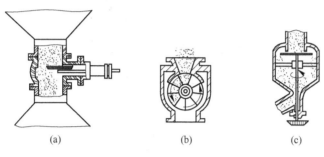

图 6-14 机械式加料器简图
（a）闸板式；（b）星形轮式；（c）盘式

（2）吸附剂卸料装置。移动床吸附剂的移动速度由卸料装置控制，最常见的是由两块固定板和一块移动板组成，如图6-15所示，移动板借助于液压机械来完成在两块固定板间的往复运动。

（3）吸附剂分配板。吸附剂分配板的作用是使吸附剂颗粒沿设备的截面能够均匀地分布。分配板制成带有胀接短管地管板形式，安装时分配板的短接一面向下。有时候采用板上均匀排列的孔数逐渐减少的孔板系列分配器，如图6-16所示。

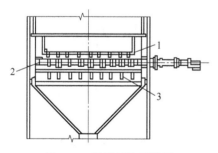

图 6-15　吸附剂卸料装置
1，3—固定板；2—移动板

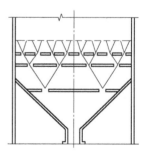

图 6-16　孔板系列分配器

（4）吸附剂脱附器。吸附剂脱附器为胀接在两块管板中的直立管束。吸附剂和水蒸气沿管程移动，而在管隙间通入加热介质。

C　流化床吸附器

在流化床吸附器内，废气以较高的速度通过床层，使吸附剂呈悬浮状。流化床吸附器如图6-17所示，该类型吸附器的吸附段和脱附段设在一个塔内，塔上部为吸附工作段，下部为脱附工作段。气体混和物从塔的中间进入吸附段，与多孔板上较薄的吸附剂层逆流接触，吸附剂颗粒通过溢流管从上一块板位移到下一块板。经再生的吸附剂由空气提升到吸附段顶部循环使用，这种硫化床的缺点是由床层流态化造成的吸附剂磨损较大，动力和热量消耗较大，吸附剂强度要求高。与固定床相比，流化床所用的吸附剂粒度较小，气流速度要大 3~4 倍以上，气、固接触相当充分，吸附速度快，流化床吸附器适用于连续、稳定的大气量污染源治理。

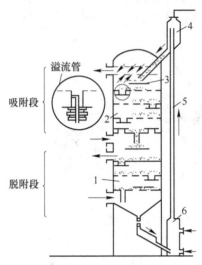

图 6-17　带再生的多层流化床吸附器

1—脱附器；2—吸附器；3—分配板；4—料斗；5—空气提升机；6—冷却器

（1）气体分布板。气体分布板是流化床吸附器的主要部件之一，对于流态化质量的影响极为重要，成功的分布板设计有助于产生均匀而平稳的流态化状态。气体分布板的结构形式很多，常用的气体分布板形式如图 6-18 所示。

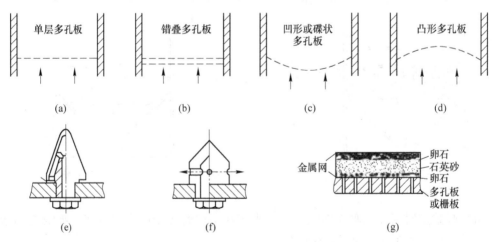

图 6-18　各种气体分布板的结构形式

（a）单层直孔式分布板；（b）双层错叠式分布板；（c）凹形多孔板；（d）凸形多孔板
（e）侧缝式锥帽分布板；（f）侧孔式锥帽分布板；（g）填充式分布板

（2）溢流管。溢流管是实现多层流化床中固体原料从上一床层位移到下一床层的部件。溢流管的结构形式有多种，几种主要的结构形式如图 6-19 所示。

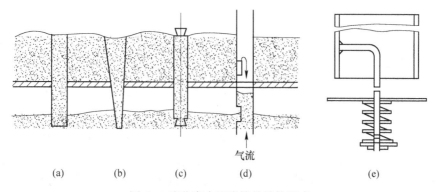

图 6-19 流化床内溢流管的结构形式

（a）孔板型溢流管；（b）锥形溢流管；（c）带比锥体的机械型启闭式溢流管；
（d）气控式溢流管；（e）带有弹簧的溢流管

D 旋转床吸附器

旋转床吸附器结构如图 6-20 所示。它由能旋转的吸附转筒、外壳、过滤器、冷却器、分离器、通风机等部分组成，可用来净化含有机溶剂的废气。此设备在圆鼓上按径向以放射性分成若干个吸附室，各室均装满吸附剂，待净化的废气从圆鼓外环室进入各吸附室，净化后不含溶剂的空气从鼓心引出。再生时，吹扫蒸气自鼓心引入吸附室，将吸附的溶剂吹扫出去，经收集、冷凝、油水分离后，有机溶剂可回收利用。蒸气吹扫之后，吸附剂没有冷却，因而温度可能较高，吸附程度可能受到一定的影响，这是一个缺点。但是，旋转床解决了移动床吸附剂移动时的磨损问题。为了保证废气净化达到要求的程度，吸附操作在吸附剂未饱和前，就应进入再生。

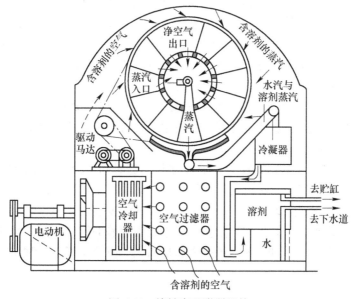

图 6-20 旋转床吸附器机构

这种吸附器的优点是能实现连续操作，处理气量大，易于实现自动控制，且气流压力损失小，设备紧凑。其缺点是动力耗损大，并需要一套减速传动机构，转筒与接管的密封比较复杂。

6.3.3.3　吸附净化机械设备选用时的注意事项

（1）气体污染物连续排出时应采用连续式或半连续式的吸附流程，可选用移动床吸附器或流化床吸附器。间断排出时采用间歇式吸附流程，可选用固定床吸附器。

（2）排气连续且气量大时，可采用流化床或移动床吸附器。排气连续且气量小时，则可采用旋转床吸附器。

（3）固定床吸附器可用于各种场合，特别适合于小型、分散、间歇性的污染源治理。

（4）处理的废气中含有粉尘、油烟、雾滴、焦油状物质等会使吸附剂恶化，废气温度太高或湿度太大会导致吸附量减少甚至不吸附，所以可根据具体情况选择必要的预处理方法。

（5）吸附法净化气态污染物一般由吸附和再生两部分组成，合理的再生过程对吸附法的经济性有重要作用，再生用的水蒸气量和动力消耗，因回收的物质和设备的不同而不同，一般回收 1kg 溶剂需水蒸气 3~5kg，动力消耗 0.08~0.18kW/h，回收率可达 95% 以上。

6.4　吸附净化机械设备的设计

吸附净化设备有固定床吸附器、移动床吸附器、流化床吸附器和旋转床吸附器等多种类型。这里仅介绍固定床吸附器和移动床吸附器的设计。

6.4.1　固定床吸附器的设计

（1）收集数据。固定床吸附器操作时影响吸附过程的因素很多。床层内有已饱和区、传质区和未利用区，在传质区内吸附质的浓度随时间而改变，随着传质区的移动，三个区的位置又不断改变。因此，设计吸附器时需要收集废气风量、废气成分、浓度、温度、湿度和排放规律等。另外还应尽可能地选用与工业生产条件相似的模拟实验，或参照相似的生产装置，取得饱和吸附量和穿透规律等必要数据。

（2）吸附剂的选用。选择吸附剂时最重要的条件是饱和吸附量大与选择性好，还应具备解吸容易、机械强度高、稳定性好、气流通过阻力小等条件。为了减小气相阻力，通常采用球形和圆柱形粒状的吸附剂。

（3）吸附区高度的计算。吸附器主要尺寸和穿透时间的计算，常用穿透曲线法和希洛夫近似计算法，本节仅介绍希洛夫近似计算法。此法基于如下假设：假设吸附速率无穷大，即吸附质进入吸附层立即被吸附。假设穿透点的浓度很低，即达到穿透点时间时，吸附剂床层全部达到饱和，因此饱和吸附量应等于吸附剂静平衡吸附量，饱和度 $S=1$。

按上述两个假设，穿透时间内气流带入床层的吸附质量应等于该时间内吸附剂床层所吸附的吸附剂的量，即

$$G_s t_b' A Y_0 = h A \rho_b X_T \tag{6-18}$$

式中　G_s——通过床层的气体流率，$kg/(m^2 \cdot s)$；

　　　　t_b'——穿透时间，s；

　　　　A——吸附剂床层截面积，m^2；

Y_0——气流中吸附质初始浓度，kg 吸附质/ kg 载气；

h——吸附床层高度，m；

ρ_b——吸附剂堆积密度，kg/m³；

X_T——与 Y_0 达吸附平衡时吸附剂的平衡吸附量，即静活性 ［kg(吸附质)/kg(吸附剂)］。

由式 (6-18) 可得穿透时间 t'_b 为

$$t'_b = \frac{X_T \rho_b}{G_s Y_0} h \qquad (6-19)$$

当吸附速率无穷大时，吸附床的穿透时间与吸附床层高度关系线是通过原点的直线，如图 6-21 中的直线 1 所示。则有

$$t'_b = \frac{X_T \rho_b}{G_s Y_0} h = Kh \qquad (6-20)$$

但实际穿透时间 t_b 要小于吸附速率无穷大时的穿透时间 t'_b，其差值为 t_0。实测的直线是离开原点平行于直线 1 的直线，如图 6-21 中的直线 2 所示，由图可知

$$t_b = t'_b - t_0 \qquad (6-21)$$

在实际操作中，将式 (6-20) 修正为：

$$t_b = Kh - t_0 = K(h - h_0) \qquad (6-22)$$

式中　　t_0——穿透操作的时间损失，s，可由实验确定；

h_0——吸附床层中未被利用的高度，也称为吸附床层的高度损失，m，可由实验确定；

K——常数，通常由实验测得。

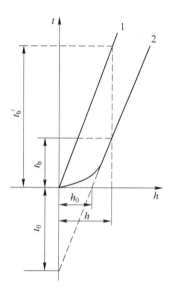

图 6-21　t-h 实际曲线与理想线的比较
1—理想线；2—实际曲线

式 (6-22) 即为著名的希洛夫方程式，由此式可得出床层高度的计算公式为

$$h = \frac{t_b + t_0}{K} \qquad (6-23)$$

用式 (6-23) 计算所需吸附剂床层高度，若求出的 h 太大，可分为 n 层布置，或分为 n 个串联吸附床布置。为了便于制造和操作，通常取各层高度相等，串联床数 $n \leq 3$。

(4) 空塔气速与吸附层截面的计算。固定床空塔气速过小，则处理能力低，空塔气速太大，不仅阻力增大，而且吸附剂易流动会影响吸附层气流分布。固定床吸附器的空塔气速一般为 0.2～0.5m/s，可参考类似装置选取。

固定床层的高度一般取 0.5～1m，立式直径与床层高度大致相等，卧式长度大约为床层高的 4 倍。空塔气速决定后，吸附层截面积 A (m²) 由下式计算

$$A = \frac{Q}{3600v} \qquad (6-24)$$

式中　　Q——处理气体量，m³/h；

v——空塔气速，m/s。

若 A 太大，可分为 n 个并联的小床，则每个小床的截面积（m^2）为

$$A' = A/n \tag{6-25}$$

（5）吸附剂质量的计算。每次吸附剂装填总质量 $m(\text{kg})$ 可按下式计算

$$m = Ah\rho_b = nA'h\rho_b = nm' \tag{6-26}$$

其中

$$m' = A'h\rho_b \tag{6-27}$$

式中　m' ——每个小床或每层吸附剂的质量，kg。

考虑到装填损失，每次新装吸附剂时，需要用的吸附剂量为$(1.05 \sim 1.3)m$。

（6）吸附周期的确定。出现穿透的时间即为吸附周期 T，吸附周期 T 可用下式计算

$$T = Q_a/G_s \tag{6-28}$$

式中　Q_a ——床层穿透至床层耗竭时通过吸附床的惰性气体量，kg/m^2。

（7）固定床吸附器的压力降计算。流体通过固定床吸附剂床层的压力降 Δp（Pa）可按下式近似计算

$$\frac{\Delta p}{h} \frac{\varepsilon^3 d_p \rho}{(1-\varepsilon)G_s^2} = \frac{150(1-\varepsilon)}{Re} + 1.75 \tag{6-29}$$

式中　ε ——吸附层孔隙率，%；

　　　ρ ——气体密度，kg/m^3；

　　　Re ——气体绕吸附剂颗粒流动的雷诺数，$Re = d_p G_s/\mu$；

　　　d_p ——吸附剂颗粒的平均直径，m；

　　　μ ——气体黏度，$\text{Pa} \cdot \text{s}$；

　　　其他符号的物理量意义同前。

（8）结构设计。根据设计要求，对吸附剂的支撑与固定装置、气流分布装置、吸附器壳体、各连接管口及脱附所需的附件等进行综合优化设计。

6.4.2　移动床吸附器的设计

在移动床吸附器的吸附操作中，吸附剂固体和气体混合物均以恒定速度连续流动，它们在床层任一截面上的含量都在不断地变化，和气液在吸收塔内的吸收相类似，可以仿照吸收塔的计算来处理。移动床吸附过程的计算主要是吸附器直径、吸附段高度和吸附剂用量的计算，同时，由于吸附通常处理的是低浓度气态污染物，可以按照等温过程对待。为了简化计算，只介绍一个组分的吸附过程。

6.4.2.1　移动床吸附器直径的计算

移动床吸附器主体一般为圆柱形设备，塔径 D 为：

$$D = \sqrt{\frac{4Q}{\pi u}} \tag{6-30}$$

式中　D ——设备直径，m；

　　　Q ——混合气体流量，m^3/h；

　　　u ——空塔气速，m/s。

在吸附设计中，一般来说混合气体流量是已知的，计算塔径的关键是确定空塔气速 u。移动床中的空塔气速一般都低于临界流化气速。球形颗粒的移动吸附床临界流化气速

可由下式求得：

$$u_{mf} = \frac{Re_{mf}\mu}{d_p\rho} \tag{6-31}$$

式中　u_{mf}——临界流化气速，m/s；

　　　μ——气体动力黏度，Pa·s；

　　　ρ——气体密度，kg/m³；

　　　d_p——吸附剂颗粒平均粒径，m；

　　Re_{mf}——临界硫化速度时的雷诺准数，由下式求得：

$$Re_{mf} = \frac{A_T}{1400 + 5.22A_T^{0.5}} \tag{6-32}$$

式中，A_T 为阿基米德准数，由下式求得：

$$A_T = \frac{d_p^3 g\rho}{\mu^2}(\rho_p - \rho) \tag{6-33}$$

式中　ρ_p——吸附剂颗粒密度，kg/m³。

　　若吸附剂是由大小不同的颗粒组成，则其平均直径可按下式计算：

$$d_p = \frac{1}{\sum\limits_{i=1}^{n} \dfrac{x_i}{d_{pi}}} \tag{6-34}$$

式中　x_i——颗粒各筛分的质量分数；

　　　d_{pi}——颗粒各筛分的平均直径，m，$d_{pi} = \sqrt{d_1 d_2}$；

　　d_1，d_2——上、下筛目尺寸，m。

　　计算出临界流化气速后，再乘以 0.6~0.8，即为空塔气速 u，再代入式（6-30），即可求出塔径 D。

6.4.2.2　移动床吸附器吸附剂用量的计算

（1）物料衡算与操作线方程。取吸附床的任一截面分别对塔顶和塔底作物料衡算（见图 6-22a），可得操作线方程：

$$Y = \frac{L_S}{G_S}X + \left(Y_1 - \frac{L_S}{G_S}X_1\right) \tag{6-35}$$

或

$$Y = \frac{L_S}{G_S}X + \left(Y_2 - \frac{L_S}{G_S}X_2\right) \tag{6-36}$$

式中　1，2——分别表示气体进、出口；

　　　Y——污染物在气相中的浓度，kg(污染物)/kg(惰性气体)；

　　　G_S——基于惰性气体（载气）的气相质量流量，kg(惰性气体)/(m²·s)；

　　　L_S——净吸附剂的质量流量，kg(吸附剂)/(m²·s)；

　　　X——污染物在吸附相中的浓度，kg(污染物)/kg(净吸附剂)。

　　式（6-35）、式（6-36）为吸附操作线方程。

　　在稳定操作条件下，两个操作线方程表示的是通过 D 点（X_2，Y_2）和 E 点（X_1，Y_1）的直线，见图 6-22（b），DE 线称为移动床吸附器逆流连续吸附的操作线。操作线上

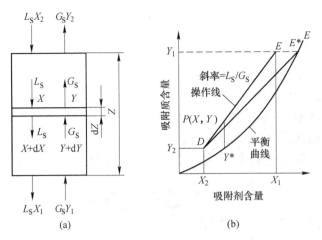

图 6-22　逆流连续吸附操作示意图

(a) 物料衡算图；(b) 吸附操作线图

的任何一点都代表着吸附床内任一截面上的气固相中污染物的状况。

(2) 吸附剂用量的计算。操作线 DE 的斜率 L_S/G_S 称作"固气比"，它反映了处理单位气体量所需要的吸附剂的量。对于一定的吸附任务，G_S 是一定的，这时希望用最少的吸附剂来完成吸附任务。若吸附剂量 L_S 减小，则操作线的斜率就会变小，当达到 E 点与平衡线上 E^* 点重合时，L_S/G_S 达到最小，称最小固气比（L_S/G_S）$_{min}$，最小固气比可用图解法求出。若吸附平衡线符合图 6-22（b）所示情况，则需找到进气端（浓端）气体中污染物含量 Y_1 与平衡线的交点 E^*，从 E^* 点读出对应的 X_1^* 值，然后计算最小固气比。

$$\left(\frac{L_S}{G_S}\right)_{min} = \frac{Y_1 - Y_2}{X_1^* - X_2} \tag{6-37}$$

得出最小吸附剂用量为：

$$L_{Smin} = G_S \frac{Y_1 - Y_2}{X_1^* - X_2} \tag{6-38}$$

根据实际经验，操作条件下的固气比应为最小固气比的 1.2 ~ 2.0 倍，因此，实际操作条件下的吸附剂用量应为：

$$L_S = (1.2 ~ 2.0) L_{Smin} \tag{6-39}$$

6.4.2.3　移动床吸附器吸附层高度的计算

移动床吸附剂传质单元高度 N_{OG} 与吸附床层有效高度 Z 的计算方法与固定床类似

$$N_{OG} = \int_{Y_2}^{Y_1} \frac{dY}{Y - Y^*} = \frac{K_Y a_p}{G_S} \int_0^Z dZ = \frac{Z}{H_{OG}} \tag{6-40}$$

$$Z = N_{OG} H_{OG} \tag{6-41}$$

传质单元数可仿照吸收或固定吸附过程的处理方法，采用图解积分的方法求出。但要正确求出传质单元高度就显得困难一些。主要原因是还没有找出合适的方法准确地求出移动床的传质总系数 $K_Y a_p$，目前移动床的传质总系数都是采用固定吸附床的数据进行估算的。但由于移动床中固体颗粒处于运动状态，其传质阻力与固定床有差别，这样处理只是一种近似估算。

6.5 吸附净化技术的应用

吸附净化技术在气态污染物净化处理中的典型工程应用有烟气脱硫、NO_x净化、有机废气的净化回收、恶臭及其他有毒有害物质脱除等。

6.5.1 吸附法净化有机废气

吸附净化技术回收有机废气，既可以防止环境污染，又能回收有用的物质，图 6-23 所示为用活性炭回收含苯蒸气废气中苯的半连续式吸附流程，该流程又称为双器流程。图中吸附器 I 正在吸附溶剂，含有苯蒸气的空气从下方进入吸附器 I 进行吸附，净化后的气体从顶部出口排出。此时在吸附器 II 的系统中，用作解吸剂的水蒸气从顶部经阀 A 进入吸附器 II，脱附后的苯蒸气与水蒸气的混合物从吸附器 II 底部经阀 B 出来，进入冷凝器 1，大部分水蒸气冷凝，经分离器 2 排出，然后在冷凝器 3 中继续将苯及剩余的少量水蒸气冷凝下来。冷凝下来的苯经分离器引入贮槽，未冷凝的气体去压缩或燃烧。解吸完毕后，关闭 A、B 阀，打开 C、D、E、F 阀，启动风机 5，同时往预热器 6 内送蒸汽，干气体经阀 F 在预热器 6 内被加热后，经阀 C、D 进入吸附器 II。夹带着水蒸气的气体由阀 E 流出吸附器 II，进入冷凝器 7，冷凝后再由风机抽出。这样经过一段时间，当吸附器 II 中残余水蒸气排净后，关阀 F，让气体在 5、6、II、7 间循环，水蒸气继续在冷凝器 7 中冷凝。然后，不加热干气体，而将冷的干气体直接送入吸附器 II，对 II 进行冷却循环。冷却终了，停止风机 5，至此，再生完毕。当吸附器 I 失效后，启动相应的阀门，用吸附器 II 进行再生，如此循环操作。

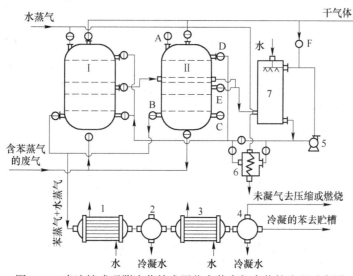

图 6-23 半连续式吸附净化技术回收含苯废气中苯的流程示意图

半连续式吸附净化流程的特点是吸附剂可反复多次使用，吸附剂达到饱和后可进行脱附和再生，再生后的吸附剂恢复了吸附能力，又可用于吸附。这样使吸附处理连续进行，同时也延长了吸附剂的使用寿命，增大了单位吸附剂的处理气量，使得吸附法在生产上成为经济、可行的方法，脱附出的吸附质往往具有回收价值，可以减少从排气中损失的物料数量。

工业上常采用的活性炭固定床净化工艺流程如图 6-24 所示。有机废气经冷却过滤降温及除去固体颗粒物后，经风机进入吸附器，吸附后的气体排空。两个并联操作的吸附器，当其中一个吸附器饱和时，则将废气转通入另一个吸附器进行吸附操作。饱和的吸附器中通入水蒸气进行再生。脱附气体进入冷凝器用冷水冷凝，冷凝液流入分离器，经一段时间停留后分离出溶剂和水。

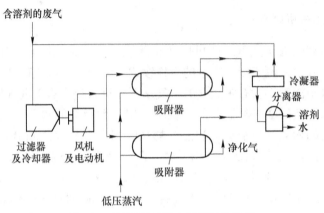

图 6-24 活性炭吸附有机蒸气的流程

6.5.2 吸附法净化含二氧化硫废气

采用固体吸附剂吸附净化 SO_2 是干法净化 SO_2 的重要方法。目前应用最多的吸附剂是活性炭。活性炭吸附-再生烟气脱硫技术最早出现在 19 世纪 70 年代后期，已有数种工艺在德国、日本、美国等国得到工业应用。对活性炭再生的方法不同，其相应的工艺流程也不相同，一般采用加热再生法工艺流程和洗涤再生法工艺流程。加热再生法较为常用，下面介绍加热再生法工艺流程，其流程如图 6-25 所示。该法使用的是移动床吸附器，吸附和脱附分别在两个设备内完成。粒径为 2.5~7.5mm 的吸附剂在管内均匀向下移动，并用加料斗控制流量。进入吸附器的烟气与吸附剂逆向流动，脱去 SO_2 后排空。移出吸附器的活性炭用筛子筛出碎炭末，然后进入脱附器进行加热再生，富集的 SO_2 可送去制酸，脱附后的炭补充新炭后返回吸附器中进行脱附。

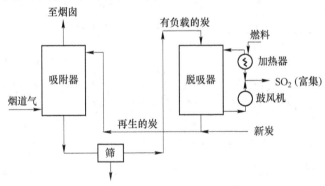

图 6-25 活性炭吸附-加热再生烟气脱离硫工艺流程示意图

图 6-26 是德国的 Lurgi 法固定床吸附水洗再生活性炭脱硫的工艺流程图。需要净化的

气体首先与吸附器出来的稀硫酸液体接触、换热，这样，既可以使烟道气冷却下来，有利于固定床吸附器中的活性炭吸附其中的 SO_2，又可以使稀硫酸液体浓缩。在活性炭固定床吸附器中烟气连续流动，洗涤水间歇从吸附器上方喷入，将活性炭内的硫分洗去，恢复其脱硫能力。由吸附器中出来的水洗液中含 $10\% \sim 15\%$ 的硫酸，被送至硫酸浓缩装置中提浓，最后得到 70% 的硫酸。

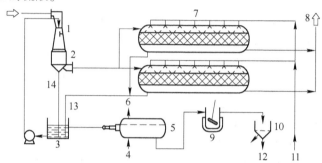

图 6-26　德国的 Lurgi 法脱硫工艺流程

1—文丘里洗涤器；2—除沫器；3—液体供应槽；4—燃料油；5—燃烧器；6—尾气
（去硫酸生产车间）；7—吸附器；8—尾气；9—冷却器；10—过滤器；11—水；
12—H_2SO_4（70%）；13—H_2SO_4（10%~15%）；14—H_2SO_4（25%~30%）

图 6-27 是日本日立造船法即移动床吸附-水蒸气脱附法的工艺流程。该工艺主要装置由吸附器、脱附器、空气处理装置、热交换器等组成。从燃煤锅炉来的烟气进入吸附器，与吸附器内徐徐下移的活性炭错流接触，烟气中的 SO_2 被活性炭吸附氧化为硫酸而贮存于空隙内，处理过的烟气排空。吸附了 SO_2 的活性炭由移动床脱附器上部进入，在下移过程中先被锅炉废气预热至 $300℃$ 左右，再与 $300℃$ 的过热水蒸气接触放出 SO_2。再生后的活性炭，经换热器降温至 $150℃$ 后离开再生器，送至空气处理装置以恢复其脱硫性能，最后

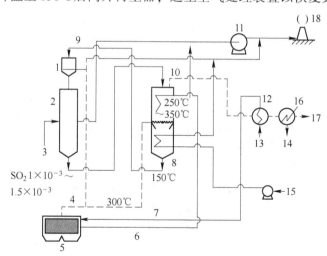

图 6-27　日本日立造船法脱硫工艺流程

1—空气处理单元；2—吸附器；3—烟气（130℃）；4—水蒸气；5—锅炉；6—废气；
7，13—锅炉补给水；8—解吸器；9，10—活性炭；11—风机；12，16—热交换器；
14—冷凝水；15—空气；17—富 SO_2 气体（80%）；18—烟囱

进入吸附器循环使用。含高浓度 SO_2 的水蒸气离开再生器后，经冷却器冷凝分离后得到浓度约为80%的 SO_2 气体。

6.5.3　吸附法净化含氮氧化物废气

含 NO_x 废气的吸附法净化常用的吸附剂有分子筛、硅胶、活性炭、含氨泥煤等。活性炭对低浓度 NO_x 有很高的吸附能力，其吸附容量超过分子筛和硅胶。但活性炭在300℃以上有可能自燃，给吸附和再生造成较大的困难。

活性炭不仅能吸附 NO_x，还能促进 NO 氧化成 NO_2，特种活性炭还可使 NO_x 还原成 N_2。图 6-28 是活性炭净化 NO_x 常见的工艺流程。NO_x 尾气进入固定床吸附装置被吸附，净化后气体经风机排至大气，活性炭定期用碱液再生。

COFZA 法工艺流程见图 6-29。硝酸尾气进入吸附器的顶部，顺流而下经过活性炭层，同时水或稀硝酸经过流量控制装置由喷头均匀喷入活性炭层。净化后的气体会同吸

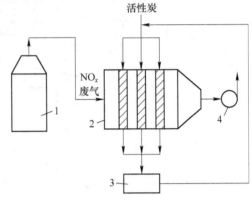

图 6-28　活性炭吸附 NO_x 的工艺流程

1—酸洗槽；2—固定吸附床；3—再生器；4—风机

附器底部的硝酸一起进入气液分离装置。气体经分离后自分离器顶部逸出，送入尾气预热器，并经透平膨胀机回收能量后放空。分离器底部出来的硝酸分为两路：一路经流量计由塔顶进入硝酸吸收塔；另一路经调节阀与工艺水掺和后经流量控制装置回吸附器。分离器中的液位用水自动补充，补充水用调节阀来调节。此法系统简单、体积小、费用省，能脱除80%以上的 NO_x，使排出的气体变成无色，回收的硝酸约占总产量的5%，是一种较好的方法。

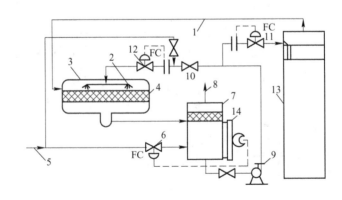

图 6-29　COFZA 法工艺流程

1—硝酸吸收塔尾气；2—喷头；3—吸附器；4—活性炭；5—工艺水或稀硝酸；
6—控制阀；7—分离器；8—排空尾气；9—循环泵；10—循环阀；
11，12—流量控制阀；13—硝酸吸收塔；14—液位计

6.6 本章小结

本章介绍了吸附的基本理论，其中包括吸附平衡（吸附等温线、等温吸附方程式、吸附速率），介绍了物理吸附、化学吸附、吸附等压线、吸附剂的选择原则、常用的工业吸附剂、影响吸附效果的因素及吸附浸渍，吸附剂再生（加热解吸再生、降压或真空解吸再生、置换再生、溶剂萃取再生、化学再生），详细介绍了吸附工艺，吸附净化机械设备的类型及结构（吸附净化机械设备的类型，固定床吸附器，移动床吸附器，流化床吸附器，旋转床吸附器），固定床吸附器的设计，移动床吸附器的设计，吸附法净化有机废气，吸附法净化含二氧化硫废气和吸附法净化含氮氧化物废气等内容。

思 考 题

6-1 吸附床内的吸附过程可分为哪3个方面？常用的等温吸附方程式有哪几个？

6-2 说明物理吸附与化学吸附及其各自的特点？

6-3 说出吸附剂的选择原则及常用的工业吸附剂有哪些？影响吸附效果的因素是什么？

6-4 吸附剂再生方法有哪些？

6-5 吸附工艺按吸附剂在吸附器中的工作状态可分为＿＿＿＿＿＿＿＿＿，＿＿＿＿＿＿＿＿＿和＿＿＿＿＿＿＿＿＿。按吸附操作的连续与否可分为＿＿＿＿＿＿＿吸附，＿＿＿＿＿＿＿吸附和＿＿＿＿＿＿＿吸附。

6-6 吸附设备可分为＿＿＿＿＿＿、＿＿＿＿＿＿、＿＿＿＿＿＿和＿＿＿＿＿＿等类型。并说明它们的结构及特点。流化床吸附器气体分布板有哪些结构形式？吸附净化机械设备选用时应注意哪些事项？

6-7 用活性炭固定床吸附器吸附净化含四氯化碳废气。常温常压下废气流量为 $1000m^3/h$，废气中四氯化碳初始浓度为 $2000mg/m^3$，选定空床气速为 20m/min。活性炭平均粒径为 3mm，堆积密度为 $450kg/m^3$，操作周期为 40h。在上述条件下，进行动态吸附试验取得的数据见表6-3。

表6-3 动态吸附试验数据表

床层高度 Z/m	0.1	0.15	0.2	0.25	0.3	0.35
透过时间 t/min	109	231	310	462	550	650

试计算：（1）固定床吸附器的直径、高度和吸附剂的用量。

（2）在此操作条件下，活性炭对 CCl_4 的吸附容量。

6-8 以分子筛为吸附剂，在移动床吸附器中净化含 SO_2 3%（质量分数）的废气，废气流量为 $6500kg/(h \cdot m^2)$，操作条件为293K、$1.013 \times 10^5 Pa$，等温吸附。要求气体净化效率为95%。该体系相平衡常数为0.022，又根据固定床吸附器操作时间得到气、固传质分系数分别为

$$k_Y a_p = 1260 G_S^{0.35} kg/(h \cdot m^3)$$

$$k_X a_p = 3458 kg/(h \cdot m^3)$$

试计算：（1）吸附剂用量。

（2）在此操作条件下，吸附剂中 SO_2 的含量。

（3）移动吸附床的有效高度。

7 气态污染物催化净化技术与设备

【学习指南】

本章要求了解气态污染物催化净化技术及其分类，催化作用原理，催化作用的基本特征，催化剂的组成，催化剂的活性、选择性、稳定性等催化性能，催化剂的选择和影响催化净化的因素；掌握气固相催化反应过程，气固相催化反应速率方程，气固相催化反应器的种类及其选用，气固相催化反应器的空间速度、接触时间、停留时间与流体的流动模型等设计基础和气固相催化反应器的设计计算，流体通过固定床层的压力降计算和催化净化技术的工程应用。

7.1 概　　述

7.1.1 催化净化技术及其分类

催化转化法是利用催化剂在化学反应中的催化作用，将废气中有害的污染物转化成无害的物质，或转化成更容易处理和回收利用的物质的净化方法。该法与其他净化法的区别在于化学反应发生在气流与催化剂接触过程中，反应物和产物无须与主气流分离，因而避免了其他方法可能产生的二次污染，使操作过程大为简化。催化法的另一个特点是对不同浓度的污染物均具有较高的去除率。

催化转化法可分为催化氧化法和催化还原法两类。催化氧化法是使废气中的污染物在催化剂的作用下被氧化。如废气中的 SO_2 在催化剂 V_2O_5 的作用下与 O_2 反应生成 SO_3，用水吸收后得到硫酸而回收，再如各种含烃类、恶臭物的有机化合物的废气均可通过催化燃烧的氧化过程分解为 H_2O 与 CO_2 向外排放。催化燃烧也是一种催化氧化反应，工业生产中各种有机废气、机动车尾气均可采用催化燃烧的方法处理。催化还原法是使废气中的污染物在催化剂的作用下，可与甲烷、氢、氨等进行还原反应，转化成无害的氮气。

催化转化法已成功地应用于脱硫、脱硝、汽车尾气净化和有机废气净化等方面。该法对废气组成有较高的要求，废气中不能有过多不参加反应的微粒物质和使催化剂性能降低、寿命缩短的物质。

7.1.2 催化作用

7.1.2.1 催化作用原理

能够加速化学反应速度而其本身的化学性质和数量在反应前后没有改变的物质称为催化剂或触媒。催化剂在化学反应过程中所起的加速作用称为催化作用。工业上根据催化剂和反应物体系的状态将催化作用分为均相和多相两类。当催化剂和反应物处于同一个由溶液或气体混合物组成的均相体系中时，其催化作用称为均相催化作用；而当催化剂与反应物处在不同相时（通常催化剂呈固体，反应物为液体或气体），其催化作用称为多相催化（或非均相催化）作用。催化转化法及催化燃烧法净化气体污染物，均属于多相催化作用。对于气态污染物的催化净化而言，催化剂通常是固体，因而属于气固相多相催化。

由反应动力学可知，任何化学反应的进行，都需要一定的活化能，而活化能的大小直接影响到反应速度的快慢，反应速度与活化能之间的关系可用阿累尼乌斯（Arrhenius）方程表示：

$$k = k_0 \exp(-E/RT) \tag{7-1}$$

式中　　k——反应速度常数；

　　　　k_0——频率因子；

　　　　E——活化能，J/mol；

　　　　R——气体常数，8.314 J/(mol·K)；

　　　　T——反应温度，K。

显然，反应速度是随活化能的降低呈指数规律加快的。实验表明，催化剂加速反应速度正是通过降低活化能来实现的。在催化反应中，催化剂的加入，诱发了原反应所没有的中间反应，使化学反应沿着新的途径进行。新的反应历程往往包括一系列的基元反应，而在每个基元反应中，由于反应分子与催化剂生成了不稳定的活化络合物，反应分子的化学链松弛，使得其活化能大大低于原反应活化能，因而化学反应速度明显加快。

当发生 A + B → AB 的反应，若无催化剂参与反应，反应所需的活化能为 E_0，若有催化剂 K 参与反应，则改变了反应的途径，可设想反应按两步进行：

第一步　　　　　　　　　　A + K $\Longrightarrow$ AK　　　　　　　活化能 E_1

第二步　　　　　　　　AK + B $\longrightarrow$ AB + K　　　　　　活化能 E_2

两步反应的总活化能 $E = E_1 + E_2$。由于 E_1、E_2 大大低于 E_0，因此 E 也就比 E_0 小许多。例如：$2SO_2 + O_2 \rightarrow 2SO_3$ 的反应，非催化反应的 $E_0 = 2.5 \times 10^5$ kJ/mol，采用 Pt 做催化剂，$E = 6.28 \times 10^{-4}$ kJ/mol。

7.1.2.2　催化作用的基本特征

催化剂的作用除了能加快化学反应速度外，还具有以下两个特征：

（1）对任意可逆反应，催化作用既能加快正反应速度，也能加快逆反应速度，而不改变该反应的化学平衡。

（2）催化作用具有特殊的选择性。对同种催化剂而言，在不同的化学反应中可表现出明显不同的活性；而对相同的反应物来说，选择不同的催化剂可以得到不同的产物。

7.1.3　催化剂

7.1.3.1　催化剂的组成

催化剂的种类很多，就其物质组成来看，有的由一种物质组成，有的由几种物质所组成。除了少数贵金属催化剂外，一般工业中常用的催化剂大多数是由多种物质组成的复杂体系。按其存在状态可分为气态、液态和固态三类，其中固体催化剂在工业上应用最广泛，亦最重要。

　　催化剂通常由活性组分、助催化剂和载体三部分组成。活性组分是催化剂的主体，是必须具备的组元，没有它就不能完成规定的催化反应。例如，一般催化燃烧用的催化剂有 V_2O_5、MoO_3、Ag、CuO、Co_3O_4、PdO、Pd、Pt、TiO_2 等，这些金属及其氧化物都是催化剂的活性组分。助催化剂是与活性组分共存时可以提高催化剂活性的组分，但它单独存在时不具有所要求的催化活性。例如 SO_2 氧化为 SO_3 的 K_2SO_4–V_2O_5 催化剂，K_2SO_4 组元的存在可以使 V_2O_5 的活性大为提高，K_2SO_4 就是一种助催化剂。助催化剂的功能是提高活性组分对反应的催化选择性或提高活性组分的稳定性。载体的功能是对活性组分起支承作用，使催化剂具有合适的形状与粒度，提高活性组分的分散度，使之具有较大的表面积，同时还具有传热和稀释作用，避免催化剂局部过热。常用的载体材料有氧化铝、硅藻土、硅胶、活性炭、分子筛及某些金属等。催化剂可做成片状、粒状、球状、柱状、环状等各种各样的形状；或用金属丝做成丝网屉，或带状、蓬球状，然后将活性组分（例如 Pb、Pt）电镀或沉积在丝网或金属带上；或者在致密无孔陶瓷支架上，涂以一层 α－氧化铝薄层（载体），再沉积上活性组分，称作催化剂模屉。催化剂模屉，如图 7-1 所示。

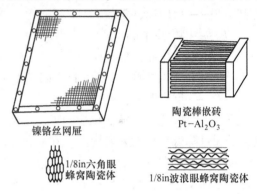

镍铬丝网屉

1/8in 六角眼蜂窝陶瓷体

陶瓷棒嵌砖
Pt–Al_2O_3

1/8in 波浪眼蜂窝陶瓷体

图 7-1　催化剂模屉

7.1.3.2　催化剂的催化性能

催化剂的性能主要是指催化剂的活性、选择性和稳定性。

A　催化剂的活性

催化剂的活性是衡量催化剂效能大小的尺度。温度对催化剂活性存在显著影响，把催化剂发生显著作用的温度，称为活性温度。每种催化剂都有它特定的活性温度。低于活性温度范围的下限，反应速度很慢或不起催化作用；高于活化温度范围的上限，催化剂会很快衰老或失去活性，甚至被烧毁。每种催化剂在一定的温度范围内才有活性，因为催化剂吸附气体分子属于化学吸附，它需要相当的能量，因此，只有当温度高于某一定值时，化学吸附才能快速进行。

　　在不同的使用场合下，催化剂的活性有不同的表示方法。在工业上，催化剂的活性常用单位体积（或质量）催化剂在一定条件（温度、压力、空气速率和反应物浓度）下，单位时间内所得的产物量来表示，即

$$A = \frac{m}{m_R t} \tag{7-2}$$

式中　A——催化剂活性，kg/(h·g)；

　　　m——产物质量，kg；

　　　m_R——催化剂质量，g；

　　　t——反应时间，h。

　　在工业上，常把产物量换算成转化率 X 表示

$$X = \frac{反应物反应的摩尔数}{通过催化剂床层的反应物质摩尔数} \times 100\%$$

B 催化剂的选择性

催化剂的选择性是指当化学反应在热力学上可能有几个反应方向时,一种催化剂在一定条件下只对其中的一个反应起加速作用的特性。它用 B 来表示,即

$$B = \frac{反应所得的产物摩尔数}{通过催化剂床层后反应了的反应物摩尔数} \times 100\%$$

利用催化剂的选择性,可以使化学反应朝着人们期待的方向进行,从而抑制某些不需要的反应。

活性与选择性是催化剂本身最基本的性能指标,是选择和控制反应参数的基本依据。两者均可度量催化剂加速化学反应速度的效果,但反映问题的角度不同:活性是指催化剂对提高产品产量的作用,而选择性则表示催化剂对提高原料利用率的作用。

C 催化剂的稳定性

催化剂在化学反应过程中保持活性的能力称为催化剂的稳定性。它包括热稳定性、机械稳定性和抗毒稳定性三个方面。三者共同决定了催化剂在反应装置中的使用寿命。所以常用寿命来表示催化剂的稳定性。

影响催化剂寿命的因素主要有催化剂的老化和中毒两个方面。

催化剂的老化是指催化剂在正常工作条件下逐渐失去活性的过程。这种失活是由低熔点活性组分的流失、催化剂烧结、低温表面积炭结焦、内部杂质向表面迁移和冷热应力交替作用所造成的机械性粉碎等因素引起的。温度对于老化影响较大,工作温度越高,老化速度越快。所以在催化剂对化学反应速度发生明显加速作用的活性温度范围内选择合适的反映温度,将有助于延长催化剂寿命。

催化剂中毒是指反应物材料中少量的杂质使催化剂活性迅速下降的现象。导致催化剂中毒的物质称为催化剂的毒物。中毒的化学本质是由于毒物比反应物对活性组分具有更强的亲和力。中毒可分为暂时性中毒与永久性中毒,前者毒物与活性组分亲和力较弱,可通过通水蒸气将毒物驱离催化剂表面,使催化剂恢复活性,而后者毒物与活性组分亲和力较强,催化剂不能再生。所以选择催化剂时,除考虑催化剂的活性、选择性、热稳定性和一定的机械强度外,还应尽量使其具有广泛的抗毒性能。

7.1.3.3 催化剂的选择

催化剂的选择原则是:应根据污染气体的成分和确定的化学反应来选择恰当的催化剂,催化剂要求有很好的活性和选择性,以及具有足够的机械强度、良好的热稳定性和化学稳定性,还应考虑其经济性。所选择的催化剂应具有较高的活性,在较高温度下能达到较高的转化率,尽量不发生副反应,具有较高的机械强度、较强的抗毒性、较好的热稳定性及成本低。

目前催化剂的制备和选用需要依靠经验和试验确定。一般来说,贵金属催化剂的活性较强,选择性较小,不易中毒,但资源少,成本较高;非金属催化剂的活性较低,有一定的选择性,资源丰富,成本低,但易中毒,且中毒通常是永久性中毒,热稳定性较差。

7.2 气固相催化反应及速率方程

7.2.1 气固相催化反应过程

如图 7-2 所示，气固催化反应过程一般有以下步骤组成：（1）反应物从气相主体向催化剂外表面扩散（外扩散过程）；（2）反应物由催化剂外表面沿微孔方向向催化剂内部扩散（内扩散过程）；（3）反应物在催化剂的表面上被吸附，反应生成产物，产物脱附离开催化剂内表面（吸附、表面反应过程、脱附过程）；（4）产物从微孔向外扩散到催化剂的外表面处（内扩散过程）；（5）产物从催化剂外表面扩散到气相主体（外扩散过程）。

可见，在催化剂上进行的催化反应过程，受到气固相之间的传质过程及催化剂内的传质过程的影响。同时，由于催化反应的热效应和固相催化剂与气相主体之间的温度差，在催化剂内部以及它与气相主体之间还存在着热量传递。这些质量传递与热量传递又与流体的流动状况密切相关。因此，整个气固相催化反应过程的总速率不仅取决于催化剂表面上进行的化学反应，还受到反应气体的流动状况、传热及传质等物理过程的影响。研究包括这些物理过程的化学反应动力学称为宏观动力学，而不考虑其影响的化学动力学称作本征动力学。

在催化反应过程中的传质步骤得以进行，主要推动力是反应组分的浓度差。以催化活性组分均匀分布的球形催化剂为例，说明催化剂反应过程中反应物的浓度分布，如图 7-3 所示。c_{Ag}、c_{As}、c_{Ac} 分别表示反应物 A 的气相浓度、催化剂表面浓度与颗粒中心处浓度。反应物 A 从气相主体通过层流边界层扩散到颗粒外表面，其浓度从 c_{Ag} 递减到 c_{As}，此即外扩散过程。在外扩散过程中无化学反应发生，外扩散推动力为 $(c_{Ag} - c_{As})$，层流边界层中组分 A 的浓度分布在图中为一直线。

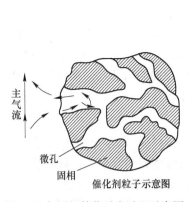

图 7-2　气固相催化反应过程示意图

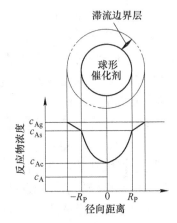

图 7-3　球形颗粒催化剂中组分 A 的浓度分布

生成物由催化剂颗粒中心向外表面扩散时，浓度分布趋势与反应物相反。对于可逆反应，催化剂颗粒中反应物可能的最小浓度是颗粒温度下的平衡浓度 c_A^*。如果在颗粒中心附近反应物的浓度接近平衡浓度 c_A^*，则该处的反应速度接近于零，称为"死区"。在催化剂颗粒内部，当内扩散阻力较大而反应速度又较快时，有可能导致反应物的浓度 $c_A \rightarrow$ 0，进而使反应速度 $r_A \rightarrow 0$，此时催化剂的内表面不能充分发挥效能。为定量说明，引入了内表面积利用率的概念。

催化剂颗粒内部的催化反应速度取决于反应物的浓度和参与反应的内表面积的大小。等温下，单位时间单位体积催化剂颗粒中 A 的实际反应速率 r_p 为：

$$r_p = \int_0^{S_i} K_s f(c_A) \, dS$$

式中　　S_i——单位体积床层催化剂的内表面积，m^2/m^3（催化剂床层）；

　　　　K_s——按单位内表面积计算的催化反应速率常数，单位由反应级数而定。

假定没有内扩散的影响，则颗粒内部任一处反应物的浓度 c_A 均等于外表面的浓度 c_{As}（c_{As} 可看作 c_A 的最大值），此时以 c_{As} 和单位体积床层内全部的内表面积 S_i 计算的单位时间内的反应速率，应为理论最大反应速率 r_s，即

$$r_s = K_s f(c_{As}) S_i$$

r_p 与 r_s 的比值称为"催化剂有效系数"或"内表面积利用率" η，即

$$\eta = \frac{r_p}{r_s} = \frac{\int_0^{S_i} K_s f(c_A) \, dS}{K_s f(c_{As}) S_i} \tag{7-3}$$

η 的大小反映了内扩散对总反应速度的影响程度，η 接近 1 时，c_A 接近于 c_{As}，内扩散影响小，过程为化学动力学控制；η 远小于 1 时，内扩散影响显著，颗粒中心处浓度与外表面处浓度相差甚大，此时的内扩散反应速度 r_A 为：

$$r_A = \eta K_s S_i f(c_{As}) \tag{7-4}$$

式中，f 为与浓度有关的函数；其他符号意义同前。

综上所述，可以看出整个催化过程的总反应速度受外扩散、内扩散和化学动力学三个过程的影响，其中速度最慢（阻力最大）的决定着整个过程的总反应速度，称这一步为控制步骤。对于稳定进行的过程，控制步骤的速度可近似看作过程的总反应速度。

催化反应速率的控制步骤由其中最慢的一步决定。按控制步骤的不同，可将催化反应过程分为以下三步：

（1）化学动力学控制。在气流状况、微孔结构、催化剂性质、温度、气体压强和化学反应等因素的影响下，内、外扩散进行得很快，化学反应速率最慢，总的反应速率主要取决于化学反应速率。

（2）内扩散控制。由于受催化剂颗粒中微孔大小和形状的影响，内扩散速率最慢，因而总反应速率取决于内扩散速率。

（3）外扩散控制。吸附和表面化学反应很快，反应物一到催化剂外表面即被反应掉，这时总反应速率决定于反应物扩散到催化剂外表面的速率。

上述三种控制过程中反应组分 A 的浓度分布特点，如图 7-4 所示。

7.2.2　气固相催化反应速率方程

由气固相催化反应过程可知，催化反应的总反应速率是由三个过程的速率来决定的。宏观反应速率表示了内扩散和表面化学反应过程的反应速率，而在气流主体到催化剂表面的外扩散过程，由于存在一层流边界层，造成催化剂外表面浓度和气流主体相浓度的不

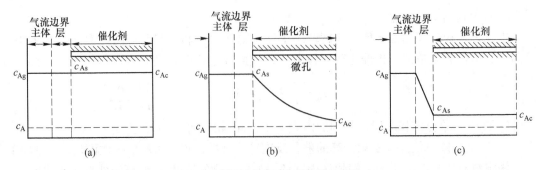

图 7-4 不同控制过程反应物的浓度分布

（a）化学动力学控制；   　　（b）内扩散控制；   　　（c）外扩散控制

$(c_{Ag} \approx c_{As} \approx c_{Ac} \gg c_A)$ $(c_{Ag} \approx c_{As} \gg c_{Ac} \approx c_A)$ $(c_{Ag} \gg c_{As} \approx c_{Ac} \approx c_A)$

同，所以存在一个传质过程，它对总反应速率有着重要的影响。传质过程的速率方程为：

$$-\frac{\mathrm{d}N_A}{\mathrm{d}t} = k_G A_s \phi_s (c_{Ag} - c_{As}) \tag{7-5}$$

式中　k_G——气相传质系数；

　　　A_s——催化剂颗粒表面积，m^2；

　　　ϕ_s——颗粒形状系数，球形 $\phi_s = 1$；圆柱形，无定形 $\phi_s = 0.9$；片状 $\phi_s = 0.81$；

　　　其他符号的物理量意义同前。

　　对于连续稳定过程，反应组分 A 在单位时间内，由气相主体扩散到颗粒外表面上的量，应该等于在该时间内 A 组分在催化剂中被反应掉的量：

$$-\frac{\mathrm{d}N_A}{\mathrm{d}t} = k_G A_s \phi_s (c_{Ag} - c_{As}) = (-R_A) V_s = \eta_s V_s k f(c_{As}) \tag{7-6}$$

式中　V_s——催化剂颗粒体积，m^3；

　　　R_A——A 组分的宏观反应速率，$mol/(s \cdot m^3)$；

　　　η_s——气固相催化反应的催化剂有效系数；

　　　其他符号的物理量意义同前。

由上式可解得：

$$c_{As} = \varphi(c_{Ag}) \tag{7-7}$$

因此在三种情况下的总反应速率可表示为：

$$-R_T = \eta_s k f[\varphi(c_{Ag})] = \frac{k_G A_s \phi_s}{V_s}[c_{Ag} - \varphi(c_{Ag})] \tag{7-8}$$

　　c_{Ag} 可直接测定，从而解决了实际应用中的定量问题。由总反应速率方程式（7-8），可以得到三种控制过程下的反应速率：

　　（1）表面化学反应过程控制。内外扩散的影响均可忽略，这时，$c_{Ag} \approx c_{As}$，$\eta_s \approx 1$，式（7-8）变为：

$$-R_T = -r_A = k f(c_{Ag}) \tag{7-9}$$

式中　r_A——A 组分的本征反应速率，$mol/(s \cdot m^3)$；

　　　其他物理量意义同前。

　　（2）内扩散过程控制。外扩散影响可以忽略，$c_{Ag} \approx c_{As}$，总反应速率取决于内扩散速率：

$$-R_T = \eta_s k f(c_{Ag}) \tag{7-10}$$

（3）外扩散过程控制。这时内扩散和表面化学反应速率均很快，对可逆反应，$c_{As} = c_A$；对不可逆反应，$c_{As} \approx 0$，c_A 为可逆反应平衡浓度。因而，式（7-8）变为：

$$-R_T = \frac{6k_G \phi_s}{d_s}(c_{Ag} - c_{As}) \tag{7-11}$$

式中　d_s——颗粒的当量直径，m；

其他符号的物理量意义同前。

7.3　气固相催化反应器及其设计

工业上常见的气固相催化反应器按颗粒床层的特性可分为固定床催化反应器和流化床催化反应器两大类，而以固定床催化反应器应用最为广泛。因此，本节主要介绍固定床反应器的选择与设计。固定床反应器的优点在于催化剂不易磨损，可长期使用；其流动模型简单，容易控制；反应气体与催化剂接触紧密。缺点主要是床层温度分布不均匀。

7.3.1　气固相催化反应器的分类及选择

7.3.1.1　气固相催化反应器的分类

固定床催化反应器按温度条件和传热方式可分为绝热式与连续换热式；按反应器内气体流动方向又可分为轴向式和径向式。

（1）单段绝热式固定床反应器。如图 7-5 所示，外形呈圆筒形，内设有栅板不锈钢丝网等物件，其上均匀堆置催化剂。气体由上部进入，均匀通过催化剂床层并进行反应。整个反应器与外界无热量交换。这种反应器的优点是结构简单，气体分布均匀，反应空间利用率高，造价便宜，适合于反应热效应较小、反应过程对温度变化不敏感、副反应较少的反应过程。

（2）多段绝热式固定床反应器。多段绝热式固定床反应器，如图 7-6 所示，它是为弥补单段绝热固定床反应器的不足而提出的一类反应器。它把催化剂分成数层，在各段进行热交换，以保证每段床层的温度变化不大，并具有较高的反应速率。通常多段绝热式反应器分为反应器间设换热器（图 7-6（a））、段间设换热构件（图 7-6（b））、冷激式（图 7-6（c））几种形式，以调节反应温度，并有利于气体的再分布，适用于中等热效应的反应。

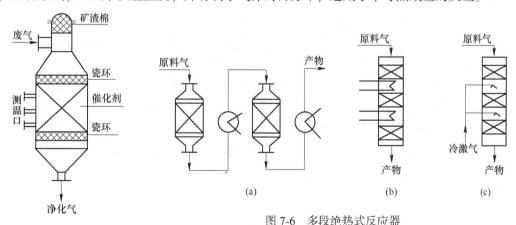

图 7-5　单段绝热式固定床反应器

图 7-6　多段绝热式反应器
（a）反应器间设换热器；（b）段间设换热构件；（c）冷激式

（3）列管式反应器。如图7-7所示，列管式反应器的结构与列管式换热器相似，通常在管内装填催化剂，管间通入热载体（用作高压介质作热载体时，催化剂放在管间，管内通入热载体），原料自上而下通过催化床层进行反应，反应热则由床层通过管壁与管外的热载体进行热交换。管式反应器传热效果较好，适用于床温分布要求严格、反应热特别大的情况。

（4）径向反应器。径向反应器是一种固定床反应器。流体在固定床反应器中的流动方向如图7-8中箭头所示。由于反应气流径向穿过催化剂，它与轴向反应器相比，气流流程短，阻力降小，减小了动力消耗，因而可采用较细粒的催化剂，提高催化剂的有效系数。其技术关键是保证流体径向均匀分布的结构设计。径向反应器可认为是单段绝热反应器的一种特殊形式。

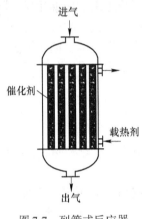

图7-7 列管式反应器

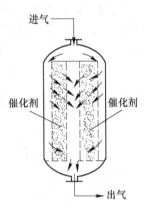

图7-8 径向反应器

7.3.1.2 固定床催化反应器的选择

在工程上，应根据反应和催化剂的特征及工艺操作参数、设备检修、催化剂的装卸等方面的要求，综合考虑催化反应器的选型和结构。选择固定床催化反应器，一般应遵循以下原则：

（1）根据催化反应热的大小及催化剂的活性温度范围，选择合适的结构类型，保证床层温度控制在许可的范围内。

（2）床层阻力应尽可能小，气流分布要均匀。

（3）在满足温度条件的前提下，应尽量使催化剂装填系数大，以提高设备利用率。

（4）反应器应结构简单，便于操作，造价低廉，安全可靠。

由于催化法净化气态污染物所处理的废气量大，污染物含量低，反应热效小，要想使污染物达到排放标准，应有较高的催化转化效率。因此，选用单段绝热式固定床反应器（含径向反应器）对实现污染物催化转化具有绝对优势。目前在NO_x催化转化、有机废气催化燃烧及汽车尾气净化中，大都采用了单段绝热式固定床反应器。

7.3.2 气固相催化反应器的设计计算

7.3.2.1 气固相催化反应器的设计基础

气固相催化反应器的设计是在选择反应条件的基础上确定催化剂的合理装量，并为实现所选择的反应条件提供技术手段。下面介绍几个设计参数。

（1）空间速度。空间速度简称空速，它是指单位时间内单位体积催化剂所能处理的反应混合气体的体积，即

$$v_{sp} = \frac{Q_0}{V_R} \qquad (7-12)$$

式中　Q_0 ——操作条件下反应气体初始体积流量，m^3/h；

　　　V_R ——催化剂床层体积，m^3；

　　　v_{sp} ——空间速度，$1/h$。

（2）接触时间。接触时间定义为空间速度的倒数，即

$$\tau = \frac{V_R}{Q_0} \qquad (7-13)$$

式中　τ ——接触时间，h。

式（7-13）中如果 Q_0 用标准状况下的体积流量 Q_{N0} 来计算，则得标准接触时间 τ_N 为：

$$\tau_N = \frac{V_R}{Q_{N0}} \qquad (7-13')$$

（3）停留时间与流体的流动模型。反应物通过催化床的时间称为停留时间。它是由催化床的空间体积、物料的体积流量和流动方式所决定的。连续式反应器有两种理想流动模型，即活塞流反应器和完全混流式反应器。在活塞流反应器中，物料以相同的流速沿流动方向流动，而且没有混合和扩散。而在理想混合流反应器中，物料在进入的瞬间即均匀地分散在整个反应空间，反应器出口的物料浓度与反应器内完全相同。实际反应器内的物料流动模型总是介于上述两种理想流动模型之间的，其模型计算较为复杂。因此工程上对某些反应器常近似作为理想反应器处理，例如把流化床反应器、带搅拌的槽式反应器等简化为理想混合反应器，而固定床反应器（薄层床除外）则可按活塞流反应器处理。固定床的停留时间可按下式计算：

$$t = \frac{\varepsilon V_R}{Q} \qquad (7-14)$$

式中　t ——停留时间，h；

　　　Q ——反应气体实际体积流量，m^3/h；

　　　ε ——催化床层空隙率，%。

由于 Q 通常是一个变量，用式（7-14）计算的停留时间来表示催化剂的生产强度是不便于计算和比较的。所以在工程上，通常用空间速度来表示。

7.3.2.2　气固相催化反应器的设计计算

气固相催化反应器的设计方法有两类：一类是经验法，另一类是数学模型法。

A　经验法

经验法是利用实验室、中间试验、工厂实际生产中所测得的一些数据来设计新的反应器的一种方法。该方法计算简单、设计可靠，得到了普遍应用。但该方法要求设计条件符合所借鉴的原生产工艺条件或中间试验条件，如反应物浓度、反应温度、空间速度、催化床温度分布和气流分布等应尽量保持一致，因此不宜高倍数放大，且要求中间试验要有足

够的试生产规模，否则将导致大的误差。

（1）催化剂用量的计算。若已知空间速度 v_{sp} 或接触时间 τ ，则可计算出催化剂体积 V_R（m³）为：

$$V_R = \frac{Q_0}{v_{sp}} = Q_0\tau \tag{7-15}$$

式中　Q_0——所处理的废气体积流量，m³/h。

（2）催化剂床层高度计算。由对应的气流空塔流速可得出反应器的直径 D ，若已知 V_R ，空隙率 ε（单位:%），则床层高度（m）为：

$$H = \frac{4V_R}{(1 - \varepsilon)\pi D^2} \tag{7-16}$$

其中

$$\varepsilon = 1 - \frac{\rho_R}{\rho_p}$$

式中　H——床层高度，m；

　　ρ_R，ρ_p——催化剂的堆密度与颗粒密度，kg/m³。

（3）床层截面积的计算。由催化剂颗粒状况确定空床气流速度 v_0 后，反应器截面积 A_t（m²）计算如下：

$$A_t = \frac{Q_0}{3600 v_0} \tag{7-17}$$

式中，v_0 为气体空床速度，是指在反应条件下，反应气体通过床层截面积时的平均流速（或流体在空管内的平均流速），m/s。

由床层截面积可以计算出反应器内径 D（m）为：

$$D = \sqrt{\frac{4A_t}{\pi}} \tag{7-18}$$

B　数学模型法

数学模型法首先是通过对固定床反应器内流体与颗粒的行为进行合理简化，提出一种物理模型；然后再根据化学反应原理，结合动量传递、热量传递、质量传递对物理模型进行数学描述，获得数学模型；最后对数学模型求解以得到所需要的结果。

数学模型法是通过对反应动力学方程、物料流动方程、物料衡算和热量衡算方程等联立求解出指定反应条件下达到规定转化率所需要的催化剂体积等。而要建立这些可靠的基础方程，获得准确的化学反应基本数据和传递过程数据，需要进行深入的试验研究。

描述固定床反应器的模型可分为拟均相模型和非均相模型两大类。拟均相模型把催化剂内的浓度、温度视为与流体相等，催化剂与流体间无传质和传热发生；而非均相模型则考虑了催化剂与流体间的浓度、温度差别及热量、质量传递过程。拟均相模型和非均相模型又可以按是否考虑径向上的混合而分为一维模型和二维模型。一般来说，在热效应不大，反应速度较低，床层内气流速度较大时，拟均相一维模型的计算结果与实际比较吻合，鉴于废气污染物浓度通常较低的情况，这里只介绍拟均相一维模型。

拟均相一维理想流动模型假设固定床内流体以均匀速度作活塞式流动，径向上无速度梯度、无温度梯度、无浓度梯度。由此可写出反应器内几个基本方程。

a 物料核算式

设反应 A→B 在管式反应器中进行，反应为稳定过程。由于反应物浓度是沿流体流动方向而变化的，故取反应器中一微元体 dV_R 作物料衡算，并以微分方程表示。进入微元体 dV_R 的组分 A 的转化率为 x_A，离开该微元体时的转化率为 $x_A + dx_A$（见图7-9），单位时间内进入微元的 A 量为 $N_{A0}(1 - x_A)$，流出微元的 A 量为 $N_{A0}(1 - x_A - dx_A)$，进、出量之差为微元内的反应量 $r_A dV_R$，即

$$N_{A0}(1 - x_A) - N_{A0}(1 - x_A - dx_A) = r_A dV_R$$

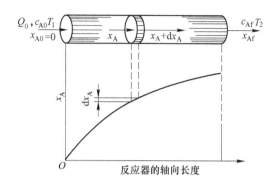

图 7-9 理想置换反应器示意图

Q_0 —流体的初始体积流量；c_{A0} —反应物 A 的初始浓度；c_{Af} — 达到一定转化率 x_{Af} 时反应物 A 的浓度；T_1 —反应物 A 的初始温度；T_2 —达到一定转化率 x_{Af} 时反应物 A 的温度

简化得：

$$r_A dV_R = N_{A0} dx_A \tag{7-19}$$

式中 N_{A0} ——污染物组分 A 进口摩尔流量，kmol/h；

r_A ——总反应速度，kmol/(h·m³)。

为了计算达到一定转化率 x_{Af} 时所需的反应体积，积分得式(7-20)，即

$$V_R = \int_0^{x_{Af}} N_{A0} \frac{dx_A}{r_A} \tag{7-20}$$

由于 $m = \rho_R V_R$，故又可写成：

$$\frac{m}{\rho_R N_{A0}} = \int_0^{x_{Af}} \frac{dx_A}{r_A} \tag{7-21}$$

式中 m ——催化剂质量，kg；

ρ_R ——催化剂堆积密度，kg/m³。

要积分式 (7-20)，必须先建立总反应速度 r_A 和转化率 x_A 的函数关系，才能计算出催化剂床层体积。由于不同的反应过程，控制步骤不同，总反应速度也不同，所以需要针对不同过程分别进行计算。

b 热量衡算式

在催化剂床层中取高度为 dh 的床层作热平衡，如图 7-10 所示。若反应为放热反应，经 dh 后，转化率由 x_A 变为 $x_A + dx_A$，温度由 T 变为 $T + dT$，则反应的热量平衡式为：

气体带入热+反应放出热=气体带出热+传给外界热

即 $N_T c_{pm} T + N_{T0} Y_{A0} dx_A(-\Delta H_R) = N_T c_{pm}(T + dT) + dq_B$

简化得 $N_T c_{pm} dT = N_{T0} Y_{A0} dx_A(-\Delta H_R) - dq_B \tag{7-22}$

式中 N_T —— 进入 dV_R 催化床气体混合物的摩尔流量，kmol/s；

N_{T0} —— 初始状态下气体混合物的摩尔流量，kmol/s；

Y_{A0} —— 初始状态下气体混合物中反应组分 A 的摩尔分率；

ΔH_R —— 反应热，kJ/kmol；

c_{pm} ——气体的平均定压热容，kJ/(kmol·K)；

q_1，q_2，dq_B ——气体带入热量、气体带出热量和传给外界的热量，kJ/s。

    c   总反应速度方程

总反应速度方程可用下式表示：

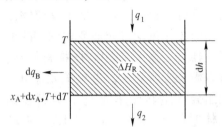

$$r_A = f(c_A, T) \qquad (7\text{-}23)$$

动力学控制时，总反应速度方程为：

$$r_A = c_{A0} \frac{dx_A}{dt}$$

内扩散控制时，总反应速度方程为：

$$r_A = \eta c_{A0} \frac{dx_A}{dt}$$

图 7-10 理想置换反应器示意图

外扩散控制时，总反应速度方程为：

$$r_A = \eta c_{A0} \frac{dx_A}{dt}$$

其中 $$\eta = \frac{1}{1 + k/k_g S_i \phi_s}$$

式中 η ——催化剂的内表面利用率，%；

        k ——反应速度常数；

        k_g ——扩散传质系数，m/h；

        S_i ——单位体积催化剂床层中颗粒的外表面积，m²/m³；

        ϕ_s ——催化剂的形状系数。

联解式（7-20）或式（7-22）或式（7-23），即可进行反应器计算，如果过程为等温，则联解式（7-20）和式（7-23）即可，如果为绝热过程，则可将载体传热相 q_B 置为 0。

7.3.3 流体通过固定床层的压力降计算

    气体通过催化剂床层时的压力降（阻力），对反应器的设计具有重要意义。若已知压力降，则可计算出反应器床层的截面积；若催化床层大小已知，则可求出系统的压力及压力降，从而确定能量消耗。

    流体通过固定床的压力降，主要是流体与颗粒表面之间的摩擦阻力，以及流体在颗粒间的收缩、扩大和再分布等局部阻力引起。因此，可采用欧根（Ergun）等温流动压降公式进行估算：

$$\Delta p = \frac{\lambda_m H \rho v_0^2 (1 - \varepsilon)}{d_s \varepsilon^3} \qquad (7\text{-}24)$$

    其中，摩擦阻力系数为 $\lambda_m = 150/Re_m + 1.75$，而雷诺准数为 $Re_m = \dfrac{d_s v_0 \rho}{\mu(1 - \varepsilon)}$，非球

形颗粒的比表面积当量直径为 $d_s = \dfrac{6V_p}{A_p}$，$d_s = d_p$（d_p 球形颗粒的直径），并将其代入式（7-24）中，得：

$$\Delta p = 150\mu v_0 H \frac{(1-\varepsilon)^2}{\varepsilon^3 d_s^2} + 1.75\rho H v_0^2 \frac{1-\varepsilon}{\varepsilon^3 d_s} \quad （Pa） \tag{7-25}$$

式中　　Δp——床层压力降，Pa；

　　　　H——固定床的高度，m；

　　　　v_0——空床速度，m/s；

　　　　ρ——气体密度，kg/m³；

　　　　μ——流体动力黏度，Pa·s；

　　　　d_s——催化剂颗粒的比表面积当量直径，m；

　　　　ε——床层空隙率，%。

式（7-25）中，当 $Re_m < 10$ 时，流体处于滞留状态，$150/Re_m$ 远大于 1.75，则第二项 $1.75\rho H v_0^2 \dfrac{1-\varepsilon}{\varepsilon^3 d_s}$ 可以忽略；当 $Re_m > 1000$ 时，流体处于完全湍流状态，$150/Re_m$ 远小于 1.75，则第一项 $150\mu H v_0 \dfrac{(1-\varepsilon)^2}{\varepsilon^3 d_s^2}$ 可以忽略；由以上各式可知，增大 v_0 或 H、减小 ε 或 d_s 都会使得压力降增大。

实际上催化床沿流动方向一般有较大的温差，气体流量随化学反应和温度而变化，因此，其压力降计算，应根据流量和温度变化程度，将整个床层分为若干段，每段都可视为等温、等流量，按式（7-25）求出各段的压力降，而后累加得到整个床层的压力降。对于气态污染物而言，因其浓度低，化学反应引起的流量变化不大，一般只考虑温度变化的影响即可，甚至整个床可作等温处理。

7.4　影响催化净化的因素

影响催化净化气态污染物的因素很多，但主要有反应温度、床层气速、操作压力和废气的初始组成。

7.4.1　温度的影响

催化反应是在催化剂的参与下进行的，反应的快慢与催化剂的活性有关。催化剂的活性又与反应温度密切相关，因而对于伴有热效应的催化反应，温度的调节和控制对净化设备的生产能力、净化效果均有很大影响。

对不可逆反应，由于不存在逆反应的影响，即平衡的限制，因而无论是吸热反应还是放热反应，也不论反应进行在何阶段，温度升高，反应速度都会加快。因此，要求反应尽可能在高的温度下进行。

对于可逆反应，由于受到平衡的限制，须同时考虑平衡反应率和反应速度常数 k 对总反应速度的影响。平衡反应率和反应速度常数 k 的增大都会加快反应速度，而平衡反应率和反应速度常数 k 又分别是温度和反应热效应的函数。

对可逆吸热反应，温度升高，平衡反应率和反应速度常数 k 均增加，反应速度加快。对于这种反应也是希望在尽可能高的温度下进行。

对于可逆放热反应，温度的升高，将造成平衡反应率的降低和反应速度常数 k 的增加，因此反应速度的变化不是线性的，而是一个弯弓形曲线，曲线的最高点也是反应速度最大的点，它所对应的温度称为最佳反应温度。显然，不同的平衡反应率对应有不同的最佳温度（图 7-11）。连接最佳温度点的曲线称为最佳温度曲线。最佳温度 T_m 的计算式为：

$$T_m = \cfrac{T_e}{1 + \cfrac{RT_e}{E_2 - E_1}\ln(E_2/E_1)} \tag{7-26}$$

式中　T_e——反应处于平衡状态时的温度，K；
　　　R——气体常数，8.314J/(mol·K)。

7.4.2　空速的影响

　　由空速的定义可知，在一定范围内，空速增加可以提高单位体积催化剂床层的气体处理能力，而反应率降低不大。因此，催化反应一般在保证要求的反应允许床层压降的条件下，采用较大空速。在选择空速时还应保证，对上流式固定床操作，不能使床层冲起。

7.4.3　操作压力的影响

　　加压一般能加速催化反应，减少设备体积，但因催化净化处理的是工厂排放的废气，故回收价值不大，一般将废气的排放压力（略高于常压）作为操作压力。

7.4.4　废气初始组成的影响

　　废气的初始组成直接影响反应速率 r_A、催化剂用量 V_R 和平衡转化率。不同

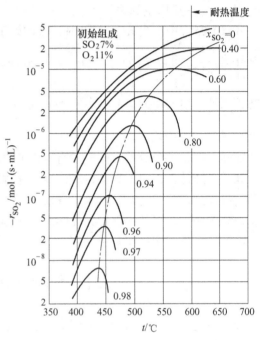

图 7-11　二氧化硫催化氧化反应速度
注：图中 x_{SO_2} 表示转化率

的催化净化过程，理想的初始组成也不相同。例如，对硝酸尾气氨选择性催化还原，要求控制 NO_2/NH_3（体积比）等于 1.0：1.4；而对催化燃烧的有机废气，O_2 和 HC 的体积比应控制在爆炸下限。另外，废气中少量的催化剂毒物会影响催化剂的活性，因此一般要求对废气进行预处理，以除去这些少量毒物。

7.5　催化净化技术的应用

　　催化转化技术在气态污染物净化领域的工程应用有汽车尾气的催化净化，烟气脱硫、NO_x 的净化等，下面分别加以介绍。

7.5.1　汽车尾气的催化净化技术

　　汽车排放的污染物主要来源内燃机，它的主要污染物有一氧化碳（CO）、烃类、碳氢

化合物（HC）、氮氧化合物（NO$_x$）、硫氧化物、铅化合物和苯并芘等，其中一氧化碳（CO）和烃类因燃烧不完全而产生，氮氧化合物（NO$_x$）则由气缸中的高温条件造成，铅化合物是因其中加入了防爆剂四基乙铅等而造成，目前铅化合物的污染治理重点是研制无铅汽油。解决 CO、烃类和 NO$_x$ 的污染，可以通过改进内燃机的结构，使燃烧在最有利条件下进行，以减少有害物质的排放；也可以通过用催化剂将排气中的有害物质除去。

7.5.1.1　汽车排气二段催化净化原理

二段催化净化原理又称催化氧化还原法。该催化净化由两段反应器组成，第一段反应器是催化还原反应器，第二段反应器是催化氧化反应器。

还原段净化原理：在催化剂的作用下，利用汽车排气中的 CO 作还原剂，可将 NO$_x$ 还原为 N$_2$，同时 CO 被氧化成 CO$_2$，其反应如下：

$$NO_2 + 2CO \xrightarrow{\text{催化剂}} \frac{1}{2}N_2 + 2CO_2$$

氧化段净化原理：烃类和未氧化完全的 CO，可在催化剂作用下，与新鲜空气继续起氧化作用，生成 CO$_2$ 和 H$_2$O。

汽车尾气二段催化净化法工艺系统，如图 7-12 所示。

汽车发动机排出的气体先通过第一段反应器，在催化剂的作用下，利用汽车排气中的 CO 作还原剂，可将 NO$_x$ 还原为 N$_2$；从还原反应器出来的气体再进入第二段反应器，并有空气泵共给足够的空气，使 CO 和烃类在催化剂作用下氧化成 CO$_2$ 和 H$_2$O。为了减少 NO$_x$ 的生成，净化后的大部分气体排入大气，使一部分净化后的气体循环进入发动机。由于这种催化净化反应器结构复杂且操作麻烦，而且氮氧化物在前段床层中被还原成 N$_2$ 后，往往在后段床层又被氧化，影响达标排放，因而不久就被三效催化净化法所取代。

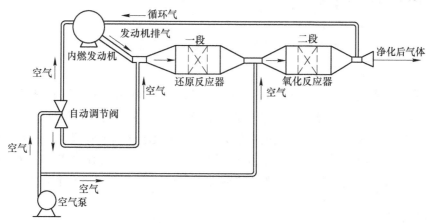

图 7-12　汽车尾气二段催化净化工艺系统示意图

7.5.1.2　汽车排气三效催化净化原理

三效催化净化是采用能同时对 CO、NO$_x$ 和烃类有催化作用的催化剂，利用排气中的 CO 和 HC 将 NO$_x$ 还原为 N$_2$，即

$$HC + NO_x \xrightarrow{\text{催化剂}} CO_2 + H_2O + N_2$$

$$CO + NO_x \xrightarrow{\text{催化剂}} CO_2 + N_2$$

该法可同时使排放尾气中三种有害气体大幅度减少，但进入发动机的空气与燃料配比（即空燃比）必须控制在 14.7 ±0.1 的较窄范围内，因为只有在此条件下，才会有较高的净化效率。用该法对汽车排气净化，需要在催化反应器排出口处安装测定排气中含氧浓度的检测器（氧传感器），随时将排气中的氧浓度信号传给发动机前的控制器，以便调整空燃比。当空燃比控制在 14.7 ±0.1 的范围内，CO、NO_x 和烃类三者的转化率均可大于 85%，当空燃比小于此值时，反应器处于还原气氛，NO_x 的转化率升高，而 CO 和烃类的转化率则会下降；当空燃比大于此值时，反应器处于氧化气氛，CO 和烃类的转化率则会提高，而 NO_x 的转化率则会下降。

三效催化净化工艺流程，如图 7-13 所示。在该工艺流程中，所用的单段绝热式催化反应器又称三效催化反应器，所用的催化剂称为单元（三效）催化剂。

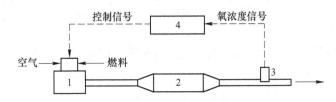

图 7-13　三效催化净化工艺流程示意图

1—发动机；2—催化反应器；3—氧感应器；4—控制器

7.5.2　净化含 SO_2 废气的催化净化技术

废气中 SO_2 的催化净化可分为两种方法：催化氧化和催化还原，其中催化氧化还可分为气相催化和液相催化两种。

7.5.2.1　催化氧化净化法

催化氧化净化法分为气相催化和液相催化两种，下面分别加以介绍。

A　气相催化净化工艺流程

气相催化净化法通常使用 V_2O_5 作催化剂，将 SO_2 氧化成 SO_3，然后再制成硫酸。图 7-14 所示为一烟气脱硫催化氧化工艺流程。它必须首先进行除尘等预处理，然后对烟气再热升温至反应温度，才可进入催化转化室。进入吸收塔之前的降温和热量利用，视整个系统情况而定，对锅炉系统，一般作为省煤器和空气预热器的热源。采用一转一吸流程通常可以达到 90% 左右的净化率。此外，在转化器的设计上，应注意催化剂装卸方便，以便

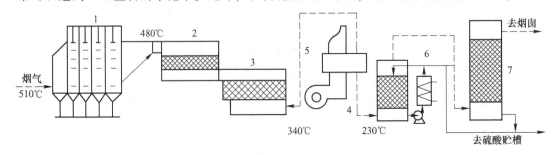

图 7-14　烟气脱硫催化氧化工艺流程

1—除尘器；2—反应器（或转化器）；3—节能器（或省煤器）；4—风机；5—空气预热器；6—吸收塔；7—除雾器

于清灰。吸收塔的顶部或后面，要加装旋风板或其他除雾装置，以保证其脱硫率；而系统其他部分的气体温度应控制在露点以上，以减轻设备与管道的腐蚀。

B 液相催化净化工艺流程

液相催化氧化法是利用溶液中的 Fe^{3+} 或 Mn^{2+} 的金属离子，将 SO_2 直接氧化成硫酸，即

$$2SO_2 + O_2 + 2H_2O \xrightarrow{Fe^{3+}} 2H_2SO_4$$

日本的千代田法烟气脱硫就是利用这一原理开发的，其工艺流程如图7-15所示。该法将 SO_2 氧化成稀硫酸后，可再与石灰石反应制成副产品-石膏。由于烟气中的氧含量少，SO_2 在吸收塔中不能充分氧化，多数只溶于水生成亚硫酸，因而需在工艺流程中增设氧化塔。与其他烟气脱硫相比，该法技术并不复杂，流程简单，转化率也较高，并能制得石膏。但因稀硫酸对设备腐蚀性强，对材质要求高，需用钛、钼类特殊材质的不锈钢，加之气液比大，设备体积也大，造成设备投资大。

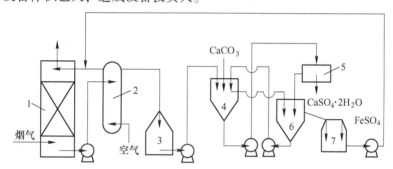

图7-15 千代田法烟气脱硫工艺流程图

1—吸收塔；2—氧化塔；3—储槽；4—结晶槽；5—离心机；6—增稠器；7—母液槽

7.5.2.2 催化还原净化法

催化还原法脱硫是用 H_2S 或 SO_2 将 SO_2 还原为硫，反应如下：

$$SO_2 + 2H_2S \xrightarrow{催化剂} 2H_2O + 3S$$

$$SO_2 + 2CO \longrightarrow 2CO_2 + S$$

由于操作过程中有 H_2S 和 CO 二次污染问题及催化中毒问题尚无得到适宜的解决，因此催化还原法处理 SO_2 气体还未达到实用的阶段。

7.5.3 净化含 NO_x 废气的催化净化技术

催化还原法净化含 NO_x 废气是在一定温度和催化剂的作用下，利用不同的还原剂将 NO_x 还原为 N_2 和 H_2O 的工艺。根据反应情况，它可分为非选择性催化还原和选择性催化还原两种。

7.5.3.1 氮氧化物非选择性催化还原工艺流程

非选择性催化还原技术，是指在一定温度和催化剂作用下，采用还原剂与含氮氧化物的烟气发生反应，将 NO 和 NO_2 还原为 N_2，同时还原剂与 O_2 反应生成 H_2O 和 CO_2。由于该反应有催化剂参与，而且还原剂与 NO_x 和 O_2 都发生反应，不具备选择性，所以称为非选择性催化还原技术。

通常采用 H_2、CH_4、CO 和低碳氢化合物作为还原剂，实际工艺中采用含以上组分的混合气体，如合成氨释放气、焦炉气、天然气、炼油厂尾气等，这些气体一般称为燃料气。

非选择性催化还原技术，主要反应表示如下：

$$H_2+NO_2 \longrightarrow H_2O+NO$$
$$2H_2+O_2 \longrightarrow 2H_2O$$
$$2H_2+2NO \longrightarrow 2H_2O+N_2$$
$$CH_4+4NO_2 \longrightarrow CO_2+4NO+2H_2O$$
$$CH_4+2O_2 \longrightarrow CO_2+2H_2O$$
$$CH_4+4NO \longrightarrow CO_2+2N_2+2H_2O$$
$$CO+NO_2 \longrightarrow CO_2+NO$$
$$2CO+O_2 \longrightarrow 2CO_2$$
$$2CO+2NO \longrightarrow 2CO_2+N_2$$

在反应过程中，首先红棕色的 NO_2 被还原为无色的 NO 的反应称为脱色反应，脱色反应伴随着大量热能的产生，然后 NO 被还原为 N_2，这个反应称为脱除反应。

非选择性催化还原技术工艺流程主要有两种，即一段工艺流程和二段工艺流程。图 7-16 是两种工艺流程的示意图。

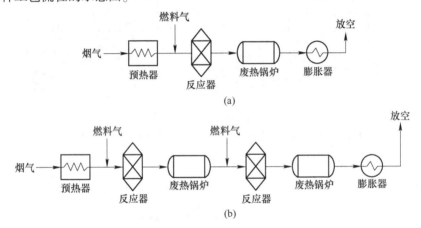

图 7-16　非选择性催化还原技术工艺流程示意图
（a）一段工艺流程；（b）二段工艺流程

选择一段工艺流程或二段工艺流程主要取决于还原剂的组分和烟气中的氧含量。由于反应温度过高将导致催化剂损坏，当一段工艺流程可能使反应温度超过 815℃时，应选择二段工艺流程。

二段工艺流程设备多，操作复杂，催化剂用量大，在可能的条件下应尽量采用一段工艺流程。这就需要选择合适的还原剂，并设法提高催化剂的耐热性能。

非选择性催化还原技术可采用含铂和钯的贵重金属作催化剂，也可采用含 CuO 和 $CuCrO_2$ 的非贵重金属作催化剂。催化剂选择的原则是选用活性好、机械强度大、耐磨损的材料，为防止催化剂中毒，应先将烟气中的有害物质去除。采用非贵重金属作催化剂可选择 25% 的 CuO 和 $CuCrO_2$，该种催化剂活性低于铂催化剂，成本也较低。

催化剂的载体一般用氧化铝-氧化硅型和氧化铝-氧化镁型，载体可制成球形、柱状和蜂窝状结构。氧化铝载体高温下耐酸性能差，一般在表面镀二氧化钍或二氧化锆来提高载体的耐热耐酸性能。

7.5.3.2　氮氧化物选择性催化还原工艺流程

选择性催化还原（Selective Catalytic Reduction，SCR）是工业上应用最多的一种脱硝技术，其过程利用氨作为还原剂。在催化剂的作用下，还原烟气中的 NO_x 为 N_2 和水。由于 NH_3 具有选择性，只与 NO_x 发生反应，基本上不与 O_2 反应，所以称为选择性催化还原技术。SCR 技术可得到 $80\% \sim 90\%$ 的脱硝率，并有反应温度低、催化剂不含贵金属和寿命长等优点，是目前最好的可广泛用于固定源 NO_x 治理技术。SCR 技术同样存在不少缺点，由于液氨和氨水腐蚀性强，对管路设备要求严格，成本高；当氨量计量控制出现误差时，容易造成二次污染；只能用于固定源净化，无法解决移动源产生的 NO_x。

NO_x 的选择性催化还原反应可表示为：

$$8NH_3 + 6NO_2 \longrightarrow 7N_2 + 12H_2O$$
$$4NH_3 + 6NO \longrightarrow 5N_2 + 6H_2O$$

在不使用催化剂的条件下，上两式的反应需要 $900 \sim 1000℃$ 的高温，脱氮率也不超过 50%。若使用催化剂为载体，则能使反应在 $200 \sim 450℃$ 的条件下进行。

烟气中有 O_2 存在时，还会发生以下副反应：

$$4NH_3 + 3O_2 \longrightarrow 2N_2 + 6H_2O$$
$$2NH_3 \longrightarrow N_2 + 3H_2$$
$$4NH_3 + 5O_2 \longrightarrow 4NO + 6H_2O$$

副反应的第一式在 $350℃$ 以下发生，在 $450℃$ 以上副反应的第二和第三式的反应得到加强。在较低温度下，SCR 反应占主导地位，在一定温度范围内温度的升高有利于 NO_x 的还原。当超出一定范围，氧化反应增强，使得 NO_x 的产生量增加。以金属铂或钯作催化剂，操作温度为 $175 \sim 290℃$；以氧化钛为支撑材料的五氧化二钒作催化剂，最佳操作温度为 $260 \sim 450℃$。

SCR 的一般流程为：将烟气除尘、脱硫、干燥、进行预热，将烟气和氨按比例混合后送入装有催化剂的反应器内进行反应，反应后的气体经分离器除去粉尘，经膨胀器回收能量后排空。典型的 SCR 工艺流程示意图如图 7-17 所示。选择性催化还原法的几种工艺处理方法，见表 7-1。

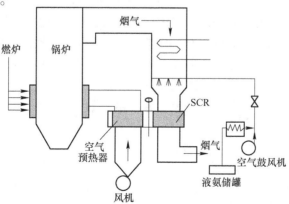

图 7-17　选择性催化还原工艺流程示意图

表 7-1　选择性催化还原法的几种工艺处理方法

项目	1	2	3	4
废气来源	硝化废气	硝酸尾气	硝酸尾气	烟气
废气成分（体积分数）	NO_x：$0.5\% \sim 1.0\%$，O_2：18%，有催化剂粉尘和水雾	NO_x：$0.15\% \sim 0.25\%$，O_2：$3\% \sim 5\%$	NO_x：0.5% 左右，O_2：$3\% \sim 5\%$	NO_x：0.1% ～ 0.2%，含粉尘与二氧化硫
催化剂	8209 铜铬催化剂	1226 铂重整催化剂	75014 铜铬催化剂	耐二氧化硫催化剂
催化反应器	固定床反应器	固定床反应器	固定床反应器	固定床平行通道反应器，流动床反应器
前处理	用文丘里除尘器除尘，旋风除雾器除雾	尾气经吸收塔初步吸收	氨和燃烧用空气经过滤器过滤	不需除尘、脱硫装置
废气预热	以丁烷作燃料，用加热炉预热	用两段尾气的预热器预热	燃烧炉内燃烧天然气产生高温气体，再和尾气混合	—
废气与氨混合	管道混合	混合器混合	管道混合	—
后处理	经分离器除尘后放空	经过滤器除尘、透平回收能量后放空	经水封槽除尘后放空	—

7.6　本章小结

　　本章主要介绍了气态污染物催化净化技术及其分类，催化作用原理，催化作用的基本特征，催化剂的组成，催化剂的活性、选择性、稳定性等催化性能，催化剂的选择和影响催化净化的因素；介绍了气固相催化反应过程，气固相催化反应速率方程，气固相催化反应器的分类（单段绝热式固定床反应器、多段绝热式固定床反应器、列管式反应器、径向反应器）及其选择；介绍了气固相催化反应器的设计计算（其中包括：空间速度、接触时间、停留时间与流体的流动模型等设计基础和气固相催化反应器的设计计算），流体通过固定床层的压力降计算；还介绍了汽车尾气的催化净化技术（汽车排气二段催化净化原理、汽车排气三效催化净化原理），净化含 SO_2 废气的催化净化技术（催化氧化净化法、催化还原净化法），净化含 NO_x 废气的催化净化技术（氮氧化物非选择性催化还原工艺流程、氮氧化物选择性催化还原工艺流程）等催化净化技术的应用。

思　考　题

7-1　催化转化法可分为_____和_____两类。

7-2　什么是均相催化作用？什么是多相催化作用？催化作用的基本特征有哪两点？

7-3　催化剂按其存在状态可分为_____、_____和_____三类；催化剂通常由_____、_____和_____三部分组成。

7-4　催化剂的性能主要是指催化剂的_____、_____和_____。催化剂的活性温度指的是什么？催化剂的选择性指的是什么？催化剂的稳定性指的是什么？它包括哪三个方面？影响催化剂的寿命的因素主要有哪两个方面？

7-5 说明催化剂的选择原则。

7-6 气固催化反应过程一般由哪些步骤组成？按控制步骤的不同，可将催化反应过程分为哪三步？

7-7 工业上常见的气固相催化反应器按颗粒床层的特性可分为哪两大类？说明其优缺点。

7-8 固定床催化反应器按温度条件和传热方式可分为_____与_____。按反应器内气体流动方向又可分_____和_____。

7-9 固定床催化反应器的选择应遵循哪些原则？说明空间速度、接触时间、停留时间的定义。

7-10 详述影响催化净化气态污染物的因素。

7-11 将处理量为40kmol/min的某种污染物送入催化反应器，要求达到80%的转化率，试求所需的催化剂体积。设反应速度为 $-0.25(1-x_A)$ kmol/[kg（催化剂）·min]，催化剂的填充密度为680kg/m^3。

7-12 用氨催化还原法治理硝酸车间排放含有 NO_x 的尾气。标准状态下尾气排放量为6500m^3/h，尾气中含有 NO_x 0.28%，N_2 95%，H_2O 1.6%，使用催化剂直径为5mm球形粒子，反应器入口温度为439K，空速为9000h^{-1}，反应温度为533K，空气速度为1.52m/s，求：

（1）催化固定床中气固相的接触时间；

（2）催化剂床层体积；

（3）催化剂床层层高；

（4）催化剂床层阻力。

（在计算时可取用 N_2 的物理参数直接计算。在533K时，$\mu_{N_2} = 2.78 \times 10^{-5}$ kg/(m·s)，$\rho_{N_2} = 1.25$ kg/m^3，$\varepsilon = 0.92$）

8 气态污染物生物净化技术与设备

【学习指南】

本章要求了解气态污染物生物净化的原理，废气生物降解的微生物分类，生物反应器的分类和生物洗涤器、生物过滤器和生物滴滤器；要熟悉填料、温度、湿度、pH值和溶解氧对生物净化气态污染物的影响，净化气态污染物的生物洗涤工艺、生物过滤工艺；掌握生物洗涤器和生物过滤器的设计计算以及生物净化法在实际中的应用等内容。

生物净化法是近几年发展起来一种空气污染控制新技术，利用微生物的生命过程把废气中的气态污染物分解转化成少害甚至无害的物质。自然界中存在各种各样的微生物，因而几乎所有无机的和有机的污染物都能被转化。生物处理不需要再生和其他高级处理净化过程，该技术已在欧美等发达国家得到规模化应用，与其他净化法相比，具有设备与工艺流程简单、净化效率高、能耗低、操作稳定、安全可靠、无二次污染等优点，尤其在处理低浓度（<3g/m³）、生物降解性能好的气态污染物时更显其经济性。

8.1 微生物净化气态污染物的原理

8.1.1 气态污染物生物净化的原理

在适宜的环境条件下，微生物不断地吸收营养物质，并按照自己的代谢方式进行新陈代谢活动。废气的生物净化处理正是利用微生物新陈代谢过程中需要营养物质这一特点，把废气中的有害物质转化成简单的无机物，如二氧化碳、水等，以及细胞物质。

微生物净化有机废气的过程（图8-1），通常认为有以下三步：（1）有机废气首先与水（液相）接触，由于有机污染物在气相和液相的浓度差，以及有机物溶于液相的溶解性能，使得有机污染物从气相进入到液相（或者固体表面的液膜内）；（2）进入液相或固体表面生物层（或液膜）的有机物被微生物吸收（或吸附）；（3）进入微生物细胞的有机物在微生物代谢过程中作为能源和营养物质被分解、转化成无害的化合物。

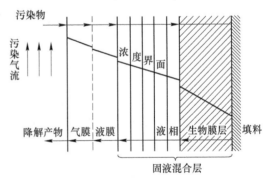

图 8-1 生物法净化气态污染物的传质降解模型

一般不含氮、硫的污染物分解的最终产物为 CO_2；含氮物被微生物分解时，经氨化作用释放出氨，氨又可被另外一类微生物的硝化作用氧化为亚硝酸，再氧化成硝酸；含硫物质经微生物分解释放出硫化氢，硫化氢又可以被另外一类微生物的硫化作用氧化成硫酸。产生的代谢物，一部分溶入液相，一部分（如 CO_2）析出到气相，还有一部分可以作为细胞物质或细胞代谢的能源。有机物在经过上述过程中不断转化、减少，废气从而被净化。

气态污染物的生物处理过程也是人类对自然过程的强化和工程控制，其过程的速率取决于：（1）气相向液固相的传质速率（与污染物的理化性质和反应器的结构等因素有关）；（2）能起降解作用的活性生物质量；（3）生物降解速率（与污染物的种类、生物生长环境条件、抑制作用等有关）。各种气态污染物的生物降解效果，见表8-1。

表 8-1　微生物对各种气态污染物的生物降解效果

化合物	生物降解效果
甲苯、二甲苯、甲醇、乙醇、丁醇、四氢呋喃、甲醛、乙醛、丁酸、三甲胺	非常好
苯、丙酮、乙酸乙酯、苯酚、二甲基硫、噻吩、甲基硫醇、二硫化碳、酰胺类、吡啶、乙腈、异腈类、氯酚	好
甲烷、戊烷、环己烷、乙醚、二氯甲烷	较差
1，1，1-三氯甲烷	无
乙炔、异丁烯酸甲酯、异氰酸酯、三氯乙烯、四氯乙烯	不明

8.1.2　废气生物降解的微生物分类

按获取营养的方式不同，可用于废气生物降解的微生物分为两类：自养型和异养型。自养型细菌的生长可以在没有有机碳源和氮源的条件下，靠 NH_3、H_2S、S 和 Fe^{2+} 等的氧化获得必要的能量，故这一类微生物特别适用于无机物的转化。但由于能量转换过程缓慢，这些细菌生长的速度非常慢，其生物负荷不可能很大，因此在工业上应用困难较多，仅有少数场合和工艺被采用。如采用硝化、反硝化及硫酸菌等去除浓度不太高的臭味气体硫化氢、氨等。异养型微生物则通过对有机物的氧化分解来获得营养物和能量，适宜于有机污染物的分解转化，在适当的温度、酸碱度和有氧的条件下，该类微生物能较快地完成污染物的降解。事实上，国内外广泛应用的是用异养菌降解如乙醇、硫醇、酚、甲酚、吲哚、脂肪酸、乙醛、胺等有机物。目前，处理有机废气主要应用微生物的好氧降解特性。

在废气生物处理系统中，微生物是工作的主体，只有了解和掌握微生物的基本生理特性、筛选、培育出优势高效菌种，才能获得较好的净化效果。以一种物质作为目标污染物的微生物菌种一般是通过污泥驯化或纯培养的方法来进行的，见表8-2。而对于含有复杂的、多种污染成分的目标污染物，则必须用混合培养的方法，驯化、培育出分工、协作的微生物菌群来完成污染物的降解任务。

表 8-2　用于废气污染控制的一些微生物菌属

微生物种类	目标污染物	举　例
假单胞菌属（Pseudomonas）	小分子烃类	乙烷

微生物种类	目标污染物	举　例
诺卡氏菌属 （Nocardia）	小分子芳香族化合物	二甲苯、苯乙烯
黄杆菌属 （Flavobacterium）	氯代化合物	氯甲烷、五氯苯酚
放射菌 （Actinomyces）	芳香族化合物	甲苯
真菌 （Fungi）	聚合高分子	聚乙烯
氧化亚铁硫杆菌 （T. ferrooxidans）	无机硫化物	二氧化硫、硫化氢
氧化硫硫杆菌 （T. thiooxidans）	有机硫化物	硫醇（RSH）

8.2　生物净化气态污染物的反应器

8.2.1　生物净化反应器的分类

在气态污染物生物处理过程中，根据系统中微生物的存在形式，可将生物处理工艺分成悬浮生长系统和附着生长系统。悬浮生长系统的微生物及其营养物存在于液体中，气相中的有机物通过与悬浮液接触后转移到液相，从而被微生物降解，其典型的形式有鼓泡塔、喷淋塔及穿孔板塔等生物洗涤器。而附着生长系统中微生物附着生长于固体介质表面，气态污染物通过由滤料介质构成的固定床层时，被吸附、吸收，最终被微生物降解。典型的形式有土壤、堆肥、填料等材料构成的生物过滤塔。生物滴滤塔则同时具有悬浮生长系统和附着生长系统的特性。

按照生物净化反应器中的液相是否流动以及微生物群落是否固定，反应器可分为三类：生物过滤器、生物洗涤器、生物滴滤器，它们各自的特点见表8-3。

表8-3　生物净化反应器类型与特点

类　　型	微生物群落	液相状态
生物过滤器	固着	静止
生物洗涤器	分散	流动
生物滴滤器	固着	静止

生物过滤器的液相和生物群落都固定于填料中；生物洗涤器的液相连续流动，其微生物群落也自由分散在液相中；生物滴滤器的液相是流动或间歇流动的，而微生物群落则固定在过滤床上。

8.2.2　生物净化反应器

8.2.2.1　生物洗涤器（也称生物吸收塔）

生物洗涤器如图8-2所示，它是利用由微生物、营养物和水组成的微生物吸收液处理废气，适合于吸收可溶性气态污染物。吸收了废气的含微生物混合液再进行好氧处理，去除液体中吸收的污染物，经处理后的吸收液再循环使用。因此，该工艺通常由吸收或吸附与生物降解两部分组成。当气相的传质速度大于生化反应速度时，可视为一慢化学反应吸收过程，一般可采用这一工艺。其典型的形式有喷淋塔、鼓泡塔及穿孔板塔等生物洗涤器。

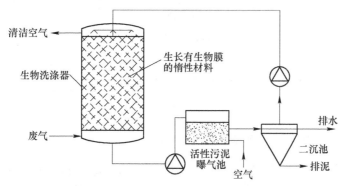

图 8-2　生物洗涤器

8.2.2.2　生物过滤器（也称生物滤池）

生物过滤器如图8-3所示。含有机污染物的废气经过增湿器，具有一定的湿度后，进入生物过滤器，通过约 0.5~1m 厚的生物活性填料，有机污染物从气相转移到生物层，进而被氧化分解。

在目前的生物净化有机废气领域，该法应用最多，其净化效率一般在 95% 以上。生物活性填料是由具有吸附性的滤料（土壤、堆肥、活性炭等），附着能降解、转化有机物的微生物构成的。滤料不同，脱除效果及适宜的工艺参数也有所不同，可分为土壤过滤及堆肥过滤两种。

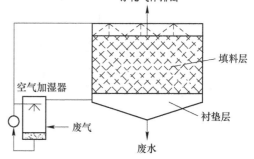

图 8-3　生物过滤器

8.2.2.3　生物滴滤器（生物滴滤池）

生物滴滤器如图8-4所示，它由生物滴滤池和贮水槽构成。生物滴滤池内充以粗碎石、塑料、陶瓷等一类不具吸附性的填料，填料表面是微生物体系形成的几毫米厚的生物膜。填料比表面积为 $100~300m^2/m^3$，这样的结构使得气体通道较大，压降较小，不易堵塞。

与生物滤池相比，生物滴滤池的工艺条件可以很容易地通过调节循环液的 pH 值、温度来控制，因此，滴滤池很适宜于处理含卤代烃、硫、氮等有机废气的净化，因为这些污染物经氧化分解后有酸产生。同时，由于生物滴滤池的单位体积填料层内微生物浓度较高，处理废气的能力是相应的生物滤池的 2~3 倍。

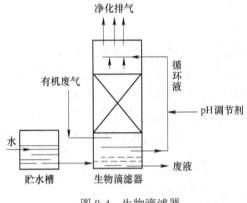

图 8-4　生物滴滤器

8.3　生物净化气态污染物的工艺

8.3.1　生物净化气态污染物的洗涤工艺

生物洗涤工艺一般由吸收器和废水生物处理装置组成，一般流程如图 8-5 所示。气态污染物从吸收器底部通入，与水逆流接触，污染物被水或生物悬浮液吸收后由顶部排出，污染了的水从吸收器底部流出，进入生物反应器经微生物再生后循环使用。

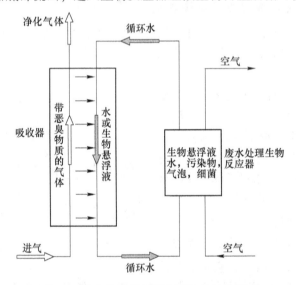

图 8-5　生物洗涤处理气态污染物工艺流程

目前，生物洗涤工艺常用的方法有：

（1）活性污泥法。利用污水处理厂剩余的活性污泥配制混合液，作为吸收剂处理废气。活性污泥混合液对废气的净化效率与活性污泥的浓度、pH 值、溶解氧、曝气强度等因素有关，还受营养盐的投入量、投加时间和投加方式的影响。在活性污泥中添加 5%（质量分数）粉状活性炭，能提高分解能力，并起消泡作用。吸收设备可用喷淋塔、板式塔或鼓泡反应器等。该方法对脱除复合型臭气效果很好，脱除效率可达99%，而且能脱除很难治理的焦臭。

（2）微生物悬浮法。用由微生物、营养物和水组成吸收剂处理废气，该方法的原理、设备和操作条件与活性污泥法基本相同，由于吸收液接近清液，设备堵塞可能性更少，适合于吸收可溶性气态污染物。

8.3.2 生物净化气态污染物的过滤工艺

生物过滤处理工艺如图8-6所示。由图可见，废气首先经过预处理，然后经过气体分布器进入生物过滤器，废气中的污染物从气相主体扩散到介质外层的水膜而被介质吸收，同时氧气也由气相进入水膜，最终介质表面所附的微生物消耗氧气而把污染物分解或转化为二氧化碳、水和无机盐类。微生物所需的营养物质则由介质自身供给或外加。生物滤池由滤料床层（生物活性充填物）、砂砾层和多孔布气管等组成。多孔布气管安装在砂砾层中，在池底有排水管排出多余的积水。

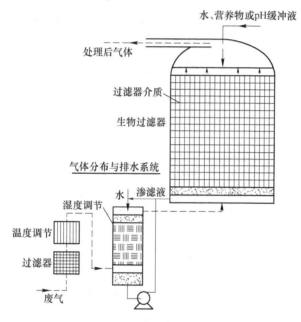

图8-6 生物过滤处理工艺

按照所用的固体滤料的不同，生物滤池分为土壤滤池、堆肥滤池、生物过滤箱和生物滴滤池。

8.3.2.1 土壤滤池

土壤过滤是利用土壤中胶体粒子的吸附作用，将废气中的气态污染物转移到土壤中；土壤中的微生物，再将污染物转化成无害物。所用土壤以地表沃土尤其是火山性腐殖土为好，土壤具有较好的通气性和适度的通水、持水与一定的缓冲能力，为微生物的生命活动提供了良好的生长环境。在地表面300~500mm土层内集中存在着细菌、放线菌、霉菌、原生动物、藻类和其他微生物，每克沃土中可达数亿个，其中藻类能助长细菌繁殖，细菌是原生动物的饲料，它们相互依存，平衡生长，构成了一个较稳定的群落生物系统，具有较强的分解污染物的能力。因而能有效地去除烷烃类化合物，如丙烷、异丁烷以及酯、乙醇等。土壤滤层一般的混合比例（质量分数）为：黏土 1.2%，有机质沃土 15.3%，细砂土约 53.9%，粗砂 29.6%。滤层厚度 0.5~1m，废气流速 6~100m³/（m²·h）。

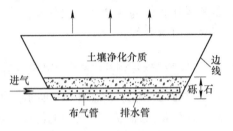

图 8-7 土壤滤池结构示意图

有报道土壤中加入某种改性剂可提高污染物的去除效率，如土壤中加入 3% 鸡粪和 2% 珍珠岩后，透气性能不变，但对甲硫醇去除效率提高 34%，对于二甲基硫提高 80%，对二甲基二硫提高 70%。土壤使用一年后一般有呈酸性趋势，可加入石灰进行调节。土壤滤池结构如图 8-7 所示。

8.3.2.2 堆肥滤池

堆肥滤池构造如图 8-8 所示。在地面挖浅坑或筑池，池底设排水管。在池的一侧或中央设输气总管，总管上再接出多孔配气支管，并覆盖砂石等材料，形成厚 50~100mm 的气体分配层，再摊放厚 500~600mm 堆肥过滤层。过滤气速通常在 0.01~0.10m/s。

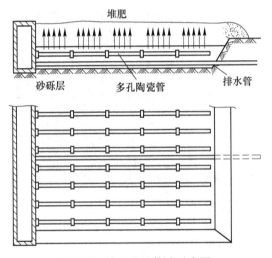

图 8-8 堆肥滤池构造示意图

堆肥过滤是采用污水处理厂的污泥、城市垃圾和畜粪等有机废弃物为主要原料，经好氧发酵，再经加热处理，作为过滤层滤料。它的装置与土壤法类似，在一个混凝土池子里，下层置砂砾层，砂砾层中装有气体分布管，砂砾层上是堆肥装置。池底有排水管可排出多余的积水。堆肥层上面可以种植花草进行绿化，并经常浇水保持 50%~70% 的湿度，以防止堆肥表面干裂，有机废气走短路，未经充分降解逸出。堆肥生物滤池由于微生物量比土壤中多，故效果及负荷均比土壤法好，气体停留时间一般只需 30s，而土壤法则需 60s。有实验结果显示，用堆肥过滤法净化含甲苯、乙醇、丁醇的废气，当乙醇的进气负荷不高于 90g/（m³·h）时，停留时间 30s，脱除效率达 95% 以上。

8.3.2.3 生物过滤箱

生物过滤箱为封闭式装置，主要由箱体、生物活性床层、喷水器等组成。床层由多种有机物混合制成的颗粒状载体构成，有较强的生物活性和耐用性。微生物一部分附着于载体表面，一部分悬浮于床层水体中。废气通过床层，污染物部分被载体吸附，部分被水吸收，然后由微生物对污染物进行降解。床层厚度按需要确定，一般在 $0.5 \sim 1.0m$。床层对易降解碳氢化合物的降解能力约为 $200g/(m^2 \cdot h)$，过滤负荷高于 $600m^3/(m^2 \cdot h)$。气体通过床层的压降较小，使用 1 年后，在负荷为 $110m^3/(m^2 \cdot h)$ 时，床层压降约为 $200Pa$。微生物过滤箱的净化过程可按需要控制，因此能选择适当的条件，充分发挥微生物的作用。

生物净化工艺性能比较，见表 8-4。

表 8-4　生物净化工艺性能比较

工　艺	系统类别	适应条件	运行特性	备　注
生物洗涤法	悬浮生长系统	气量小、浓度高、易溶、生物代谢速率较低的 VOCs	系统压降较大、菌种易随连续相流失	对较难溶气体可采用鼓泡塔，多孔板式塔等气液接触时间长的吸收设备
生物过滤法	附着生长系统	气量大、浓度低的 VOCs	处理能力大，操作方便，工艺简单，能耗少，运行费用低，对混合型 VOCs 的去除率较高，具有较强的缓冲能力，无二次污染	菌种繁殖代谢快，不会随流动相流失，从而大大提高去除效率
生物滴滤法	附着生长系统	气量大、浓度低、有机负荷较高以及降解过程中产酸的 VOCs	处理能力大，工况易调节，不易堵塞，但操作要求较高，不适合处理入口浓度高和气量波动大的 VOCs	菌种易随流动相流失

8.4　影响生物净化气态污染物的主要因素

生物净化法主要依靠微生物的作用来去除气体中的污染物，微生物的活性决定了反应器的性能。因此反应器的条件应适合微生物的生长，这些条件包括填料（介质）、pH 值、溶解氧浓度、湿度、温度和污染物浓度等。

8.4.1　填料对生物净化气态污染物的影响

对所有类型的生物净化器而言，理想的填料应是良好的传质和发生化学转化的场所，具有以下性质：

（1）最佳的微生物生长环境：营养物、湿度、pH 值和碳源的供应不受限制；

（2）较大的比表面积：接触面积、吸附容量、单位体积的反应点更多；

（3）一定的结构强度：防止填料压实，否则会使压降升高、气体停留时间缩短；

（4）高水分持留能力：水分是维持微生物活性的关键因素；

（5）高空隙率：使气体有较长的停留时间；

（6）较低的体密度：减小填料压实的可能性。

常用的堆肥、泥煤等填料能基本符合以上要求，但是其中含有的有机物会逐渐降解，这不仅使填料压实，还要在一定时间后更换，即有寿命限制。将有机填料和惰性的填充剂混合，使用寿命可高达 5 年，一般为 2~4 年。为了提高填料性能、降低压降，一般要求 60% 的填料颗粒直径大于 4mm。不同填料的优缺点，见表 8-5。

表 8-5　不同填料优缺点的比较

材料	优点	缺点
土壤	一项成熟的技术，适合于处理有恶臭或低浓度的气体，费用低	低的缓冲量，低吸附能力，低生物降解率，营养物的供应有限
泥炭和堆肥	一种可用于商业的技术，适合于处理低浓度的有机废气，成本低	低的缓冲量，低生物降解率，营养物的供应有限
粒状活性炭	高的吸附能力，好的生物量吸着力，可以处理高浓度的有机废气，高的生物降解能力	成本高，因为吸附能力高所以很难清洗
粒状陶瓷	易清洗，比活性炭的成本低，高生物降解率	比土壤和泥炭堆肥贵
塑料	易清洗，材料易得，价格便宜	无吸附能力，比焦炭贵，生物降解率低
焦炭	价格便宜，材料易得，吸水性好，吸附力强	生物降解率较低

8.4.2　pH 值对生物净化气态污染物的影响

微生物的生命活动，物质代谢都与 pH 值有密切关系，每种微生物都有不同的 pH 值要求（见表 8-6）。大多数细菌、藻类和原生动物对 pH 值的适应范围在 4~10 之间，最佳 pH 值为 6.5~7.5。

表 8-6　几种常用微生物的适宜温度范围和 pH 值

微生物	假单胞菌	环状弧菌	硫氰氧化杆菌	硫杆菌	放线菌 S_2
温度/℃	25~35	30~35	27~33	25~30	20~30
pH 值	6.5~7.5	7.0~8.0	6.8~7.6	5.5~7.5	7.0~8.0
最适 pH 值	7.0	7.5	7.0	7.0	7.0

在污染物生物处理过程中，一些有机物的降解会产生酸性物质，例如处理 H_2S 和含硫有机物导致 H_2SO_4 的积累；NH_3 和含氮有机物导致 NHO_3 的积累；氯代有机物导致 HCl 的积累；高有机负荷引起的不完全氧化也会导致乙酸等有机酸的生成。这些过程均会使生物处理器的 pH 值环境发生变化。一般地，采取在处理器中添加石灰、大理石、贝壳等来增加缓冲能力，调节 pH 值。

8.4.3　溶解氧对生物净化气态污染物的影响

根据微生物的呼吸与氧的关系，微生物可分为好氧微生物、兼性厌氧（或兼性好氧）微生物和厌氧微生物。

好氧微生物需要供给充足的氧。氧对好氧微生物具有两个作用：第一个是在呼吸中氧作为最终电子受体；第二个是在甾醇类和不饱和脂肪酸的生物合成中需要氧。充氧的效果与好氧微生物的生长量成正相关性，氧供应量的多少根据微生物的数量、生理特性、基质性质及浓度综合考虑。

兼性微生物具有脱氢酶也具有氧化酶，既可在无氧条件也可在有氧条件下生存。在好氧生长时氧化酶活性强，细胞色素及电子传递体系的其他组分正常存在，而在无氧条件下，细胞色素及电子传递体系的其他组分减少或全部丧失，氧化酶不活动，一旦通入氧气，这些组分的合成很快恢复。

厌氧微生物只有在无氧条件下才能生存，它们进行发酵或无氧呼吸。因此在其进行生物处理过程中，要尽可能保持无氧状态。

8.4.4 湿度对生物净化气态污染物的影响

在生物过滤处理废气中，湿度是一个重要的环境因素。首先它控制氧的水平，决定是好氧还是厌氧条件。如果滤料的微孔中 80%~90% 充满水，则可能是厌氧条件。其次，大多数微生物的生命活动都需要水，而且只有溶解于水相中的污染物才可能被微生物所降解。

填料的湿度如果太低，将使微生物失活，填料也会收缩破裂而产生气流短流；如填料湿度太高，不仅会使气体通过滤床的压降增高、停留时间降低，而且由于空气–水界面的减少引起氧供应不足，形成厌氧区域从而产生臭味并使降解速度降低。许多试验表明，填料的湿度在 40%~60% 范围内时，生物滤膜的性能较为稳定；对于致密的、排水困难的填料和憎水性挥发性有机物（VOCs），最佳含水量在 40% 左右；对于密度较小、多孔性填料和亲水性的 VOCs，则最佳含水量在 60% 以上。

影响填料湿度变化的主要因素有：湿度、未饱和的进气、生物氧化、与周围进行热交换等。当未饱和的进气经过滤床时，将与填料充分接触并吸收填料水分，最终达到饱和。生物氧化作用由于污染物的降解为放热反应，使废气和填料温度升高，填料中水分蒸发，废气中的含水能力也随温度提高而增高。

8.4.5 温度对生物净化气态污染物的影响

温度是影响微生物生长的重要因素。任何微生物只能在一定温度范围内生存，在此温度范围内微生物能大量生长繁殖。根据微生物对温度的依赖，可以将它们分为低温性（<25℃）、中温性（25~40℃）和高温性（>40℃）微生物。在适宜的温度范围内，随着温度的升高，微生物的代谢速度和生长速度均可相应提高，到达一最高值后温度再提高对微生物有害，甚至有致死的作用。因此工程上通常根据微生物种类选择最适宜的温度。几种常用微生物的适宜温度范围，见表 8-6。

8.5 生物净化设备的设计

8.5.1 生物洗涤器的设计计算

生物洗涤法净化气态污染物所用的吸收器，其作用过程可看成是物理吸收，所以吸收设备及其设计与一般的洗涤塔相同，其设计计算见第 5 章的相关内容。由吸收器流出的含污染物废液进入生化反应器，经生物降解得到再生。在此主要介绍生化反应器的设计。

一般废液中污染物浓度较低，其反应可视为一级反应，则

$$- q = k_s \rho_L \tag{8-1}$$

式中 ρ_L ——反应物浓度，mg/L；

     $- q$ ——反应速率，mg/(L·s)；

     k_s ——反应速率常数，s^{-1}。

假定废液均匀流过反应池，则在稳定情况下

$$- u \frac{d\rho_L}{dx} = k_s \rho_L \tag{8-2}$$

式中 u ——废液通过反应池的流速，m/s。

将上式整理积分可得：

$$\rho_{L2} = \rho_{L1} \exp\left(- \frac{k_s L}{u}\right) \tag{8-3}$$

式中 ρ_{L1} ——入口浓度，mg/L；

     ρ_{L2} ——出口浓度，mg/L；

     L ——反应池长度，m。

用上式可计算反应池体积，式中 k_s 可通过实验求得。

如果连续通空气供氧，就会造成返混。在这种情况下，可通过物料衡算计算：

$$A_f u(\rho_{L1} - \rho_{L2}) = k_s \rho_{L2} V \tag{8-4}$$

式中 A_f ——反应池横截面积，m^2；

     V ——反应池体积，m^3。

反应池长度 L 为 $L = V/A_f$，则

$$\rho_{L2} = \frac{\rho_{L1}}{k_s L/u + 1} \tag{8-5}$$

8.5.2 生物过滤器的设计计算

在生物过滤装置中，气液固三相接触，滤料作为载体，其表面覆盖有一层液膜，微生物便活动其中，废气通过过滤空隙与液膜接触，污染物溶解并被微生物分解，滤料表面附近污染物浓度分布如图 8-9 所示。

生化反应速率方程为：

$$- q = k\rho_{AL} \tag{8-6}$$

在稳定情况下：

$$N_A = - u \frac{d\rho_{AG}}{dx} \tag{8-7}$$

式中 ρ_{AG} ——气相中污染物浓度，mg/m^3；

     u ——空隙中的气体平均流速，m/s；

     N_A ——气体中的传质速率，$mg/(m^3 \cdot s)$；

     x ——距离固相的距离，m。

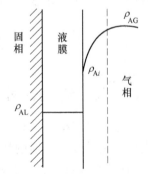

图 8-9 滤料表面污染物浓度分布

$$N_A = -q \frac{V_L}{V_G} \tag{8-8}$$

式中　V_L——液相体积，L；

　　　V_G——空隙容积，m^3。

将式（8-6）代入式（8-8），则得：

$$N_A = k\rho_{AL} \frac{V_L}{V_G} \tag{8-9}$$

令

$$k_s = k \frac{V_L}{V_G} \tag{}$$

则

$$u \frac{d\rho_{AG}}{dx} = -k_s\rho_{AL} \tag{8-10}$$

由相界面上的物料平衡关系，可得：

$$\frac{k\rho_{AL}V_L}{V_C} = \frac{k_{AG}(\rho_{AG} - \rho_{Ai})A}{V_C} \tag{8-11}$$

式中　V_C——过滤层体积，m^3；

　　　ρ_{Ai}——相界面上的浓度，mg/m^3；

　　　k_{AG}——传质系数，m/s；

　　　A——相界面面积，m^2。

如果过程中的平衡关系符合亨利定律，则

$$\rho_{Ai} = H\rho_{AL} \tag{8-12}$$

于是有

$$k\rho_{AL}v_L = k_{AG}(\rho_{AG} - H\rho_{AL})a \tag{8-13}$$

式中　H——亨利常数；

　　　a——比表面积，m^2/m^3。

$$v_L = \frac{V_L}{V_C} \tag{8-14}$$

将式（8-13）整理后，则得：

$$\rho_{AL} = \rho_{AG} \frac{ak_{AG}}{kv_L + ak_{AG}H} \tag{8-15}$$

令

$$k_z = \frac{ak_{AG}}{kv_L + ak_{AG}H} \tag{}$$

将上两式代入式（8-10）后在整个滤层积分，并令 $k_B = k_s k_z$，则可得：

$$\rho_{AG2} = \rho_{AG1} \exp\left(-\frac{k_B x}{u}\right) \tag{8-16}$$

过滤过程反应速率按指数关系变化：

$$k = k_{max}\left[1 - \exp(-bt)\right]$$

式中　b——增长系数；

　　　t——时间，s^{-1}。

由此可得：

$$k_{B} = k_{s}k_{z} = \cfrac{\dfrac{V_{L}}{V_{G}}ak_{AG}}{v_{L} + \dfrac{aHk_{AG}}{k_{max}[1 - \exp(-bt)]}}$$ (8-17)

k_{B} 值一般是通过实验来确定，肥料厂、肉类加工厂和烟草加工厂等废气生物处理装置 $k_{B} = 0.05 \sim 0.20s^{-1}$。

当净化效率确定后，就可以用以上公式计算出生物滤池的床层设计高度，进而确定生物滤池的结构尺寸。生物滤池的设计参数见表8-7。

表 8-7　生物滤池的设计参数

参　　　数	参　考　值
表面气流速率 / m³·(m²·h)⁻¹	10~100
停留时间 /s	15~60
填料高度 /m	0.5~1.0
压降/Pa	500~1000
相对湿度/%	30~60
pH 值	7~8

8.6　生物法净化气态污染物的应用

8.6.1　生物洗涤（吸收）装置的应用

8.6.1.1　动物脂肪加工厂气态污染物的生物法处理

气态污染物由含有氨、胺、硫、醇、脂肪酸、乙醛和酮的气体组成。采用的吸收反应器是二级工作的填充塔。第一级用弱酸性（pH ≈ 5.5）吸收剂吸收弱碱性和中性有机物及氨，第二级用弱碱性（pH ≈ 9）吸收剂吸收其他污染物。吸收剂为微生物悬浮液。该动物脂肪加工厂气态污染物的生物处理系统如图8-10所示，其该生物反应器处理系统的主要技术数据见表8-8。

8.6.1.2　轻金属铸造厂气态污染物的生物法处理

轻金属铸造厂气态污染物含有胺、酚和乙醛等污染物。该处理系统由两个并联的吸收器、生物反应器及辅助设备组成。在第一级中，气态污染物中的粉尘和碱性污染物被弱酸性吸收剂清除；在第二级中，气体与生物悬浮液接触。两个吸收器各配一个生物反应器，用压缩空气向反应器里供氧。当反应器效果较差时，可由营养物贮槽向反应器内添加营养物供给细菌。该生物处理系统如图8-11所示，其该系统的主要技术数据见表8-8。

表 8-8 生物处理系统反应器的主要技术数据

技术数据	动物脂肪加工厂	轻金属铸造厂
气体流量 / $m^3 \cdot h^{-1}$	40000	2×60000
气体最高温度 / K	308	308
输入气体浓度	2000~20000Nod[①]	60~100mL/m^3（以丙烷计）
净化后气体浓度	50Nod	6mg/m^3（以酚计）
气体平均停留时间 / s	4	9
气液比 / m^3（气）·m^{-3}（液）	—	346.8
气体压降 / Pa	1200	400~600
能耗/kJ·m^{-3}	5.76	7.20
原料消耗 / kg·h^{-1}	NaOH（纯）：0.1，H_2SO_4（纯）：2.0	—
设备材料	聚乙烯和聚氯乙烯	聚乙烯和聚氯乙烯

① Nod 是臭味单位。

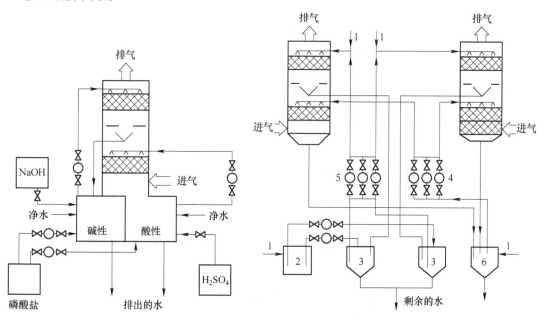

图 8-10 动物脂肪加工厂气态污染物的生物法处理

图 8-11 轻金属铸造厂气态污染物的生物法处理
1—新鲜水；2—营养物；3—生物反应器；4—第一级泵；
5—第二级泵；6—吸收液贮槽

8.6.2 生物过滤装置的应用

8.6.2.1 堆肥场、动物饲养场和动物脂肪加工厂废气的生物过滤法处理

采用生物过滤装置，对堆肥场和动物脂肪加工厂的废气中所含臭味物质（主要是乙醇、丁二酮、丙酮、戊二胺、腐胺、氨、硫醇、硫化氢、脂肪酸、醛、苎烯及其他碳氢化

合物）进行净化处理。滤料采用堆肥，滤层厚度不应小于 1000mm，气体分配层厚度约 300mm。

采用生物过滤装置，对动物饲养场的废气含多种有机和无机臭味物质（如氨、胺、氨化合物、乙醇、酯、酚和吲哚等）进行净化处理。过滤材料是由柴草和纤维状泥炭混合而成。为防止粉尘堵塞砾石配气层，可对废气进行预除尘处理。

该生物过滤装置的主要技术数据见表 8-9。动物饲养场的废气生物滤池如图 8-12 所示。

表 8-9　三种生物滤池的主要技术数据

技术数据	堆肥场	动物脂肪加工厂	动物饲养场
过滤材料	固体废弃物堆肥	固体废弃物堆肥	柴草和纤维状泥炭
输入气体量/ $m^3 \cdot h^{-1}$	16000	25000	11000
过滤面积 / m^2	264	288	39
滤层厚度 /m	1	1	0.5
滤料堆积密度 /kg · m^{-3}	700	700	380
空隙率 / %	40~60	40~60	75~90
气体在滤层中平均停留时间/s	24	17	≥5
过滤负荷/ $m^3 \cdot (m^2 \cdot h)^{-1}$	60	88	282
气体通过滤层的压降/ Pa	1600~1800	1600~1800	40~70
滤层湿度 / %	40~60	40~60	25~75
输入气体浓度/mg（碳）· m^{-3}	230	45	6~70 Nod[①]
净化后气体浓度/mg（碳）· m^{-3}	8.3	3.5	2.0~7.0 Nod[①]
输入气体温度/K	301	303	291~305
耗水量/ $m^3 \cdot m^{-2}$	0.4~0.7	0.5~0.8	0.3~0.6
耗电量/kJ · m^{-3}	2.16~2.88	2.88~3.60	0.58~0.65
预除尘器	希望有	希望有	希望有

① Nod 为臭味单位。

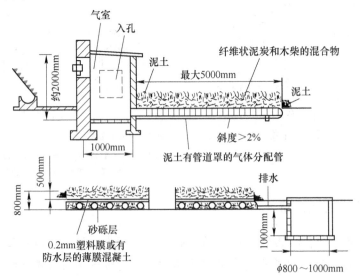

图 8-12　动物饲养场废气生物滤池

8.6.2.2　炼油厂废气的生物过滤法处理

采用生物过滤池，在炼油厂处理 40000m³/h 的废气，其中含 400×10^{-6} 的 VOCs（250×10^{-6} 为脂肪烃类，150×10^{-6} 为芳烃），苯含量为 25×10^{-6}，臭味组成（体积分数）为：H_2S 含量为 2×10^{-6}，甲硫醇含量为 0.5×10^{-6}，氨含量为 5×10^{-6}，处理结果及所需费用见表 8-10。

表 8-10　炼油厂废气生物过滤法处理与其他方法处理的比较

控制技术		总投资/千美元	年折旧/千美元	年运行费用/千美元	年总费用/千美元
生物过滤	去除 95%VOCs	7000~12000	1100~1900	1000~3000	2100~4900
	去除 98%苯	500~1150	80~185	40~120	120~305
	去除 98%的臭味	250~420	40~70	40~85	80~155
燃烧技术		800~1000	130~160	200	300~360
活性炭吸附（用蒸气再生）		840	134	135	270

注：假设设备寿命为 10 年，年利率 10%。

8.6.3　生物滴滤装置的应用

采用生物滴滤池处理挥发性有机物（VOCs）、有害空气污染物质（HAPs）和海边污水处理厂的恶臭排放物，能去除的污染物包括酚、丁酮、苯、甲苯、乙苯、二甲苯、硫化氢、亚甲基氯化物等，总的去除率达到 85% 以上。

对来自工业废水、炼油厂的处理池的废气处理流程为：污染气体下向流，同循环的液体一起运行，经过两个生物滴滤池（填料是 455kg 的活性炭）处理后排放。系统的设计参数为：空气进气流速 3000m³/h，反应器面积为 3.1m×9.1m，完全由玻璃纤维合成树脂制成，滤床体积为 31m³，气体停留时间为 36s，平均有机负荷率大约是 12g/(m³·h)。

8.7　本章小结

本章介绍了气态污染物生物净化的原理，废气生物降解的微生物分类，生物反应器的分类和生物洗涤器、生物过滤器和生物滴滤器；介绍了填料、温度、湿度、pH 值和溶解氧对生物净化气态污染物的影响，净化气态污染物的生物洗涤工艺、生物过滤工艺，生物洗涤器和生物过滤器的设计计算；还介绍了生物反应器（生物洗涤器、生物过滤器和生物滴滤器）在动物脂肪加工厂、轻金属铸造厂、堆肥场、动物饲养场和炼油厂中废气处理的应用等内容。

思 考 题

8-1　说明生物法净化处理气态污染物的基本原理。

8-2　气态污染物生物处理的微生物，按获取营养的方式不同有_____和_____两大类。

8-3　根据在废气生物处理中微生物的存在形式，生物处理反应器可分为_____和

_____两大类。按它们的液相是否流动以及微生物群落是否固定，生物反应器分为_____，_____和_____三类。

8-4 影响生物净化气态污染物的主要因素有哪些？详细说明。

8-5 详细说明生物净化器的理想填料具有的性质。

8-6 土壤、泥炭和堆肥、粒状活性炭、粒状陶瓷、塑料和焦炭等填料有哪些优缺点？

8-7 详细说明生物洗涤工艺和生物过滤工艺。

8-8 说明生物洗涤器、生物过滤器和生物滴滤器的适应条件和运行特性。

9 气态污染物的其他净化技术与设备

【学习指南】
　　本章主要了解冷凝净化原理，冷凝基本冷却方式，接触冷凝器类型和表面冷凝器类型，掌握接触冷凝器的计算，表面冷凝器的换热计算，列管冷凝器的设计和冷凝法的典型应用等；熟悉气体分离膜的渗透系数 K、分离系数 α、溶解度系数 S 等特性参数，了解多孔膜、非多孔膜、非对称膜的气体膜分离机理，膜材料及分类、Prism 气体分离器和平板旋卷式膜分离器的结构，掌握气体膜分离的简单级联、精馏级联和提馏级联流程，以及气膜分离技术的应用等；了解燃烧转化原理、燃烧的必要条件、爆炸极限浓度范围，燃烧类型，掌握直接燃烧、热力燃烧与催化燃烧的过程及设备，热力燃烧的设计计算及燃烧净化法的工业应用等内容。

9.1　气态污染物的冷凝净化技术与设备

9.1.1　冷凝净化技术

　　冷凝净化技术是利用废气中各混合成分的冷凝温度不同而将有害成分分离出来的技术，这种净化分离技术多用于有机废气的回收，特别适合于处理有机蒸气体积分数在 10^{-2} 以上的废气，可以使废气得到很大程度地净化，但对于低浓度废气，由于要采取进一步的冷冻措施，使运行成本大大提高。所以冷凝净化技术不适合处理低浓度的有机气体，而常作为吸附、燃烧等净化高浓度废气的前处理，回收有价值物质，并减轻这些方法的处理负荷。例如氧化沥青废气就是先冷凝回收馏出油及大量水分，而后送去燃烧净化。又如高分子绝缘薄膜聚酰亚胺生产中排放的废气中，含有大量毒性较大、价值较高的二甲基乙酰胺，可采用冷凝-吸收法，冷凝回收率达 70% 左右，在经过水吸收后，去除率达99.5%。除处理有机废气外，冷凝法还被用于前处理含高浓度汞蒸气的废气。

9.1.2　冷凝净化原理

　　冷凝净化法是利用气态污染物在不同温度及压力下具有不同的饱和蒸气压，在降低温度或加大压力的情况下，某些污染物凝结出来，以达到净化或回收的目的。可借助于控制不同的冷凝温度，分离出不同的污染物来。当废气中污染物的蒸气分压等于该温度下的饱和蒸气压时，废气中的污染物开始凝结出来，该温度称为某一系统压力下的露点温度，另外在恒压下加热液体，开始出现第一个气泡时的温度称为泡点。冷凝温度一般在露点与泡点之间，冷凝温度越接近泡点，则净化程度越高。

某一温度下的饱和蒸气压反映了残留在气相中的某污染物的大小，因此，某一冷凝温度下的有害物质的最大回收量为：

$$G = 0.12 \times \left(\frac{p_1}{273 + t_1} - \frac{p_2}{273 + t_2} \times \frac{101325 - p_1}{101325 - p_2} \right) QM \qquad (9\text{-}1)$$

式中　G ——冷凝回收的有害物最大量，g/h；

　　　M ——有害物摩尔质量；

　　　Q ——废气处理量，m³/h；

　　　p_1，t_1 ——冷凝前废气中有害物分压及温度，Pa 及℃；

　　　p_2，t_2 ——冷凝后废气中有害物分压及温度，Pa 及℃。

9.1.3　冷却方式与冷凝设备

冷凝法从废气中分离有害物质有两种基本冷却方式：接触冷凝（直接冷却）和表面冷凝（间接冷却）。

9.1.3.1　接触冷凝器

A　接触冷凝器的类型

接触冷凝器又称混合冷凝器。接触冷凝是冷却介质与废气直接接触进行热交换，其优点是冷却效果好，设备简单，但要求废气中的组分不会与冷却介质发生化学反应，也不能互溶，否则难以分离回收。为防止二次污染，冷却液需进一步处理。常用的直接冷凝器有喷射器、喷淋塔、填料塔、筛板塔等。

（1）喷射式接触冷凝器。喷射式接触冷凝器如图 9-1（a）所示。喷射式接触冷凝器，喷出的水流既冷凝蒸气，又带出废气，不必另加抽气设备。喷射式冷凝器的用水量较大，可根据冷却水用量来选择设备，有关尺寸见表 9-1。

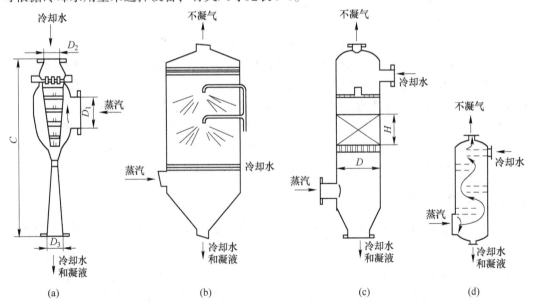

图 9-1　接触冷凝器示意图

（a）喷射式；（b）喷淋式；（c）填料式；（d）塔板式

（2）喷淋式接触冷凝器。喷淋式接触冷凝器的结构类似于喷洒吸收塔，如图 9-1（b）所示。利用塔内喷嘴把冷却水分散在废气中，在液体表面进行热交换。

（3）填料式接触冷凝器。填料式接触冷凝器的结构类似于填料吸收塔，如图 9-1（c）所示。利用填料表面进行热交换。填料的比表面积和空隙率大，有利于增加接触面积和减少阻力。

（4）塔板式接触冷凝器。塔板式接触冷凝器的结构类似于板式吸收塔，如图 9-1（d）所示。塔板筛孔直径为 3~8mm，开孔率为 10%~15%。与填料塔相比，单位容积的传热量大，塔板式为 41900~105000kJ/（$m^3 \cdot h$），填料塔为 3350~4190kJ/（$m^3 \cdot h$），但这种冷凝器阻力较大。

表 9-1　喷射式接触冷凝器的参考尺寸

冷却水量/$m^3 \cdot h^{-1}$	D_1/mm	D_2/mm	D_3/mm	C/mm
1.5	32	25	25	345
3.5	50	38	38	410
7	75	38	50	570
13	100	50	62	750
21	150	62	75	1060
30	200	75	88	1260
54	250	88	100	1410
90	300	100	125	1472
136	350	125	125	2070
194	450	150	150	2500
252	500	175	200	2800
450	600	200	250	3200
650	750	250	300	3800

B　接触冷凝器的计算

接触冷凝器的热计算可用热量衡算来解决。有害蒸气的冷凝潜热及废气和冷凝液进一步释放的潜热，都被冷却水所吸收，管道、水池及有关设备要根据冷凝量决定尺寸。

接触冷凝器的冷却用水量 G_w（kg/h）为：

$$G_w = \frac{G\Delta H + Gc_p(t_2 - t_1) + G_g c'_p(t_2 - t_1)}{c_w(t_2 - t_1)} \tag{9-2}$$

式中　G——气态有害物质冷凝量，kg/h；

G_g——废气进口质量流量，kg/h；

ΔH——气态有害物质的冷凝潜热，kJ/kg；

c_p，c'_p——液态有害物质和废气的比定压热容，kJ/（kg·℃）；

c_w——冷却水的比定压热容，kJ/（kg·℃）；

t_1，t_2——冷却水进、出温度，℃。

9.1.3.2　表面冷凝器

表面冷凝器又称间壁式冷凝器。表面冷凝时，有害气体被间壁另一侧的冷却剂冷却，使用这类设备可回收被冷凝组分，无二次污染，但冷却效果较差。

A　表面冷凝器的类型

常用的表面冷凝器有：列管式冷凝器、翅管空冷冷凝器、淋洒式冷凝器和螺旋式冷凝器等。

（1）翅管空冷冷凝器。翅管空冷冷凝器也称为空冷器，如图9-2所示。其特点是换热管外装有许多金属翅片，翅片可用机械轧制、焊接或铸造。它是利用空气在翅片管的外面流过，以冷却冷凝管内通过的流体，一般当冷热流体的传热膜系数相差3倍或更多时采用。优点是节约水，缺点是装置庞大，占空间大，动力消耗大，适用于缺水地区。

（2）螺旋式冷凝器。螺旋式冷凝器的结构如图9-3所示。其结构紧凑，传热效率高，不易堵塞。缺点是操作压力和温度不能太高。目前国内已有系列标准的螺旋板式换热器，采用的材质为碳钢和不锈钢两种。

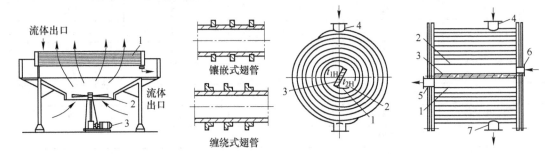

图9-2　翅管空冷冷凝器　　　　　　　图9-3　螺旋式冷凝器
1—翅管；2—鼓风机；3—电动机　　　1, 2—金属片；3—隔板；4, 5—冷流体
　　　　　　　　　　　　　　　　　　连接管；6, 7—热流体连接管

（3）列管式冷凝器。列管式冷凝器如图9-4所示。其结构简单、坚固，处理能力大，适应性强，操作弹性较大。其中固定管板式结构最简单，适用于管、壳温度差小于60～70℃，壳程压力较小的情况；浮头式适应性强，但结构较复杂，造价较高；U形管式特别适用于高温、高压的情况，但管程不易清洗。浮头式和U形管式换热器，我国已经有系列化标准，可根据需要经初步设计后选用。

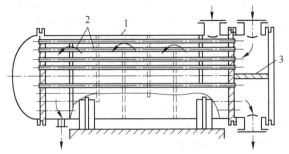

图9-4　列管式冷凝器
1—壳体；2—挡板；3—隔板

（4）淋洒式冷凝器。淋洒式冷凝器的结构如图9-5所示。被冷却的流体在管内流动，冷却水自上喷淋而下。其优点是结构简单，传热效果好，便于检修和清洗；其缺点是占地面积较大，水滴易溅洒到周围，且喷淋不易均匀。

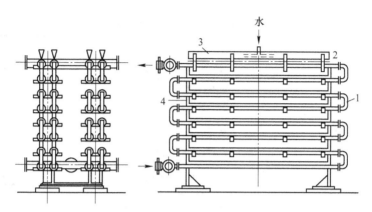

图 9-5 淋洒式冷凝器
1—U 形管；2—直管；3—水槽；4—挡板

B 表面冷凝器的换热计算

在选用和设计冷凝器之前，都需要进行换热计算，以确定所需要的传热面积。表面冷凝器的总换热量值包括气态有害物质冷凝放出的潜热、冷凝液进一步冷却的显热和废气冷却的显热。总换热量 $Q(kJ/s)$ 可按下式计算：

$$Q = G\Delta H + Gc_p(t_2 - t_1) + G_g c'_p(t_2 - t_1) \tag{9-3}$$

式中　G——气态有害物质冷凝量，kg/h；

　　ΔH——气态有害物质的冷凝潜热，kJ/kg；

　　G_g——废气进口质量流量，kg/h；

　c_p，c'_p——液态有害物质和废气的比定压热容，kJ/(kg·℃)；

　t_1，t_2——气态有害物质的出口、进口温度，℃。

根据传热理论，总传热方程为：

$$Q = KS\Delta t_m \tag{9-4}$$

式中　Q——总换热量，kJ/s；

　　K——总传热系数，kW/(m²·℃)；

　　S——冷凝器传热面积，m²；

　　Δt_m——对数平均温度差，℃。

总传热系数 K 不仅与换热器，而且与进行热交换的两种流体本身的物理性质和流动状态有关。翅管空冷冷凝器传热系数参考值见表 9-2。列管冷凝器传热系数参考值见表 9-3。

表 9-2 翅管空冷冷凝器传热系数参考值

介　质	$K/W \cdot (m^2 \cdot ℃)^{-1}$	介　质	$K/W \cdot (m^2 \cdot ℃)^{-1}$
水蒸气（0~1.32×10⁵Pa 绝压）	730~790	烃类（C₄以下）	450~540
氨	570~690	轻汽油	450
氟利昂-22	340~450	低沸点有机物（1.01×10⁵Pa）	590
甲醇甲酸（1.01×10⁵Pa）	510		

表 9-3 列管冷凝器传热系数参考值

管　内	管　间	$K/kW\cdot(m^2\cdot℃)^{-1}$
水	有机物蒸汽及水蒸气	0.58~1.16
	重有机物蒸汽（常压）	0.12~0.35
	重有机物蒸汽（负压）	0.06~0.18
	饱和有机溶剂蒸汽（常压）	0.58~1.16
	饱和水蒸气的氯气（50℃→20℃）	0.38~0.18
	SO^2（冷凝）	0.81~1.16
	NH_3（冷凝）	0.70~0.93
	氟利昂（冷凝）	0.76
水或盐水	饱和有机溶剂蒸汽（常压，有不凝气）	0.23~0.46
	饱和有机溶剂蒸汽（常压，不凝气较多）	0.06~0.23
	饱和有机溶剂蒸汽（负压，有不凝气）	0.18~0.35
	饱和有机溶剂蒸汽（负压，不凝气较多）	0.06~0.17

注：水蒸气含量越低，K 值越小。

根据传热计算求得总传热量后，便可由总传热方程估算所需传热面积 S，进而可选用或自行设计冷凝器。

C　列管冷凝器的设计

在列管冷凝器中一般冷却水走管程，蒸气走壳程。列管冷凝器设计包括：计算管程流通截面积，确定管子尺寸、数目及流程数；选择管子的排列方式，确定外壳直径；计算进、出口连接管尺寸等。

（1）管程流通截面积的计算。单程冷凝器的管程流通截面积 $S_t(m^2)$，可按下式计算：

$$S_t = \frac{Q_t}{3600\rho_t v_t} \qquad (9-5)$$

式中　Q_t ——管程流体的质量流量，kg/h；

ρ_t ——管程流体的密度，kg/m^3；

v_t ——管程流体的流速，m/s。

为保证流体依上述流量和流速通过冷凝器，则需要的管数 n 为：

$$n = \frac{4S_t}{\pi d_i^2} \qquad (9-6)$$

式中　d_i ——管子内径，m。

管子的长度 L 为：

$$L = \frac{S}{n\pi d} \qquad (9-7)$$

式中　d ——管子的计算直径，m；

S ——热计算所需的传热面积，m^2；

n ——管子的根数。

在选定每一流程的管长时应考虑到，当传热面积 S 为一定时，增大管子长度可使换热器的直径减少，从而使热交换器的成本有所降低。另一方面，太长了会给管子的清理和拆换增加困难，又使检修时抽出管子所需空间增大。

通常所采用的换热管长度与壳体直径之比，一般在 4~25 之间，常用的为 6~10；立式热交换器，其比值为 4~6。"换热器规定"推荐的换热管长度采用：1500mm、2000mm、2500mm、3000mm、4500mm、6000mm、7500mm、9000mm、12000mm 等。

按式（9-7）所计算的管长如果过长，就应做成多流程的热交换器。当管子的长度选定为 l 后，所需的管程数 Z_t，可按下式计算：

$$Z_t = L/l \tag{9-8}$$

于是总的管子根数 n_t 为：

$$n_t = nZ_t \tag{9-9}$$

式中　　n——每程管数。

在确定流程数时，要考虑到程数过多会使隔板在管板上占去过多的面积，使管板上能排列的管数减少，流体穿过隔板垫片短路的机会增多。程数增多，就会增加流体的转弯次数，从而增加了流体流动阻力。另外，程数最好选取偶数，这样可使流体进、出口连接管做在同一个封头管箱上，便于制造。

（2）进、出口连接管直径的计算。进、出口连接管的直径（mm），可按下式计算：

$$D = 1.13\sqrt{\frac{Q}{3600\rho v}} \qquad (\text{mm}) \tag{9-10}$$

式中　　Q——流体质量流量，kg/h；

　　　　ρ——流体密度，kg/m^3；

　　　　v——流体的流速，m/s。

其中流速的数值应尽量选择与设备中的相同，按上式计算出的管径，还应圆整到最接近的标准管径。

（3）壳体直径的确定。确定壳体直径时，首先确定壳体的内径，尤其是确定多程热交换器内径的大小时，最可靠的方法是根据所选的管径、管间距、管子排列方法以及计算出的实际管数及隔板的大小和尺寸，并考虑壳体内径和最大布管圆直径之间的关系，通过做图法加以确定。

初步设计时，可按下述公式估算壳体内径 D_s(mm)：

$$D_s = (b - 1)a + 2b' \tag{9-11}$$

式中　　b——沿六边形行对角线上的管子数；

　　　　a——相邻两管的中心距，$a = (1.3 \sim 1.5)d_0$；

　　　　b'——管数中心线上最外层管的中心至壳体内壁的距离，$b' = (1 \sim 1.5)d_0$；

　　　　d_0——管子的外径，mm。

按公式计算或做图得到的内径应圆整到标准尺寸。而壳体厚度应通过强度计算加以确定，并应符合我国 GB 150—1998"钢制压力容器设计规定"中关于最小壁厚和壁厚附加量要求。我国的"换热器规定"中，规定公称直径小于 400mm 的热交换器，采用无缝钢管作为壳体，公称直径≥400mm 的，用卷制壳体，以 400mm 为基础，以 100mm 为进级档，必要时允许以 50mm 为进级档。

9.1.4　冷凝法的典型应用

A　冷凝法处理含有大量水蒸气的有机废气

例如处理含高水气的臭气流。水蒸气和恶臭有机物会冷凝，一些恶臭物质还会溶于冷凝器内，可使气流体积降低90%以上。石油化工业的石油及其产品在生产、储运及销售和应用过程当中，由于油品蒸发损耗不可避免地产生挥发性有机物气体（烃类VOCs，通常称为油气），对油气进行回收是一种经济有效的解决办法。国外某公司针对海洋石油开发中浮式生产储存卸载系统（简称FPSO），开发出一种有机废气冷凝回收工艺，如图9-6所示。

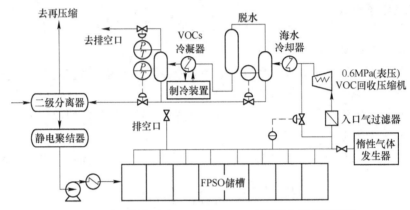

图9-6　用于海洋石油FPSO的VOCs冷凝回收流程示意图

B　冷凝法用于高浓度有机气体的回收

油库、加油站产生的油气浓度一般在40%左右，属于高浓度的有机气体。可以用冷凝法进行回收。图9-7所示为美国Edwards Engineering公司直接冷凝回收油气的典型工艺流程。该冷凝法回收装置的冷凝温度按预冷、机械制冷、液氮制冷等步骤来实现。预冷器是一单级冷却装置，其运行（冷凝）温度在油气各成分的凝固温度以上，使进入回收装置的油气温度从环境温度下降到4℃左右，使油气中的大部分水汽凝结为水。油气离开预

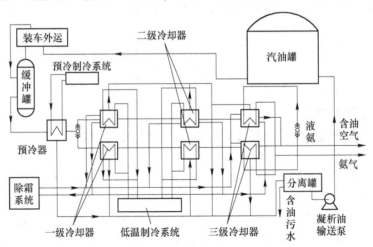

图9-7　直接冷凝法回收油气工艺流程示意图

冷器后进入机械制冷级，机械制冷级可使大部分油气冷凝成为液体回收。若需要更低的冷却温度，则机械制冷级之后连接液氮制冷，这样可使油气回收率达到99%。

C 冷凝法用于处理高浓度 HCl 废气

对于高浓度 HCl 废气，可采用石墨冷凝器回收利用，废气走管内，冷却介质走管间，废气温度降低到露点以下，HCl 冷凝下来，同时废气中的水蒸气也冷凝下来。冷却介质通常为自来水。图 9-8 所示为冷凝法处理高浓度 HCl 废气的工艺流程。HCl 首先在冷凝器中被冷凝下来，与冷凝水混合，部分 HCl 也可被管壁液所吸收，得到的盐酸浓度可达 10%~20%，供生产中调配使用。从冷凝器中排出的废气在喷淋塔进一步用水喷淋吸收，然后排至大气中，HCl 的总净化效率达 90% 以上。石墨冷凝器中，既有传热过程，又有传质过程，其冷凝吸收效率与操作温度、气速、HCl 浓度等因素有关。

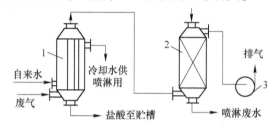

图 9-8 冷凝法用于处理高浓度 HCl 工艺流程示意图
1—石墨冷凝器；2—填料塔；3—风机

9.2 气态污染物的膜分离净化技术与设备

膜分离法是利用固体膜或液体膜作为一种渗透介质，废气中各组分由于分子量大小不同或荷电、化学性质不同，透过膜的能力不同，而得以分离开来，从而达到脱除有害物或回收有价值物的目的，这是一种新型的气态污染物分离净化方法。目前，膜净化法在国外已成功应用于净化装置中，用来回收废气中有价值的有机物，如聚氯乙烯生产中氯乙烯单体的回收，聚烯烃生产中己烷的回收及制冷设备、气雾剂、泡沫塑料等工厂排放的有机废气的回收等。从合成氨弛放气中回收氨，可获得 90% 左右的纯氢，回收率达 80%，返回供合成氨使用。

膜分离法的优点是分离因子大，分离效果好；由于过程中不发生相变，不必耗费相变能，节省能量；膜分离净化法操作简单，控制方便，操作弹性大。

9.2.1 气体分离膜的特性参数

9.2.1.1 渗透系数 K

K 表示膜对气体的渗透能力。稳态下气体透过膜时，若气体与膜的结构分子间相互作用可忽略，则 K 值可按下式计算：

$$K = \frac{Q_K l}{A t \Delta p} \tag{9-12}$$

式中 Q_K ——气体的渗透量，cm^3/s；

A ——膜的总面积，cm^2；

l ——膜的厚度，cm；

Δp ——膜两侧之压差，$\Delta p = p_1 - p_2$，$p_1 > p_2$，Pa；

p_1 ——高压侧分压，Pa；

p_2 ——低压侧分压，Pa；

t ——透过时间，s。

将式（9-12）变换，则有：

$$Q_K = \frac{Kt\Delta pA}{l} \tag{9-13}$$

由式（9-13）可以看出，要提高膜的渗透量，需要增加膜的表面积，增大膜两侧压差，减少膜的厚度。此外，要达到分离混合气体的目的，需选择系数 K 较大的膜，渗透系数 K 值越大，膜透过气体的能力就越强。

9.2.1.2 分离系数 α

分离系数 α 是用来评价膜对混合气体的分离能力的。设组分 A 与 B 渗透前的分子浓度为 c_A 与 c_B，压力为 p_1，在压力梯度的作用下，A、B 组分透过膜后到达低压侧，分子浓度为 Y_A、Y_B，则定义分离系数 α_{AB} 为：

$$\alpha_{AB} = \frac{Y_A/Y_B}{c_A/c_B} = \frac{Y_A c_B}{Y_B c_A} \tag{9-14}$$

设渗透开始前，$Y_A = 0$，$Y_B = 0$，渗透开始 t 时间后，低压侧的分子比应等于 A、B 两组分渗透速率之比，即

$$\frac{Y_A}{Y_B} = \frac{Q_{KA}}{Q_{KB}} = \frac{K_A \Delta p_A}{K_B \Delta p_B} \tag{9-15}$$

由式（9-14）及式（9-15），可得：

$$\alpha_{AB} = \frac{c_B Q_{KA}}{c_A Q_{KB}} = \frac{c_B}{c_A} \times \frac{K_A \Delta p_A}{K_B \Delta p_B} \tag{9-16}$$

分离系数 α 愈大，其分离能力愈强，一般 $\alpha > 20$。

9.2.1.3 溶解度系数 S

气体的溶解度系数 S 表示膜收集气体的能力。一般来说，气体透过膜时，由于膜吸着的气体浓度很低，且气体与膜间相互作用很弱，多假设气体迁移呈理想状态，其在膜中的溶解度为压力的线性函数，溶解度系数 S 与压力、浓度的关系类似于理想气体溶于液体的亨利定律：

$$c = Sp \tag{9-17}$$

式中 c ——气体在膜中的气体密度；

p ——与膜接触的气体分压。

溶解度系数 S 与扩散系数 D 及渗透系数 K 之间有如下关系：

$$K = SD \tag{9-18}$$

当气体与膜之间的相互作用较强时，例如有机溶剂的蒸气与高分子膜体系，以及亲水性高分子膜与水蒸气体系，则并不遵从亨利定律，但多数膜–气体体系是遵循亨利定

律的。

溶解度系数 S 与温度的关系通常可写为：

$$S = S_0 \exp[-\Delta H(RT)]\tag{9-19}$$

式中　ΔH ——溶解热，其值一般比较小，大体在 $\pm 8.4 \text{kJ/mol}$ 范围内；

　　　S，S_0 ——温度 T 和 T_0 时的溶解度系数。

9.2.2　气体膜分离机理

气体通过膜渗透时，由于膜的结构与化学特性不同，迁移的机理也不相同，因而描述迁移过程的模型也不同。下面介绍以膜结构区分的几种典型的机理与模型。

9.2.2.1　多孔膜

多孔膜如图 9-9（a）所示。多孔膜的孔径较大（$>50\text{Å}$，$1\text{Å} = 10^{-10}\text{m}$），但用于气体分离的多孔膜，孔径必须与气体分子的平均自由程 λ 差不多，或者更小。根据 Knudsen 准数 Kn，可将气体通过多孔膜的行为分为黏性流与分子流，或者处于两者之间等三种情况。

$$Kn = \frac{\lambda}{d} > 1 \quad 分子流域(有分离可能)$$

$$\tag{9-20}$$

$$Kn = \frac{\lambda}{d} < 1 \quad 黏性流域(无分离可能)$$

式中　λ ——分子的平均自由程，μm；

　　　d ——微孔孔径，μm。

膜-气体系的 λ/d 值不同，分子流与黏性流占的比例也不相同，例如当 $\lambda/d > 0.5$ 时，分子流占优势，而 $\lambda/d < 0.1$ 时，则 90% 以上为黏性流。在大气压下，气体分子的平均自由程一般在 10^3Å 左右，故要使分子流占优势，得到良好的分离效果，膜的孔半径必须在 500Å 以下。

在 $Kn = \dfrac{\lambda}{d} > 1$ 时，则有

$$Q_A = \frac{K_m}{\sqrt{M_A T}}(p_1 - p_2)\tag{9-21}$$

式中　K_m ——膜常数；

　　　M_A ——组分 A 的分子质量；

　　　T ——绝对温度；

　　p_1，p_2 ——膜两侧的气体压力。

由式（9-21）可导出混合气体分离的分离系数 $\alpha_{AB} \propto \sqrt{\dfrac{M_B}{M_A}}$。因此，混合气体的分子量差别愈大，分离效果愈好。

9.2.2.2　非多孔膜

非多孔膜如图 9-9（b）所示。气体通过非多孔膜时，可用溶解机理来解释。首先是气体与膜接触，接着是气体向膜表面溶解，由于气体溶解产生浓度梯度，致使气体在膜中

向另一侧面扩散迁移，最后气体到达膜的另一侧，脱溶出来。在迁移稳定的情况下，可推出气体渗透量计算公式，即

$$Q_{K} = \frac{Kt\Delta pA}{l} \qquad (9\text{-}22)$$

由于气体是通过非多孔膜的分子结构间隙进行渗透的，所以气体迁移行为受膜组分、结构和形态性质的影响极大，这是与气体通过多孔膜时的行为不同之点，提高迁移时的温度，将导致扩散加强，提高渗透速率。

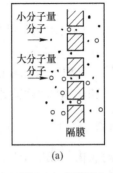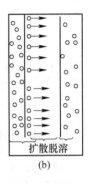

图 9-9　多孔膜和非多孔膜的分离机理
(a) 多孔膜；(b) 非多孔膜

9.2.2.3　非对称膜

非对称膜如图 9-10 所示。一般来说，多孔膜的渗透量大，但分离效果差；非多孔膜分离效果好，但渗透量小。为了克服上述两种膜的缺点，已制造出一种非对称膜，它是将一极薄（$0.1 \sim 1\mu m$）的非多孔质支撑在多孔质的底材上形成的。这种膜既能维持较高的渗透量，又能保证有较好的分离效果。

混合气体通过非对称膜的移动有如下几个步骤：（1）气体通过致密层溶解于膜中并在致密层中扩散；（2）通过皮层下部微孔过渡区流动；（3）通过多孔支撑层的黏性流动。这样可将不同情况下的传质阻力看成由串联和并联组成，如图 9-10 所示，其中 R_1、R_2、R_3 分别表示气体通过表面皮层 1、多孔质体 2 及被涂层充填一定深度的微孔 3 等部分的阻力。A 组分渗透量 Q_A 可按下式计算：

$$Q_{A} = \frac{\Delta\rho_{A}}{\dfrac{R_{A2}R_{A3}}{R_{A2} + R_{A3}} + R_{A1}} \qquad (9\text{-}23)$$

其中阻力 R_{An} 为

$$R_{An} = \frac{l_{n}}{K_{An}A_{n}} \qquad (9\text{-}24)$$

图 9-10　多孔复合膜的阻力模型
1—表面涂层；2—多孔质体；3—微孔

式中　l_n——当 n 为 1、2、3 时，分别为涂层厚度、多孔质体厚度、涂层深入微孔部分平均深度；

A_n——当 n 为 1、2、3 时，分别为涂层表面积、多孔质体的总表面积、微孔的总横截面积；

K_{An}——气体 A 的渗透系数，n 为 1、3 时，为 A 组分气体在涂层材质内的渗透系数，n 为 2 时是多孔质体的渗透系数。

9.2.3　膜材料及分类

空气净化中膜分离是一种高效的分离方法，装置的核心部分为膜元件。常用的膜元件有平板膜、中空纤维膜和卷式膜，又可分为气体和液体两种分离膜。按材料性质分，气体分离膜可分为无机材料、高分子材料以及金属材料。目前高分子聚合物膜是使用最多的分

离膜，无机材料分离膜在近几年又被开发出来。高聚物膜通常是用纤维素类、聚砜类、聚酰胺类、聚酯类、含氟高聚物等材料制成。无机分离膜包括玻璃膜、陶瓷膜、金属膜和分子筛炭膜等。膜的分类方法、种类功能都很多，但按膜的形态结构分类是普遍采用的，此时分离膜分为对称膜和非对称膜两类。气体分离膜材料应该同时具有高的透气性和较高的机械强度、化学稳定性以及良好的成膜加工性能。

对称膜又称为均质膜，它是一种均匀的薄膜，膜两侧截面的结构及形态完全相同，包括致密的无孔膜和对称的多孔膜两种，如图 9-11 所示。通常对称膜的厚度在 $10 \sim 200 \mu m$ 之间，膜总厚度决定传质阻力，透过速率可通过减小膜厚度来实现。

多孔膜　　　　　　　　　无孔膜

图 9-11　对称膜

非对称膜的横断面是不对称的，如图 9-12 所示。一体化非对称膜由同种材料制成，构成成分包括厚度为 $50 \sim 150 \mu m$ 的多孔支撑层和 $0.1 \sim 0.5 \mu m$ 的致密皮层两部分，其支撑层在高压下不易变形，强度较好。此外，可以将不同材料的致密皮层覆盖在多孔支撑层上构成复合膜，复合膜也是一种非对称膜。可优选不同的膜材料制备致密皮层与多孔支撑层的复合膜，这样可使每一层的作用都最大程度地发挥出来。很薄的皮层对非对称膜的分离起到了决定性的作用，在传质阻力小的情况下，非对称膜因其较高的透过速率而在工业上得到了广泛的应用。

致密皮层 —— 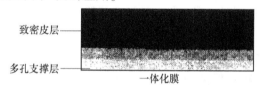 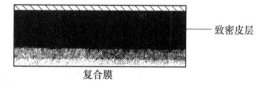 —— 致密皮层

多孔支撑层 ——

一体化膜　　　　　　　　　复合膜

图 9-12　非对称膜不同类型膜横断面示意图

9.2.4　气体膜分离设备及应用

常用的气体膜分离设备有 Prism 气体分离器和平板旋卷式膜分离器两种。

9.2.4.1　Prism 气体分离器

Prism 气体分离器是美国孟山都公司创新的一种中空纤维式分离器，已在许多国家获得了广泛的应用，主要用于合成氨厂弛放气中氢的回收。它的结构类似列管式换热器，外壳直径为 10cm 或 20cm，长 3m 或 6m，内装直径 0.1～1.0mm 的中空纤维 $10^4 \sim 10^5$ 根，中空纤维膜为外表涂以硅酮的聚砜非对称膜。使用压力最高为 147×10^5 Pa。被分离的混合气体进入外壳，经中空纤维膜渗透分离后，渗透气经膜中心小孔流出，汇集后由分离器中心流出，未渗透气体由外壳出口处排出，如图 9-13 所示。

9.2.4.2　平板旋卷式膜分离器

平板旋卷式膜分离器如图 9-14 所示。其中有一多孔渗管，膜和支撑物卷在多孔渗管外，高压原料气进入"高压道"，而经过膜渗出来的气体流经"渗透道"从渗透管中心流

出（为分离出的组分）。剩余气则从管外流道流出。

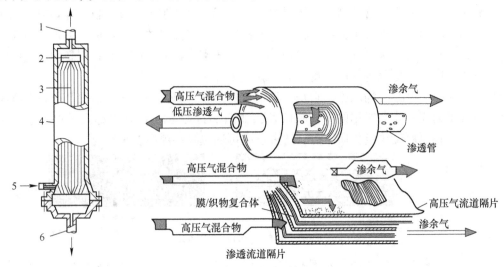

图 9-13 Prism 分离器结构示意图　　　　图 9-14 Separex 旋卷式气体分离器的膜片组件

1—非渗透气出口；2—纤维束压盖；

3—中空纤维束；4—碳钢壳；

5—混合气进料；6—渗透气出口

　　膜和支撑物组成膜叶，其三面封闭，使原料气与渗透气隔开。组体直径为 200mm，长为 1m，耐压大于 8MPa，原料气流量为 $6×10^4 ~ 12×10^4 \, m^3/h$。醋酸纤维非对称膜的应用范围广，可分离氢气，酸性气体 CO_2、H_2S 及水蒸气、碳氢化合物和氧气等。

9.2.4.3　气体膜分离的主要应用

　　气体膜分离的主要应用有：（1）空气分离，利用膜分离技术可以得到富氧空气和富氮空气，富氧空气可用于高温燃烧节能、家用医疗保健等方面，富氮空气可用于食品保鲜、惰性气氛保护等方面；（2）H_2 的分离回收，主要有合成氨尾气中 H_2 的回收、炼油工业尾气中 H_2 的回收等，是当前气体分离应用最广的领域；（3）气体脱湿，如天然气脱湿、压缩空气脱湿、工业气体脱湿等。

9.2.5　气体膜分离的流程

　　气体膜分离可分为单级的、多级的。一级配置是指原料气经一次膜分离，同一级中排列方式相同的膜器件组成一个段（可以是并联或串联）。典型的一级配置有一级一段连续式、一级一段循环式、一级多段连续式、一级多段循环式等。当分离系数不高、原料气的浓度低或要求产品较纯时，单级膜分离不能满足工艺要求，因此应采用多级膜分离，即将若干膜器串联使用，组成级联。常用的气体膜分离级联有以下三种类型。

　　（1）简单级联的流程。简单级联的流程如图 9-15 所示，每一级的渗透气作为下一级的进料气，每级分别排出渗余气，物料在级间无循环，进料气量逐级下降，末级的渗透气是级联的产品。

　　（2）精馏级联的流程。精馏级联的流程如图 9-16 所示，每一级的渗透气作为下一级的进料气，将末级的渗透气作为级联的易渗产品，其余各级的渗余气进入前一级的进料气中，还将部分易渗产品作为回流返回本级的进料气中，整个级联只有两种产品。其优点是易渗产品的产量与纯度比简单级联有所提高。

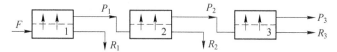

图 9-15 简单级联的流程示意图

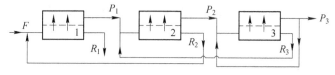

图 9-16 精馏级联的流程示意图

（3）提馏级联的流程。提馏级联的流程如图 9-17 所示，每一级的渗余气作为下一级的进料气，将末级的渗余气作为级联的产品，第一级的渗透气作为级联的易渗产品，其余各级的渗透气并入前一级的进料气中。整个级联只有两种产品，其优点是难渗产品的产量与纯度比简单级联有所提高。

新型的级联构型还包括连续膜塔式、双膜渗透器式、内部分级渗透器式等。

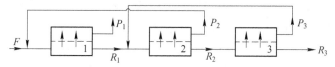

图 9-17 提馏级联的流程示意图

9.2.6 气膜分离技术的应用

膜技术几乎可以用于各行各业来回收各种高沸点的挥发性有机物，如甲苯、含碳数高于丁烷的烷烃、氯化有机物、氟氯碳氢化合物、酮、酯等。MTR（美国 Arid Technologies、Membrane Technology and Research Inc.）开发了一种新型的集成膜分离系统，其过程如图 9-18 所示。该技术结合压缩冷凝和膜单元两种技术的特点来实现分离。

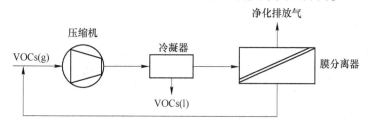

图 9-18 MTR 的 Vaporsep™ 膜分离系统

首先，有机废气用压缩机先提高到一定压力，然后进入冷凝器被冷却，部分 VOCs 冷凝下来，直接进到储罐，以进行循环和再用。离开冷凝器的非凝气体仍具有一定的压力，用作膜渗透的驱动力，使膜分离不再需要附加的动力；该非凝压缩气中，仍含有相当数量的有机物。当压缩气通过有机选择性膜的表面时，膜将气体分成两股物流：脱除了 VOCs 的未渗透侧的大部分净化气直接排放；渗透物流为富集有机物的蒸气，该渗透物流循环到压缩机的进口。由于 VOCs 的循环，回路中 VOCs 的浓度迅速上升，直到进入冷凝器的压缩气达到 VOCs 凝结浓度，这样系统就达到稳定。系统通常可以从进料气中移出 VOCs 达到 99% 以上，使排放气中的 VOCs 达到环保排放标准。该循环系统的特点是未渗透物流的浓度独立于进料气的浓度，该浓度由冷凝器的压力和温度决定。

在美国大部分的膜分离装置用来回收 VOCs、HCFCs、氯乙烯等高价值产品；在欧洲和日本主要从石油运输操作中回收碳氢化合物。

9.3　气态污染物的燃烧净化技术与设备

9.3.1　燃烧净化及净化法概述

燃烧净化法是利用某些工业废气中的污染物质可以燃烧氧化的特性，将其燃烧变成无害物质或易于进一步处理和回收物质的方法。该法的主要化学反应是燃烧氧化，少数是热分解。石油炼制厂、石油化工厂产生的大量碳氢化合物废气和其他有害气体；溶剂工业、漆包线、绝缘材料、油漆烘烤等生产过程产生的大量溶剂蒸气；咖啡烘烤、肉食烟熏、搪瓷焙烧等过程产生的有机气溶胶和烟道中未烧尽的碳质微粒以及所有的恶臭物质，如硫醇、氰化物气体、硫化氢等都可用燃烧处理。该法工艺简单，操作方便，可回收热能。但处理低浓度废气时，需加入辅助燃料或预热。

由于被处理的废气中污染物的浓度、流量及污染物的性质不同，燃烧的方式也不同，燃烧方式分为直接燃烧、热力燃烧和催化燃烧三种。直接燃烧是把可燃的有害气体当燃料来燃烧的方法，其燃烧温度一般在 1100℃ 以上。热力燃烧则是利用辅助燃料燃烧所产生的热量，把有害气体的温度提高到反应温度，使其发生氧化分解的方法，其温度一般在 760~820℃ 左右。为了节省辅助燃料，利用催化剂使有害气体在更低温度（300~450℃）下氧化分解的方法称为催化燃烧。热力燃烧和催化燃烧主要用于可燃组分浓度较低的废气，直接燃烧则只能用于可燃组分浓度较高的废气。

9.3.2　燃烧转化原理

9.3.2.1　燃烧原理

燃烧转化原理是火焰传播理论。燃烧反应是一种放热反应，当可燃物质在某一点被点燃后，会迅速向四周传播引起周围气体的燃烧。目前火焰传播理论可分为热传播理论（又称热损失理论）和自由基连锁反应理论两类。热传播理论认为火焰是燃烧放出的热量，传播到火焰周围的混合气体，使之达到着火温度而燃烧并继续传播的；自由基连锁反应理论认为，在火焰中存在着大量的活性很强的自由基，它们极易与别的分子或自由基发生化学反应，在火焰中引起连锁反应，向四周传播。

这两种理论都有一定的适用范围，如对于含有少量水蒸气的火焰，自由基的作用要比温度（热量传播的推动力）重要得多；又如热力燃烧就是利用火焰中存在的过量自由基来加速废气中可燃组分的氧化销毁；而丙烷燃烧却与热传播理论相符，与自由基连锁反应理论不符。在实用上，可认为火焰传播是热量与自由基同时向外传播，只是不同的反应主次地位不同。

9.3.2.2 燃烧的必要条件

燃烧过程包括可燃组分与氧化剂的混合、着火、燃烧及焰后反应几部分。当可燃混合物被点燃后，发生快速氧化，产生火焰并伴有光和热发生，这就是燃烧；如果过程在一有限的空间内迅猛地开展，就形成了爆炸；而缓慢的氧化反应则不能形成燃烧与爆炸。因而，氧化反应速度是燃烧过程的关键，氧化反应速度通常表示为：

$$\gamma = k_0 c^n e^{-\frac{E}{RT}} \left[O_2 \right]^m \tag{9-25}$$

式中　　γ——单位时间内单位容积中反应物的减少量，$mol/(s \cdot m^3)$；

　　　　c——可燃气体浓度，mol/m^3；

　　　　$\left[O_2 \right]$——氧的浓度，当氧足够时，氧浓度可近似看为常数，mol/m^3；

　　　　R——摩尔气体常数；

　　　　E——可燃物质氧化反应的活化能，$kJ/kmol$；

　　　　k_0——频率因子；

　　　　T——燃烧过程平均温度，K；

　　　n, m——分别为可燃物质和氧气的反应级数。

着火温度是在某一条件下开始正常燃烧的最低温度，即在化学反应中产生的发热速率开始超过系统的热损失速率时的最低温度。因此，某一条件下的着火温度高低，取决于过程中的能量平衡。

设在一定容积为 V 的容器内进行的燃烧过程放热速率为 Q_1，散热速率为 Q_2，则根据化学反应速度常数的阿累尼乌斯定律及传热原理可有：

$$Q_1 = \gamma V Q = k_0 c^n \exp\left(-\frac{E}{RT} \right) V Q = A \exp\left(-\frac{E}{RT} \right) \tag{9-26}$$

式中　　Q——单位体积或质量可燃混合物的发热量，kJ/m^3 或 kJ/kg。

令 $A = k_0 c^n V Q$，在容器的容积、可燃混合物的成分和含量一定时，A 为常数。

$$Q_2 = KS(T - T_0) \tag{9-27}$$

式中　　K——传热系数，$W/(K \cdot m^2)$；

　　　　S——容器表面积，m^2；

　　　T, T_0——燃烧过程平均温度及初始温度，K。

可见，燃烧过程系统的温度取决于 Q_1 和 Q_2 的相对大小，但要保证稳定的燃烧过程，不至于在干扰下，着火点移动，发生熄火现象，必须 $Q_1 > Q_2$，即

$$k_0 c^n V Q \exp\left(-\frac{E}{RT} \right) > KS(T - T_0) \tag{9-28}$$

由上式可看出：

（1）活性强的可燃气体（一般活化能 E 较小）易于燃烧，具有较低的着火温度，如乙炔比甲烷更容易着火。

（2）对同一种可燃混合物，若采用催化剂催化燃烧反应，由于催化剂能降低反应的活化能 E，可降低着火温度，并加快反应速度，因而在处理有害可燃气体时，这就出现了

应用广泛的催化燃烧法。

（3）废气中可燃物浓度 c 过低时，不能着火或不易着火，必须添加高浓度辅助燃料，以提高 Q_1 和 T，这就是热力燃烧法。

（4）减少散热损失，如减少散热面积 S、采用保温材料，减少散热系数等，有利于燃烧稳定进行，提高初始温度 T_0 亦有利于着火燃烧。

9.3.2.3　爆炸极限浓度范围

一定浓度范围内的氧和可燃组分混合，在某一点着火后所产生的热量，可以继续引燃周围的可燃混合气体，在有控制的条件下就形成火焰，维持燃烧；若在一个有限的空间内，无控制地迅速发展，则形成气体爆炸。可以看出，可燃组分与空气混合物的燃烧（或爆炸）是在符合某些条件下发生的，这些条件包括混合物中可燃组分与氧气的相对浓度，混合物的浓度极限，点火源的存在以及混合物的流速等。燃烧与爆炸有若干重要区别，但从混合气体的组分相对浓度来讲，可燃的混合气体就是爆炸性的混合气体，燃烧极限浓度范围也就是爆炸极限浓度范围。对空气而言，由于其中的氧含量一定，故只要确定可燃组分浓度即可。

燃烧极限浓度范围是一个变值，它因可燃气与空气混合的温度、压力及进行试验的管子与设备尺寸、混合气的流动速度等试验条件而变。爆炸浓度范围可以从有关手册查得。

当几种可燃物质与空气混合时，其爆炸极限浓度范围的近似值 $A_混$ 可按下式计算：

$$A_混 = \frac{100}{\dfrac{a}{A_1} + \dfrac{b}{A_2} + \dfrac{c}{A_3} + \cdots} \tag{9-29}$$

式中　$A_1 \sim A_3$ ——各可燃物的爆炸极限；

　　　a，b，c ——混合物中各可燃物的体积分数，%。

在燃烧净化中，常把废气中可燃组分的浓度用爆炸下限浓度的百分数来表示，简写为 LEL（Lower Explosive Limit）。为了安全起见，通常将可燃物浓度冲淡，将废气中可燃物浓度控制在 20%~25%LEL，以防止由于混合物比例及爆炸范围的偶然变化，可能引起的爆炸或回火。

9.3.3　燃烧过程与设备

9.3.3.1　燃烧类型

按燃烧温度与状态可分为直接燃烧、热力燃烧与催化燃烧三种类型。三种类型的特点见表9-4。

大多数可燃气体在超过500℃便开始燃烧，在600~800℃下燃烧迅速加快，甚至在0.1s内即可接近完全燃烧。当可燃性气体浓度高于爆炸下限时，燃烧放热可使燃烧温度达1100℃以上，因此，这样的气体用明火点燃即能继续维持燃烧，这类燃烧称为直接燃烧。工业废气中可燃成分的浓度一般低于爆炸下限，燃烧放热达不到600℃，不能用明火点燃，需将废气预热到600℃以上才可进行燃烧反应，这类燃烧称为热力燃烧。如果废气中可燃成分的浓度低于爆炸下限，将不能燃烧，但在催化剂的参与下，废气预热至200~400℃时，便能进行燃烧，这类燃烧称为催化燃烧。

表 9-4　各类燃烧的特点

燃烧种类	直接燃烧	热力燃烧	催化燃烧
燃烧原理	自热至 1100℃ 进行氧化反应	预热至 600～800℃ 进行氧化反应	预热至 200～400℃ 进行催化氧反应
燃烧状态	在高温下滞留短时间生成明亮火焰	在高温下停留一定时间，不生成火焰	与催化剂接触，不生成火焰
燃烧装置	火炬、工业锅炉与民用炉	工业炉、热力燃烧炉	催化燃烧器
特点	不需预热，不能回收废气中热能，只用于高于爆炸极限的气体	预热耗能较多，燃烧不完全时，产生恶臭，可用于各种气体燃烧	预热耗能较少，催化剂较贵，不能用于催化剂中毒气体

9.3.3.2　燃烧过程及设备

A　直接燃烧

直接燃烧法亦称为直接火焰燃烧法，它指的是把废气中可燃的有害组分当作燃料直接燃烧。若燃烧组分的浓度高于燃烧上限，则可以混入空气后燃烧，如可燃组分的浓度低于燃烧下限，则可加入一定数量的辅助燃料如天然气等，以此来维持燃烧。该法可采用如窑、炉等设备直接燃烧，或者是火炬燃烧。

（1）采用窑、炉等设备的直接燃烧。直接燃烧的设备可采用一般的燃烧炉、窑，或通过一定装置将废气导入锅炉作为燃料气进行燃烧。直接燃烧的温度一般需要在 1100℃ 左右，其最终产物为 CO_2、H_2O、N_2，该法不适用于处理低浓度的废气。

（2）火炬燃烧。火炬是一种敞开式的直接燃烧器，同时也是排放废气的烟囱，俗称火炬烟囱。火炬燃烧设备流程如图 9-19 所示，由工厂各处排出的可燃废气汇集于主管，经分离器、阻火水封槽和其他阻火器后，导入火炬顶部燃烧后排放。顶部设有气体分布装置、火焰稳定装置及采用普通燃料并借电火花点火的点火器，便于火炬顶部安全、稳定、可靠地燃烧。

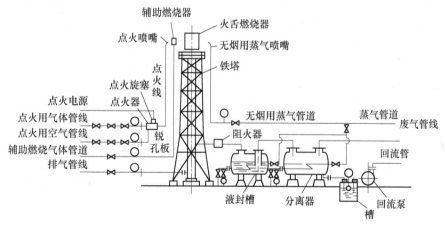

图 9-19　火炬燃烧设备流程

用火炬直接燃烧废气的优点是：装置简单、成本低，而最主要的优点是安全，在采用的各种燃烧设备中以火炬最安全。因火炬是不封闭的，无爆炸危险。但其最大的缺点是白白浪费能源，并且把大量的污染气体排入大气。由于空气与燃料往往混合不均，尤其是在刮大风或废气中碳含量很高［碳氢质量比（C/H）>33%］时，燃烧不完全，易出现黑烟。向火炬中喷入水蒸气，可以消除或减少黑烟。

各炼油厂、石油化工厂都设法将火炬气用于生产，回收其热值或返回生产系统作原料。例如，将火炬气集中起来，输送到厂内各个燃烧炉或动力设备，以代替部分燃料，回收热值，或者将某些火炬气送入裂解炉，生产合成氨原料。只有在废气流量过大时，才通过自动控制使之进入火炬烟囱燃烧后排空。

由于火炬燃烧的结果不仅产生了大量的有害气体、烟尘及热辐射而危害环境，而且也造成了有用燃料气的大量损失，所以应尽量减少和预防火炬燃烧。具体的方法有：（1）设置低压石油气回收设施，对系统及装置放空的低压气尽量加以回收利用；（2）在工程设计上以及实际生产中搞好液化石油气和高压石油气管网的产需平衡；（3）提高装置及系统的平衡操作水平和健全管理制度；（4）采用燃烧效率高、能耗低的火炬燃烧器，如火炬头。

B   热力燃烧

废气中可燃物含量往往较低，仅靠这部分可燃组分的燃烧热，不能维持燃烧，常采用热力燃烧法处理。在热力燃烧中，被处理的废气不是直接燃烧的燃料，而是作为助燃气体（当废气中氧的含量较高时）或燃烧对象（当废气中氧的含量较低时）。热力燃烧主要依靠辅助燃料燃烧产生的热力提高废气的温度，使废气中的烃及其他污染物迅速氧化，转化为无害的二氧化碳和水蒸气。如果废气中含有足够的氧，则用一部分废气作助燃气体，与辅助燃料混合、燃烧，产生高温燃气。如废气中无足够的氧，则用空气作助燃气体，高温燃气再与废气混合，达到有害物质氧化分解的温度。净化后的气体经热回收设备回收热量后从烟囱排空。

a   热力燃烧的"三T"条件

图 9-20 为热力燃烧过程示意图，为使废气中污染物充分氧化转化，达到理想的净化效果，除保证充足的氧外，还需要足够高的反应温度（一般为 760℃左右）和在此温度下足够长的停留时间（一般为 0.5s），以及废气与氧很好的混合（高度湍流）。这就是在供氧充分的情况下，热力燃烧的"三T"条件：反应温度（Temperature）、停留时间（Time）、湍流（Turbulence）。"三T"条件是互相关联的，在一定范围

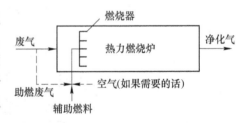

图 9-20   热力燃烧过程示意图

内改善其中任意一个条件，可以使其他两个条件要求降低。例如，提高反应温度，可以缩短停留时间，并可以降低湍流混合的要求。其中，提高反应温度将多耗辅助燃料，延长停留时间将增大燃烧设备尺寸，因而改进湍流混合是最为经济的。这是设计燃烧炉时特别要注意的重要方面。

b   热力燃烧设备

热力燃烧炉有两部分构成，一是燃烧器，燃烧辅助燃料以产生高温燃气；二是燃烧室，高温燃气与冷废气在此充分混合以达到反应温度，并提供足够的停留时间。按照燃烧器不同形式，可将燃烧炉分为配焰燃烧器系统与离焰燃烧器系统。

（1）配焰燃烧器系统。配焰燃烧器系统如图
9-21 所示。配焰燃烧器根据"火焰接触"的理论，
将燃烧分配成许多小火焰，布点成线，使冷废气分
别围绕许多小火焰流过去，以达到迅速完全的湍流
混合。由于冷的废气流与高温燃气从辅助燃料的燃
烧火焰处就开始混合并分开分细，有利于在短距离
内混合良好。故该系统混合时间短，可以留出较多时
间用于燃烧反应，燃烧反应完全，净化效率高。燃烧
火焰间距一般为 30cm，燃烧室直径为 60~300cm。

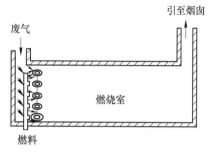

图 9-21　配焰燃烧器系统

　　配焰燃烧器系统不适用于氧气体积分数低于 16%、需补充空气助燃的缺氧废气；另
外，它仅适用于燃料气供热，不适用于燃料油供热，并且不适用于含有焦油、颗粒物等易
于沉积于燃烧器的废气治理。

　　（2）离焰燃烧器系统。离焰燃烧器系统如图 9-22 所示。燃料与助燃空气（或废气）
先通过燃烧器燃烧，产生高温燃气，然后与冷废气在燃烧室内混合，氧化燃烧。在该系统
中，高温燃气的产生和混合是分开进行的。由于没有像配焰炉那样将火焰与废气一起分成
许多小股，高温燃气与冷废气的混合不如配焰炉好，横向混合往往很差，可采用轴向火焰
喷射混合、切向或径向进废气与燃料气、在燃烧室内设置挡板等改善措施。

　　离焰燃烧器可以燃烧气，也可以燃烧
油，可用废气助燃，也可用空气助燃。火
焰可大可小，容易调节，制作也较简单。

　　（3）利用锅炉燃烧室进行热力燃烧。
由于大多数加热炉或锅炉燃烧时的温度都
超过 1000℃，停留时间在 0.5~3s，基本能
满足热力燃烧的"三 T"条件，因而利用
工厂现有加热炉或锅炉燃烧室来处理废气

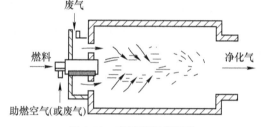

图 9-22　离焰燃烧器系统

不失为一个好方法，国内很多工厂采用。与前述专用热力燃烧炉相比，利用锅炉兼做燃烧
净化炉的优点是：设备投资费用大大减少，操作用费、辅助燃料消耗均大为减少，无需再
考虑热量回收、利用的问题。它的缺点是：如果废气流量过大，传热效率下降，锅炉消耗
的燃料增加较多，且压降增大；锅炉的燃烧器、传热管可能会被废气不完全燃烧后的残留
物污染，增加维护费用；若使用蒸气的时间与废气处理的时间不一致，则造成浪费。

　　c　热力燃烧的设计计算

　　燃烧的设计计算主要是确定燃烧室的尺寸和燃料消耗量。燃烧炉内总停留时间 t 及燃
烧室体积 V_R 可按下式估算：

$$t = \frac{V_R}{Q} = \frac{V_R}{Au} \tag{9-30}$$

式中　t——燃烧炉内总停留时间，s；

　　　V_R——燃烧室体积，m³；

　　　Q——反应温度下混合气体的体积流速，m³/s；

　　　A——燃烧室横截面积，m²；

u ——气体流速，m/s。

总停留时间包括冷的旁通废气与高温燃气均匀混合、均匀升温，进行氧化反应和燃烧的全部时间，其中大部分时间用于废气升温。一般可取停留时间为 0.3~0.5s，气体流速为 4.5~7.5m/s（保证适当的湍流度），长径比为 2~6，燃烧温度为 760~820℃。炭粒等黑烟燃烧净化需要更高的温度（1100℃）与更长的停留时间（0.7~1.0s）。

燃料消耗量可由热量衡算来求得。

若燃料中可燃物热值较大，计算燃料消耗应予以考虑。燃烧炉与环境间有辐射与对流热损失时，应通过传热方程计算热损失，或取经验数据10%。

含有氯、硫、磷、氮或金属元素的废气在燃烧中形成相应的氧化物、灰分或酸。这些燃烧物如果浓度较高、灰分较多时，则燃烧后应以湿法洗气、旋风除尘、过滤等方法净化。卤素元素的化合物还妨碍氧化过程，即使浓度低也往往要求燃烧反应温度升高和停留时间延长，同时还有腐蚀问题。含氮化合物在燃烧中产生 NO_x 的问题，在设计中也值得注意。

C　催化燃烧

催化燃烧通常是用来处理可燃物浓度较低的废气。当然，可燃物浓度较高的废气用催化燃烧法处理时，可以少用或不用辅助燃料，但浓度太高会由于燃烧放热太大，催化剂床层升温太高而使催化剂受到损坏。催化燃烧的氧化产物一般为 CO_2 和 H_2O。

催化燃烧典型的工业流程如图9-23所示。预热过的废气流经催化床，进行催化反应，排出的高温气体引入换热器，把能量传给入口废气。当废气中可燃物浓度较低，并且此种方式预热后仍不能达到氧化燃烧温度时，多数情况下是与热力燃烧一样，利用辅助燃料燃烧产生高温燃气与废气均匀混合升温，少数情况下也有用电感加热器将废气预热至所需温度。

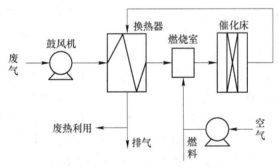

图 9-23　催化燃烧典型的工业流程

催化燃烧不适用于含有大量尘粒、雾滴的废气净化，也不适用于在氧化过程中产生固体物质的废气净化。当废气中含有尘粒、雾滴和固体粒子时，它们覆盖催化剂表面，堵塞催化剂床层的气体通道，使催化剂活性很快降低，甚至堵塞床层而无法工作。如果能使尘粒、雾滴在预热阶段（进入催化剂层之前）完全气化，则催化燃烧法仍是可用的。

在催化剂存在下，废气中可燃组分能在较低的温度下进行燃烧反应，这种方法能节约预热燃料，减少反应器的容积，还能提高反应速率和一种或几种反应物与另一种或几种反应物的相对转化率。

催化剂的装载体积可按第 7 章的方法进行计算。不同的催化燃烧，有不同的 t 和 v_{sp}

值，一般都从实验室、中间试验装置、工厂现有装置中测取，国内资料 $t = 0.13 \sim 0.50s$，国外资料 $t = 0.03 \sim 0.12s$。

常用的催化剂是镀铂金属薄层的镍合金丝，以铁丝或不锈钢丝作框架。通过催化剂层的气体流速通常为 1m/s，各种气体催化燃烧反应温度见表 9-5，实际应用温度高于这个温度。

表 9-5 几种气体的催化燃烧反应温度

气体	一氧化碳	乙炔	乙烯	苯	甲醛	无水苯二酸
反应温度/℃	120	140	160	180	200	250

催化燃烧的主要优点是操作温度较低，燃料耗量低，保温要求不严格，能减少回火及火灾危险。其缺点是催化剂较贵，需要再生，基建投资高，大颗粒物及液滴应预先除去，不能用于使催化剂中毒的气体。

9.3.4 燃烧净化法的工业应用

A 低 NO_x 的燃烧技术

影响燃烧过程中 NO_x 生成的主要因素有燃烧温度、烟气在高温区的停留时间、烟气中各种组分的浓度以及混合程度。在实际应用中，应控制燃烧过程中 NO_x 形成的因素（包括：空气-燃料比、燃烧空气的预热温度、燃烧区的冷却程度、燃烧器的形状设计）。综合考虑这些因素，则得出了低 NO_x 的燃烧技术，即空气分级燃烧、燃料分级、烟气再循环技术。

（1）空气分级燃烧。空气分级燃烧是最简单、比较有效的烟气再循环技术排放控制技术。采用综合空气分级燃烧技术，与原来未采用此措施的 NO_x 排放量相比，燃烧天然气时可降低 60% ~ 70%，燃烧煤或油时可降低 40% ~ 50%。

根据 NO_x 的形成机理可知，反应区内的空燃比极大地影响 NO_x 的形成。由于反应区在过量空气状态下会使 NO_x 排放增加，因此就采用了风分级的办法来控制反应区内的氧量。风分级就是把供燃烧用的空气由原来的一股分为两股或多股，在燃烧开始阶段只加部分空气，造成一次气流燃烧区域的富燃料状态。它是一种形成富燃料区的常用方法，也是二级燃烧过程，因此可描述为富燃料（贫氧）燃烧-贫燃料（富氧）燃烧。采用空气分级燃烧的主要燃烧机理是：由于富燃料缺氧，故在该区域的燃料只是部分燃烧，使得有机结合在燃料中的氮的一部分生成无害的氮分子，故而减少了"热力" NO_x 的形成。作为二次风的供燃烧完全用的空气喷射到一次富燃料区域的下游，形成二次燃烧完全区，在这个区域内完成燃烧。除此以外，由于一次燃烧区域的燃烧产物进入二次区域，同时降低了氧浓度和火焰温度，于是二次区域内 NO_x 的形成受到了限制。图 9-24 为低氮氧燃烧器风分级示意图。

（2）燃料分级。燃料分级是一种燃烧改进技术，也可称为再燃烧或 NO_x 再燃烧，它是用燃料作为还原剂来还原燃烧产物中的 NO_x。燃烧分级过程是大部燃料从燃烧器进入一次燃烧区并造成富燃料状态，而小部分燃料喷到携带 NO 的一次燃烧产物中，故在一次燃烧区内生成的 NO 在二次燃烧区大量地被烃还原成氮分子。

燃料分级可分为炉内 NO_x 还原，燃烧器内 NO_x 还原，这表明 NO 再燃烧在炉内或在

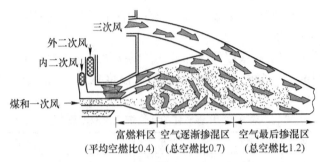

图 9-24   低氮氧燃烧器风分级示意图

燃烧器内进行。一般燃料分级方法可减少 NO_x 排放的 50%。

（3）烟气再循环技术。对烟气进行再循环是减少 NO_x 形成的有效方法，其原理为：部分冷却了的烟气再被送回到燃烧区，同时这些烟气会起到热量吸收体的作用，进而降低了燃烧温度和氧的浓度，这两方面都减少了 NO_x 的生成。

B   有机废气的燃烧净化

燃烧法被广泛用于石油工业、有机化工、食品工业、涂料和油漆的生产、金属漆包线生产、纸浆和造纸、动物饲养场、城市废物的干燥和焚烧处理场等主要含有机污染物的废气治理，见表 9-6。

表 9-6   有机污染物的废气转化

生产过程	污染物
卷筒纸胶版印刷（烘干机）	有机干燥剂（油）、黏合剂、树脂和辅助剂的分解物
粗纸板的生产	苯、甲苯、醛、酚
食品工业（熏烤、咖啡、大麦、菊苣）	醛、油酸、脂肪酸、硫的化合物、磷的化合物
纺织印染工业	溶剂、增塑剂、其他纺织辅助剂、粉尘、纤维
密封件、离合器摩擦片的衬片和制动衬带的生产	溶剂、苯酚、粉尘、纤维
地板涂料	增塑剂、甲醛、胺类、硫醇、苯乙烯
玻璃纤维或石棉绝缘垫的浸渍	苯酚、甲醛、一氧化碳
电焊条和沥青的生产	烃类、沥青、粉尘、一氧化碳
清除油漆色酚槽	苯酚、甲醛
酚醛树脂固化室	苯酚、甲醛
化工产品生产过程	酞酸、顺丁烯二酐、硝酸、胺类、环氧乙烯等
叠层纸的生产	丙酮、甲醛、甲醇、苯酚

C   催化燃烧法脱臭

催化燃烧法脱臭的工艺流程与设备和有机物催化燃烧的情况大致相同，但由于臭气种类繁多，组分复杂，含量一般都较低，加之它们的嗅觉阈值很小，国家对一些主要的恶臭污染物排放要求又很严格，因此在设计和工艺选择上应保证高的净化效率，脱臭工艺视具体情况可采用催化燃烧、吸附-催化燃烧、吸收-吸附-催化燃烧等组合工艺。

典型的催化燃烧脱臭工艺流程如图 9-25 所示，图中为 3 台反应器串联的脱臭流程，用于处理含有 H_2S、有机硫和烃类等臭气，3 台反应器分别装填不同的催化剂，在反应器

Ⅰ中 H$_2$S 与催化剂接触而被除去，脱去 H$_2$S 的气体进入热交换器 2，预热到 100～150℃，再将气体送入预热器 3，在此将气体加热到 250～300℃，然后送入反应器Ⅱ，脱除有机硫；脱除有机硫后的气体还含有碳水化合物和含氮化合物，这些臭味物质在反应器Ⅲ中除去，从反应器Ⅲ中出来的气体已经达到完全脱臭的目的，回收热能之后，排入大气，不会再造成污染。

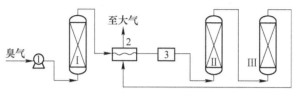

图 9-25　催化燃烧脱臭流程示意图
1—鼓风机；2—热交换器；3—预热器

9.4　本 章 小 结

本章介绍了冷凝净化原理，接触冷凝和表面冷凝基本冷却方式，接触冷凝器（喷射式接触冷凝器、喷淋式接触冷凝器、填料式接触冷凝器、塔板式接触冷凝器）和表面冷凝器（列管式冷凝器、翅管空冷冷凝器、淋洒式冷凝器和螺旋式冷凝器等），接触冷凝器的计算，表面冷凝器的换热计算，列管冷凝器的设计和冷凝法的典型应用等；介绍了气体分离膜的特性参数（包括：渗透系数 K、分离系数 α、溶解度系数 S），气体膜分离机理（包括：多孔膜、非多孔膜、非对称膜的机理与模型），膜材料及分类，Prism 气体分离器和平板旋卷式膜分离器的结构，气体膜分离的流程（包括：简单级联的流程、精馏级联的流程、提馏级联的流程）和气膜分离技术的应用等；介绍了燃烧转化原理、燃烧的必要条件、爆炸极限浓度范围，燃烧类型，直接燃烧、热力燃烧与催化燃烧的过程及设备结构，热力燃烧的设计计算及燃烧净化法的工业应用等内容。

思 考 题

9-1　冷凝法从废气中分离有害物质有＿＿＿＿＿＿＿＿和＿＿＿＿＿＿＿＿两种基本冷却方式。

9-2　常用的直接冷凝器有＿＿＿＿＿＿＿、＿＿＿＿＿＿＿、＿＿＿＿＿＿＿、＿＿＿＿＿＿＿。

9-3　常用的表面冷凝器有＿＿＿＿＿＿＿、＿＿＿＿＿＿＿、＿＿＿＿＿＿＿、＿＿＿＿＿＿＿。

9-4　膜分离法的优点有哪些？气体分离膜的特性参数包括哪 3 项？气体膜分离有哪 3 种典型的膜？

9-5　常用的膜元件有＿＿＿＿＿＿＿、＿＿＿＿＿＿＿和＿＿＿＿＿＿＿。按材料性质分，气体分离膜可分为＿＿＿＿＿材料、＿＿＿＿＿＿＿材料及＿＿＿＿＿＿＿材料。

9-6　常用的气体膜分离设备有＿＿＿＿＿＿＿和＿＿＿＿＿＿＿两种。

9-7　常用的气体膜分离级联有哪三种类型？

9-8　详述燃烧原理。按燃烧温度与状态可分为＿＿＿＿＿＿＿、＿＿＿＿＿＿＿和＿＿＿＿＿＿＿三种类型。并说明这三种类型燃烧的特点。

9-9　直接燃烧法用设备有哪些？用火炬直接燃烧废气的优点是什么？

9-10　说明热力燃烧的"三 T"条件。按照燃烧器不同形式，可将燃烧炉分为＿＿＿＿＿＿＿和＿＿＿＿＿＿＿。

9-11 某废气拟用天然气作辅助燃料，废气助燃，热力燃烧净化，使用 50% 过量的助燃废气，废气所含可燃组分热值忽略不计，其氧含量与空气一样，有关物理参数可按空气计，反应温度为 760℃，燃烧前废气温度为 20℃，试估算每净化标准状态下 1000m³ 废气，需用天然气多少？助燃废气与旁通废气各占多少？

9-12 某废气排放条件为：压力 101325Pa，温度 35℃，废气中含 5000×10^{-6} （体积分数）的甲苯，如果对其进行冷凝分离，要求甲苯去除率为 98%，需将废气冷却到多少度？

参 考 文 献

[1] 朱蓓丽，程秀莲，黄修长．环境工程概论 [M]．北京：科学出版社，2016.

[2] 张小广，等．大气污染治理技术 [M]．武汉：武汉理工大学出版社，2016.

[3] 马建锋，李英柳．大气污染控制工程 [M]．北京：中国石化出版社，2013.

[4] 廖雷，解庆林，魏建文．大气污染控制工程 [M]．北京：中国环境科学出版社，2012.

[5] 李立清，宋剑飞．废气控制与净化技术 [M]．北京：化学工业出版社，2014.

[6] 马广大，等．大气污染控制技术手册 [M]．北京：化学工业出版社，2010.

[7] 蒋文举．大气污染控制工程 [M]．北京：高等教育出版社，2006（2012 重印）.

[8] 童志权．大气污染控制工程 [M]．北京：机械工业出版社，2006（2012 重印）.

[9] 邵振华．大气污染控制工程 [M]．北京：化学工业出版社，2015.

[10] 刘清，招国栋，赵由才．大气污染防治——共享一片蓝天 [M]．北京：冶金工业出版社，2012.

[11] 黄从国，等．大气污染控制技术 [M]．北京：化学工业出版社，2013.

[12] 王新，等．环境工程学基础 [M]．北京：化学工业出版社，2011.

[13] 沈恒根，苏仕军，钟秦．大气污染控制原理与技术 [M]．北京：清华大学出版社，2009.

[14] 杜峰．空气净化技术与应用 [M]．北京：科学出版社，2016.

[15] 卓建坤，陈超，姚强．洁净煤技术 [M]．北京：化学工业出版社，2015.

[16] 潘琼，李欢．环保设备设计与应用 [M]．北京：化学工业出版社，2014.

[17] 陈家庆．环保设备原理与设计 [M]．北京：中国石化出版社，2006.

[18] 江晶．环保机械设备设计 [M]．北京：冶金工业出版社，2009.

[19] 孙熙，柳静献．除尘技术基础 [M]．沈阳：东北大学出版社，2003.

[20] 李明俊，孙鸿燕，等．环保机械与设备 [M]．北京：中国环境科学出版社，2005.

[21] 郑铭，刘宏，陈万金．环保设备及应用——原理·设计·应用 [M]．北京：化学工业出版社，2008.

[22] 向晓东．现代除尘理论与技术 [M]．北京：冶金工业出版社，2004.

[23] 周敬宣．环保设备及课程设计 [M]．北京：化学工业出版社，2007.

[24] 王继武，宋来洲，孙颖．环保设备选择、运行与维护 [M]．北京：化学工业出版社，2007.

[25] 魏振枢，杨永杰．环境保护概论 [M]．北京：化学工业出版社，2007.

[26] 罗辉．环保设备设计及应用 [M]．北京：高等教育出版社，1997.

[27] 郝吉明，马广大，等．大气污染控制工程 [M]．北京：高等教育出版社，2006.

[28] 姜成春．大气污染控制技术 [M]．北京：中国环境科学出版社，2009.

[29] 李广超，傅梅绮．大气污染控制技术 [M]．2 版．北京：化学工业出版社，2011.

[30] Brauer I H, Varma Y B G. Air Pollution Control Equipment [M]. Springer-Verlag, Germany, 1981.

[31] Theodore L, Buonicore A J. Air pollution control equipment：selection, design, operation and maintenance [M]. Prentice-Hall Inc., U. S. A., 1982.

[32] Harold M E, Seymour C. Handbook of air pollution technology [M]. Wiley, U. S. A., 1984.

[33] Boris B, Jiri K. Air pollution control technology [M]. Elsevier, Netherlands, 1987.

[34] Buonicore A J, Davis W T. Air pollution engineering manual [M]. Van Nostrand Reinhold, Netherlands, 1992.

[35] Lieberman E. Air Pollution Control Technology and Transferable Pollution Credits [M]. Springer Netherlands, 1997.

[36] Wang L K, Pereira N C, Hung Y T. Air Pollution Control Engineering [M]. McGraw-Hill Inc., U. S. A., 2000.

［37］ Karl B S, Russell F D, Mary E T. Air Pollution Control Technology Handbook (Second Edition) ［M］. CRC Press, 2001.

［38］ Pluschke P. Air Pollution: Indoor Air Pollution ［M］. Springer-Verlag, Germany, 2004.

［39］ Cooper C D. Air Pollution Control Methods ［M］. John Wiley & Sons Inc. , U. S. A. , 2007.

［40］ Louis T. Air Pollution Control Equipment Calculations ［M］. Wiley-Interscience, U. S. A. , 2008.

［41］ Kiran G. Air Pollution Control Equipment ［M］. Springer International Publishing, Germany, 2015.

冶金工业出版社部分图书推荐

书　名	作　者	定价(元)
安全生产与环境保护（第2版）	张丽颖	39.00
安全学原理（第2版）	金龙哲	35.00
大气污染治理技术与设备	江晶	40.00
大宗工业固体废物综合利用——矿浆脱硫	宁平	50.00
典型废旧稀土材料循环利用技术	张深根	98.00
典型砷污染地块修复治理技术及应用	吴文卫	59.00
典型新兴有机污染物PPCPs的自由基降解机制	苏荣葵	82.00
典型有毒有害气体净化技术	王驰	78.00
防火防爆	张培红	39.00
废旧锂离子电池再生利用新技术	董鹏	89.00
粉末冶金工艺及材料（第2版）	陈文革	55.00
高温熔融金属遇水爆炸	王昌建	96.00
贵金属循环利用技术	张深根	136.00
基于"4+1"安全管理组合的双重预防体系	朱生贵	46.00
金属功能材料	王新林	189.00
离子吸附型稀土矿区地表环境多源遥感监测方法	李恒凯	69.00
离子型稀土矿区土壤氮化物污染机理	刘祖文	68.00
锂电池及其安全	王兵舰	88.00
锂离子电池高电压三元正极材料的合成与改性	王丁	72.00
露天矿山和大型土石方工程安全手册	赵兴越	67.00
钛粉末近净成形技术	路新	96.00
羰基法精炼铁及安全环保	滕荣厚	56.00
铜尾矿再利用技术	张冬冬	66.00
吸附分离技术去除水中重金属	贾冬梅	40.00
选矿厂环境保护及安全工程	章晓林	50.00
冶金动力学	翟玉春	36.00
冶金工艺工程设计（第3版）	袁熙志	55.00
增材制造与航空应用	张嘉振	89.00
重金属污染土壤修复电化学技术	张英杰	81.00